"十四五"职业教育国家规划教材

DIANNENG JILIANG

电能计量

李国胜　向保林　郑　雪　吴龙清　编著
王承华　主审

中国电力出版社
CHINA ELECTRIC POWER PRESS

内 容 提 要

本书为"十四五"职业教育国家规划教材。

本书根据职业教育培养技能型、实用型、创新型人才的要求编写而成。本书以电能计量及电能计量设备为主线，介绍了电能计量基础、电能表、电能计量管理功能、测量用互感器、电能计量二次回路、电能计量装置的配置、电能计量装置的安装接线、电能计量接线及故障的分析检查、电能量的退与补、电能计量装置的综合误差、电能计量装置的现场检验与检测，还对电力负荷计算进行了介绍。

本书引用了最新相关国家标准、电力行业规程和最新技术技能人才培训理念，注意新设备和新技术的引入，图表丰富。在知识点呈现的关键处，设有引人深思的提问；章后均配有思考与练习题。本书配有电子课件。

本书可作为电力（水电）类高职高专院校、中职学校的电能计量专业教学用书，也可作为电能计量工作者（包括电能表安装、电能表修校、计量检查、电能信息采集人员）及电力营销人员的职业能力培训用书和技术技能竞赛用书。

图书在版编目（CIP）数据

电能计量/李国胜等编著 . —北京：中国电力出版社，2018.9（2024.8 重印）
"十三五"职业教育规划教材
ISBN 978 - 7 - 5198 - 2263 - 7

Ⅰ.①电… Ⅱ.①李… Ⅲ.①电能计量—职业教育—教材 Ⅳ.①TB971

中国版本图书馆 CIP 数据核字（2018）第 164741 号

出版发行：中国电力出版社
地　　址：北京市东城区北京站西街 19 号（邮政编码 100005）
网　　址：http://www.cepp.sgcc.com.cn
责任编辑：陈　硕（010 - 63412532）
责任校对：黄　蓓　太兴华
装帧设计：王英磊　赵姗杉
责任印制：钱兴根

印　　刷：北京雁林吉兆印刷有限公司
版　　次：2018 年 9 月第一版
印　　次：2024 年 8 月北京第八次印刷
开　　本：787 毫米×1092 毫米　16 开本
印　　张：17
字　　数：411 千字
定　　价：45.00 元

版 权 专 有 侵 权 必 究

本书如有印装质量问题，我社营销中心负责退换

前　言

职业教育肩负着"专业传承与发展"的社会责任和历史使命，其中的教师、学生和教材是"专业传承与发展"的三个关键载体。本书根据最新的《电能计量课程标准》编写而成，充分体现了专业与行业及职业、教学与生产及工作的对接，满足职业岗位和技术领域的实际需求。同时，本书理论联系生产实际，专业知识向职业能力转化，较好地兼顾了专业传承与职业能力两方面的关系。

本书具有如下特点：

（1）规程权威理念新颖。本书的编著引用了现行的 GB/T 33708—2017《静止式直流电能表》、DL/T 448—2016《电能计量装置技术管理规程》和 DL/T 1664—2016《电能计量装置现场检验规程》、2018 版《电能计量课程标准》，以及最新的"专业传承与发展理念"和技术技能人才的"集成式培训法"。

（2）术语专业知识实用。本书是作者结合三十余年的技术技能培训、鉴定、竞赛和职业院校教学经验以及现场实践和科学研究成果编写而成的。本书摒弃了烦琐的理论推算和论证，剔除了过时的知识，采用了科学规范的专业术语，融入一些最新研究成果。因此，本书既能满足读者对电能计量知识的需要，又有利于本专业的传承和发展。

（3）教学培训竞赛方便。本书弹性化的教学内容和层次化的教学要求、相对独立的单元模块，满足教师"分时段""分层次"实施教学、培训、竞赛的实际需求。

（4）职业能力稳步提高。"一个好问题等于半个好老师。"本书设置了很多引人思考的问题，借此将读者的思维引向深入。本书可使读者知其然亦知其所以然，克服盲目性，激发创新思维，增强创新能力；能力、素质渐进式养成，有利于稳步提高读者的技术技能和职业素养水平。

（5）结构合理，重点突出。本书体系合理，知识循序渐进，符合成人学习心理特征和技术技能的养成规律。同时，本书突出了电能计量的关键知识和核心技能，方便读者核心职业能力的高效养成。

（6）配套教材课件完备。本书配有电子课件，方便教学、培训的组织实施，可促进教学、培训效果的高效提升，读者可扫描书中二维码获得。为学习贯彻落实党的二十大精神，本书根据《党的二十大报告学习辅导百问》《党的二十大党章修正案学习问答》，在数字资源中设置了"党的二十大报告及党章修正案学习辅导"栏目，以方便师生学习。

本书共分为十二章，其中绪论和第十二章由向保林编写，第一章由郑雪编写，第十一章的第一节到第五节由吴龙清编写，其余章节由李国胜编写。全书由李国胜统稿和定稿，由王承华主审。在本书的编写过程中，得到了熊保庆、余念群、王璐华、祝红伟、魏胜清、万琦的大力支持和帮助，魏胜清提出很多宝贵修改建议，在此一并致谢！

　　由于时间仓促，本书疏漏之处在所难免，恳请读者不吝指出，以便加以更正并完善。

编者

2018 年 6 月

目　　录

绪　　论

电能是一种特殊商品，电能的生产、供应和销售几乎同时进行。

电能计量就是要计量发电量、供电量和用电量的多少。电能表是电力系统的电能计量仪表，是一种最广泛、最基本的电力数据采集、测量和处理设备。电力系统的各个层级都有各种用途的电能表计，从发电厂站、输配电线路的关口表，到最末端的用户电能表等。

例如，计量居民用电量的单相电能表就一种最常见的电能表，它计量的电量是居民缴纳电费的依据。

第一节　电能表的发展历程简介

电能表在世界上的出现和发展已有一百多年的历史。19 世纪 80 年代初，电能表诞生，19 世纪末感应系电能表的制造理论基本形成。后来，为了满足工业化和电能管理现代化的需求，电子式电能表不断发展和完善。最初的电子式电能表仍基于感应系测量机构，只是将表盘的旋转换成了电脉冲；随后出现了基于各种乘法器原理的电子式电能表，数字乘法器型电子式电能表扩展功能方便，适应电网现代化和智能化的发展，将成为电子式电能表的主要发展方向。

几种典型电能表的外观，如图 0-1 所示。

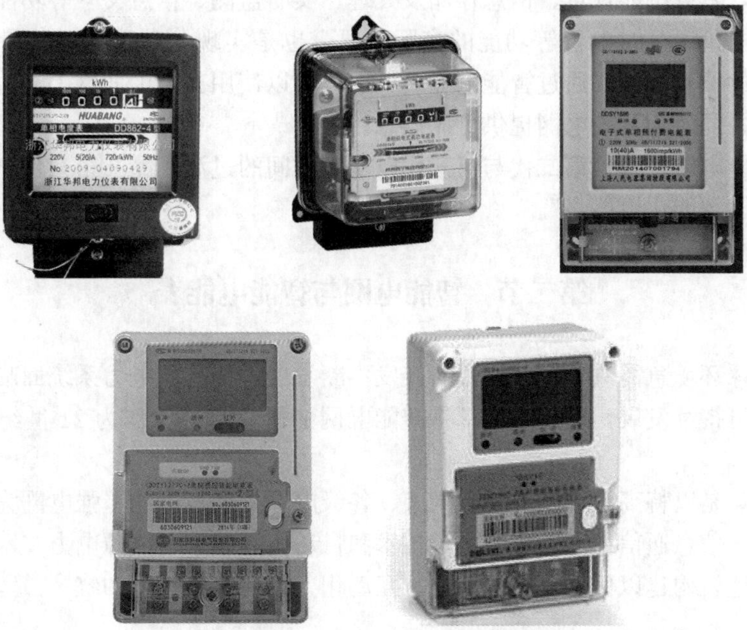

图 0-1　几种典型电能表的外观

一、感应系电能表

1880 年，美国人爱迪生利用电解原理制成了世界上最早的电能表——直流电能表。

1888 年，意大利物理学教授费拉里斯首先提出将旋转磁场理论用于交流电能的测量，美国一物理教师根据该理论试制了感应系电能表雏形；1889 年，德国人布勒泰制成了世界上第一块感应系电能表。

感应系电能表的优点：结构简单，操作安全，维修方便，造价低廉。

感应系电能表的缺点：质量大，体积大，功耗高，准确度低，适用频率范围窄；功能单一，对非线性负荷、冲击性负荷的计量误差较大。

20 世纪 50 年代，随着电子技术的发展，出现了一种机电式电能表，它采用感应系测量机构，能够输出电能脉冲信号，同时应用电子电路来实现新的功能。

因此，感应系电能表属于第一代电能表，而机电式电能表是第一代与第二代电能表之间的过渡产品。

二、电子式电能表

20 世纪 70 年代，日本发明了时分割乘法器并提出了功率测量原理，制成了电子式电能表，实现了全电子化电能计量。由日本生产的数字功率变换器，受到全世界关注。随着电子技术的进一步发展，模拟—数字转换技术和大规模集成电路的逐步完善，促使各种性能和各种功能的电子式电能表逐步成为电能计量的主力军，尤其是多功能电能表智能化的步伐加快。

因此，电子式电能表当属第二代电能表。

三、智能电能表

21 世纪初，伴随着智能电网的发展，智能电能表应运而生。智能电能表是一种新型全电子式电能表，具有电能计量、信息存储及处理、实时监测、信息交互等功能，能够满足双向计量、阶梯电价、分时电价等功能的实际需要，也是实现分布式电源计量、双向互动服务、智能家居的技术基础。通过智能电能表，居民可以使用充值卡或网上充值等方式缴纳电费，方便快捷，同时为智能电网提供可靠信息。

目前的智能电能表只是第二代与第三代电能表之间的过渡产品。第三代电能表应该是即将出现的所谓"智能化电能表"。

第二节　智能电网与智能电能表

当今，全球环境急需改善，新能源的开发不断发展，传统的电力系统面临着越来越多的挑战。为实现可持续发展，世界各国都将智能电网的研究与建设作为 21 世纪电力发展的新方向。

智能电网，是以特高压电网为骨干网架、各级电网协调发展的坚强电网为基础，利用先进的传感技术、信息通信技术、分析决策技术和自动控制技术与能源电力技术以及高度集成的电网基础设施，构建以信息化、自动化、互动化、数字化为特征的统一、坚强、稳定、智能化电网。

所谓电网的智能化，就是实现电网和用户的"直接对话"，智能电源站（所）里输出的电能，被用户端的智能电表接收，营销部门和用户可以清晰、详细地看到实时的电流、电量、电价和电费等信息,从而实现数据读取的实时、高速和双向的效果,整体性地提高电网的综合效率和终端效益。智能化电网还能够轻易地将新型可替代能源接入电网,比如太阳能、风能和地热能等,将是打破新型清洁能源入网瓶颈的极佳契机。

一、智能电网应该具备的关键特征

1. 自愈性

对电网运行状态进行连续的在线自我评估,并采取预防性的控制手段,及时发现、快速诊断和消除故障隐患;故障发生时,在没有或少量人工干预下,能够快速隔离故障、自我恢复,避免大面积停电的发生。

2. 互动性

系统运行与批发、零售电力市场实现无缝衔接,支持电力交易的有效开展,实现资源优化配置;同时通过市场交易更好地激励电力市场主体参与电网安全管理,从而提升电力系统安全经济运行水平。

3. 优化性

实现资产规划、建设、运行维护等全寿命周期环节优化,合理地安排设备运行与检修,提高资产利用效率,有效降低运行维护成本和投资成本,减少电网损耗。

4. 兼容性

电网能够同时适应集中发电与分散发电模式,实现与负荷侧(用户)的交互,支持风电、光伏电等可再生能源实现"无缝隙"式的接入,扩大系统运行调节的可选资源范围。

5. 集成性

通过不断的流程优化和信息整合,实现企业管理、生产管理、调度自动化与电力市场管理业务的集成,形成全面的辅助决策支持体系,支撑企业管理的规范化和精细化,不断提升电力企业的现代化管理水平。

二、智能化电能表

在智能化电网的用户侧,智能化电能表将扮演极为重要的角色。在不久的未来,它将在每一个智能型家庭中发挥两个至为重要的作用:一是开源;二是节流。开源,就是让自家屋顶的太阳能、风能等接入到家庭用电的负荷中或并入大电网里,称为分布式能源发电;节流,就是让自家的电器不在高电价时乱用电、低电价时不用电,称为削峰填谷。因此,智能化电能表其实是一个智慧用电管家。

智能化电能表有如下几个明显特征。

(1)智能化电能表是一种超级智能型仪表。智能化电能表是一种具有智能感知、功能强大的人性化、数字化、标准化、网络化的用电信息采集终端。

(2)智能化电能表是家居物联网入口设备。智能化电能表能够满足阶梯电价、分时电价等功能的实际需要,是实现分布式能源计量、水/气信息采集、双向互动服务、物联网的环保型基础设备。

(3)智能化电能表具有极强能动性。智能化电能表具有自适应交直流测量、自适应准确计量、自适应量程、在线监测诊断报警、计量故障分析定位处理、远程校验误差、远程新电价加载、自动控制、自主决策、通过需求响应来控制负荷等功能要求。

(4)智能化电能表真正实现计量宗旨。智能化电能表能够在各种电网条件下实现真有、无功电能计量(包括谐波真有、无功电能计量)和电能信息直接分布式传送,具有高准确度、低功耗、长寿命、小体积、高可靠性、高过载能力、宽工作频率范围等特点。

（5）智能化电能表是智能电网之眼。在未来智能化电网中、在再生和清洁新能源充分利用时、在智能家居和智慧城市里、在人们节能和环保意识以及人性化服务观念普遍增强之日，智能化电能表将扮演极其重要的角色。

第三节　电能计量及电能计量装置

一、电能计量

电能计量在电能的生产、输送、分配和销售过程中占据了非常重要的地位。电能计量是电力企业生产、科研和经营管理不可或缺的一项基础工作；电力企业只有凭借准确、可靠的电能数据信息，才能保证电力系统的安全、经济运行，才能有优质的电力营销和良好的企业形象；只有加强电能计量工作，公正而诚信地进行贸易结算和参与市场竞争，电力企业才能获得最佳的经济效益和社会效益。

1. 电能计量的含义

电能计量包含两层含义：一是利用电能计量装置来确定电能量值的一组操作；二是为实现电能单位的统一及其量值准确、合法的一系列活动。

2. 电能计量的特点

电能计量有别于其他电工测量，具有以下特点。

（1）电力行业具有跨区联网运营的自然特性，要求整个电力系统内的电能量值统一。

（2）整个电力生产过程具有发、供、用电几乎同时完成的特性，需要进行不间断的电能计量，因此对电能计量的公正性、可靠性和准确性要求更高。

（3）电能计量工作必须遵守电力系统安全运行规定，要求电能计量装置与其他电气设备配套使用并满足电网安全经济运行的需要。

二、电能计量装置

1. 电能计量装置的重要性

电能计量装置是电力用户与电力企业进行结算电量的依据。

在《中华人民共和国电力法》第三十一条中规定："用户应当安装用电计量装置。用户使用的电力电量，以计量检定机构依法认可的用电计量装置的记录为准。用户受电装置的设计、施工安装和运行管理，应当符合国家标准或者电力行业标准。"第三十三条中还规定："供电企业应当按照国家核准的电价和用电计量装置的记录，向用户收取电费。"

随着我国社会主义市场经济体制的不断成熟，人们的电能商品意识不断增强，特别是电力行业体制改革，使得电力投资、经营、管理主体都发生了变化，对电能计量装置的准确性和可靠性提出了越来越高的要求。

2. 电能计量装置的组成部分

电能计量装置包括各种类型的电能表、计量互感器及其二次回路、电能计量箱柜等。其中电能表是电能计量装置最基本的组成部件。

贸易结算用电能表和互感器属于国家强制检定的电能计量器具。

第一章 电能计量基础

第一节 电工测量

一、电工测量含义

进行各种电学量或磁学量的量值测量，称为电工测量。

电工测量的过程，就是将被测电磁量与同类标准量进行比较，从而确定被测电磁量大小的过程。

小 提 示　量值

量值，是由数值和单位的乘积所表示的量的大小。

二、电工测量器具

1. 定义

电工测量器具，是进行电工测量所使用的量具、仪器仪表或成套装置。

2. 分类

按电工测量器具的结构特点分类，电工测量器具可分为以下三类。

(1) 电工量具，用简单固定形式复现被测电磁量的量值的测量器具。电工量具有标准电池、标准电阻等。

(2) 电工测量仪器仪表，将被测电磁量的量值直接转换成示值的测量器具。电工仪器仪表有电流表、电压表等。

(3) 电工测量成套装置，为了确定被测电磁量的量值所必需的测量器具及其辅助设备的成套装置。电工测量成套装置有电阻测温装置、电能计量装置等。

为了叙述的简洁方便，本书一般将电工测量器具简称为电工仪表。

三、电工测量方法

按测量结果的获取方式，电工测量方法可分为直接测量法和间接测量法以及组合测量法。

1. 直接测量法

直接测量是指，被测量的大小可以在一次测试中直接测量出来。如直接接入式电能表测量电能，欧姆计测量电阻，使用电桥测量电阻等。

直接测量法简便、快捷，但测量结果的准确度受电工仪表本身准确度等因素的影响。

小 提 示　直读法与比较法

直接测量法可分为直读法和比较法。直读法是直接显示被测量值而无须量具直接参与测量的测量方法，如电压表测电压；比较法是在测量过程中需要量具直接参与并通过比较仪器确定被测量值的测量方式，如天平测质量。

2. 间接测量法

间接测量是指，首先测出相关量，然后根据被测量与其相关量的函数关系将被测量推算出来。如通过欧姆定律利用伏安法测量电阻、通过测量电阻确定温度、测量导体的电阻率等。

间接测量法的测量误差较大，并要通过计算才能得到被测量的大小。

3. 组合测量法

组合测量法是指，将测量得到的一定数目的量值，与一组被测量按若干种不同的函数关系进行组合，然后列出一组方程，通过求解方程组来得到多个被测量的大小。

例如，如果某种导体的电阻 R_t 与其温度 t 之间的函数关系为 $R_t = R_{20}[1 + \alpha(t-20) + \beta(t-20)^2]$，为了确定 R_t 与 t 间的具体关系，必须首先知道温度系数 α 和 β 的值。为此，可以采用组合测量法，分别测量出该导体在 20℃、t_1℃和 t_2℃时的电阻值 R_{20}、R_{t1}、R_{t2}，然后根据以上公式列出两个方程，联立求解方程组，即可求出温度系数 α 和 β 的值，从而确定了该导体电阻 R_t 与其温度 t 之间的具体关系式。

一般而言，采用组合测量法时，虽然测量过程和计算比较烦琐，但测量误差较小。

四、测量误差

被测量的测量值与其真实值间的差别叫测量误差。根据测量误差的性质，测量误差可分为系统误差、随机误差和疏失误差。

1. 系统误差

系统误差是在既定的测量条件下测量值恒定偏大或偏小，或在条件变化时按某一规律变化的误差。既定的测量条件是指既定的测量仪表、测量环境（条件）、测量方法、测量人员等。

（1）误差性质：系统误差具有规律性、重现性、修正性。例如：未调零的电流表，其测量结果总会恒定偏大或偏小。

（2）产生原因：测量仪表内部结构或制作工艺不完善；测量环境未能满足规定的使用条件；测量方法不完善或测量所依据的理论不完善等，如未考虑仪表内阻对测量结果的影响；测量者个人的测量经验、个人特有操作习惯等，如有的测量者读数时习惯偏大等。

（3）减小办法：采用准确度较高的测量仪表；在规定的使用条件下使用；使用较好的测量方法；采用特殊的测量方法，如正负误差补偿法、替代法等。

例如，为消除外磁场对电流表读数的影响，可将电流表放置的位置调换 180° 后再测量一次，则在两种位置下测得结果的误差符号必定是一正、一负，取其平均值后，就能消除这种由外磁场影响而引起的系统误差。这种测量方法称为正负误差补偿法。

再如，替代法就是将被测量与一个已知的标准量先后接入同一测量仪器或仪表，在不改变测量仪表的工作状态及外部测量条件的情况下，由已知标准量的量值来替代被测量大小的方法。

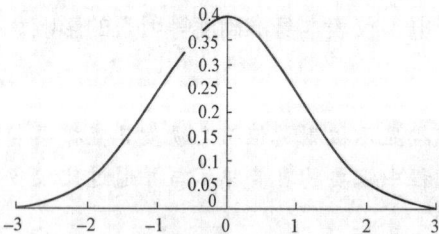

图 1-1　标准正态分布曲线

2. 随机误差

随机误差是指在外界随机因素的影响下测量误差具有偶然性的误差，也称为偶然误差。随机误差是在相同的测量条件下进行重复测量时产生的测量误差。

随机误差出现的可能性呈正态分布。标准正态分布曲线如图 1-1 所示。

（1）误差性质：随机误差具有有界性，即在一定测量条件下，随机误差绝对值总小于某一有限值；单峰性，即在多次测量中，绝对误差小的误差出现概率大，绝对误差大的误差出现概率小；对称性，即随着测量次数增多，绝对值相等、符号相反的随机误差出现机会均等；抵偿性，即在同一条件下对某一量多次测量时，误差平均值极限为 0。

（2）产生原因：小的、相互独立的偶然因素，如温度、湿度的偶然变化，或外磁场的突变引起的误差。

（3）减小办法：增加重复测量次数，并取其算术平均值作为测量结果。

测量次数越多，随机误差越小。实际测量中，一般取测量次数为：10～20 次。

3. 疏失误差

疏失误差，是一种由错误测量导致的测量误差，其测量值明显偏离了真实值。

（1）误差性质：疏失误差具有错误性。例如：不正确地使用测量仪器，不正确的读数、记录或计算等。

（2）产生原因：测量方法错误、人为疏失、不正确操作或测量条件的剧变。

（3）减小办法：增加测量人员责任感、提高测量技术水平或监控测量条件等。

第二节 电工仪表误差

一、电工仪表误差的定义和分类

1. 电工仪表误差的定义

被测量的仪表示值与真实值的差别称为电工仪表误差。

仪表示值（指示值或显示值）其实是近似值。

2. 电工仪表误差的分类

根据电工仪表误差的产生原因，电工仪表误差可分为基本误差和附加误差。

（1）基本误差：仪表在规定的正常工作条件下具有的误差。基本误差是因仪表的内部结构、制作工艺等方面不够完善而引起的仪表误差。例如，电工仪表活动部分的摩擦、刻度标尺不准；电能表输入变换器件布置不合理。

小 提 示　**正常工作条件**

正常工作条件，是指在规定的正常温度、湿度、大气压、放置方式等条件。

例如，规程规定电能表正常工作条件之一，是工作电压为电能表的额定电压且偏差应不超过±1%。

（2）附加误差：因工作条件偏离了规定而引起的仪表误差。例如，环境温度超出了规程规定的参比条件，电能表逆相序运行等，都会导致附加误差。

二、电工仪表误差的表示方法

1. 绝对误差

（1）绝对误差的定义。绝对误差，是被测量的仪表示值 A_x 与真实值 A_0 之间的差值 ΔA，即

$$\Delta A = A_x - A_0 \tag{1-1}$$

式中　ΔA——被测量仪表示值与真实值之差；

A_x——被测量仪表示值；

A_0——被测量真实值。

若 $\Delta A > 0$，则 A_x 偏大；若 $\Delta A < 0$，则 A_x 偏小；$A_0 = A_x + (-\Delta A) = A_x + C$

其中：$C = -\Delta A$，称为校正值。

🔧 **小 提 示**　　真值、近真值与校正值的区别

真值：被测量的真实值。

近真值：高两级或高数级的标准仪表所测得的数值。只要标准仪表的误差是测量仪表误差的 $1/3 \sim 1/20$ 时，就可以用近真值代替真值。

校正值：其大小等于绝对误差。电工仪表定期进行检定的主要目的是要得到准确的校正值，以保证量值传递的准确性。

🔧 **小 提 示**　　偏差

计量器具的偏差，是指计量器具的测量值与标称值之差。

【例 1 - 1】　　用一只标准电压表检定两只普通电压表 a、b 时，标准表的示值为 100V，a、b 两表的读数各为 101V、99.5V。求它们的绝对误差。

解　对于 a 表：$\Delta A_a = +1$（V）；对于 b 表：$\Delta A_b = -0.5$（V）。从绝对误差的角度来看，b 表比 a 表准确些。

（2）绝对误差的特点。绝对误差是具有大小、正负和单位的量；利用不同仪表测量同一个被测量时，绝对误差的绝对值越小的电工仪表越准确。

2. 相对误差

（1）相对误差的定义。相对误差为绝对误差 ΔA 与真实值 A_0 的比值 γ。

$$\gamma = \frac{\Delta A}{A_0} \times 100\% \tag{1 - 2}$$

实际上 $A_x \approx A_0$，所以

$$\gamma \approx \frac{\Delta A}{A_x} \times 100\%$$

注意：在以上例题中，如果 a 表的被测量 100V 保持不变，其相对误差的绝对值是 1%，而 b 表的被测量为 10V，其相对误差的绝对值是 5%。显然，a 表比 b 表准确些。因此，当被测量不同时，相对误差能更准确地反映某一仪表是否准确。

（2）相对误差的特点。相对误差是具有大小和正负，但无单位的量；在测量不同的被测量时，相对误差的绝对值越小的电工仪表越准确。

【例 1 - 2】　　一只量程 $A_m = 250$（V）的电压表，测 220V 电压时 $\Delta A_1 = +1$（V），γ_1 =？测 10V 电压时 $\Delta A_2 = +0.9$（V），γ_2 =？

解　　　　$$\gamma_1 = \frac{\Delta A_1}{A_0} \times 100\% = \frac{+1}{220} \times 100\% = +0.45\%$$

$$\gamma_2 = \frac{\Delta A_2}{A_0} \times 100\% = \frac{+0.9}{10} \times 100\% = = +9\%$$

注意：由以上例题可以看出，同一只电压表测量不同电压时，尽管绝对误差（的绝对值）差不多，但是相对误差相差很大，所以不能用相对误差表示一个表准不准！

3. 基准误差

（1）基准误差的定义。基准误差，是绝对误差 ΔA 与规定的基准值 n 的比值 γ_n（旧称引用误差）。基准值 n，通常取为仪表量程 A_m。

$$\gamma_n = \frac{\Delta A}{n} \times 100\% = \frac{\Delta A}{A_m} \times 100\% \qquad (1-3)$$

小 提 示 　量程 A_m

在规定的准确度下，电工仪表所能测量的最大量值（即上量限）。

基准误差其实是被测量为基准值 n（$n = A_m$）时的相对误差。

注意：虽然同一只仪表在两次测量时的基准误差差不多相等，但是还是不完全相等，因此基准误差还是不能表示一个仪表准不准，只有最大基准误差才能表示一个仪表的准确程度。

最大基准误差，是最大绝对误差 ΔA_m 与规定的基准值 n 的比值 γ_{nm}（旧称最大引用误差）。

$$\gamma_{nm} = \frac{\Delta A_m}{A_m} \times 100\% \qquad (1-4)$$

（2）基准误差的特点：与相对误差一样，基准误差也是一个具有大小和正负，但无单位的量；最大基准误差的绝对值越小的电工仪表越准确。

第三节　电工仪表的准确度与灵敏度

一只装在 10 万 kW 发电机上的功率表，如果示值偏大 1%，那么在 24h 内就会少发电 24000kWh，发电机的能力没有得到充分发挥；相反，如果仪表的示值偏小，就会使设备寿命缩短甚至造成烧毁事故。所以一个电工仪表要有足够的准确度。

一、电工仪表的准确度

1. 电工仪表准确度的定义

电工仪表的准确度，用该仪表测量时的最大基准误差的绝对值表示，即

$$K = 100 \left| \frac{\Delta A_m}{A_m} \right| \qquad (1-5)$$

因此，最大绝对误差为

$$\Delta A_m = \frac{\pm K A_m}{100} = +K\% A_m$$

小 提 示 　电工仪表的基本误差用最大基准误差表示。

2. 基本误差与电工仪表准确度的对应关系

基本误差与电工仪表准确度的对应关系，见表 1-1。

表 1-1　　　　　　　　　　　基本误差与准确度的对应关系

准确度 K	0.1	0.2	0.5	1.0	1.5	2.5	5.0
基本误差	±0.1%	±0.2%	±0.5%	±1.0%	±1.5%	±2.5%	±5.0%

各准确度等级的电工仪表在正常条件下使用时，其基本误差不应超出以上规定。

【例 1 - 3】   利用准确度为 1.0 级、量程为 10A 的电流表测量 4A 电流。试求：

(1) 容许的绝对误差 ΔA_m；

(2) 最大的相对误差 $\gamma_{\max}$。

解   (1) 最大的绝对误差

$$\Delta A_\mathrm{m} = \frac{\pm KA_\mathrm{m}}{100} = \pm 1.0 \times 10/100 = \pm 0.1(\mathrm{A})$$

(2) 最大的相对误差

$$\gamma_{\max} = \frac{\Delta A_\mathrm{m}}{A_\mathrm{x}} \times 100\% = \pm 0.1/4 \times 100\% = \pm 2.5\%$$

二、测量结果的准确度

1. 测量结果准确度的定义

测量结果的准确度，就是在测量某一量值时的最大相对误差。最大相对误差的计算公式即

$$\gamma_{\max} = \frac{\Delta A_\mathrm{m}}{A_\mathrm{x}} \times 100\% \tag{1 - 6}$$

2. 两种准确度的关系

$$\gamma_{\max} = \frac{\Delta A_\mathrm{m}}{A_\mathrm{x}} = \frac{\Delta A_\mathrm{m}}{A_\mathrm{m}} \times \frac{A_\mathrm{m}}{A_\mathrm{x}} \propto K \times \frac{A_\mathrm{m}}{A_\mathrm{x}}$$

因此，测量结果的准确度 $\gamma_{\max}$，不仅和电工仪表的准确度有关 K，而且还和量程与被测量大小的比值有关。

【例 1 - 4】   利用 $K = 0.5$、$A_\mathrm{m} = 100$（A）的电流表测量 4A 电流时，其测量结果的准确度多大？

解 $$\Delta A_\mathrm{m} = \frac{\pm KA_\mathrm{m}}{100} = \pm 0.5 \times 100/100 = \pm 0.5(\mathrm{A})$$

$$\gamma_{\max} = \frac{\Delta A_\mathrm{m}}{A_\mathrm{x}} \times 100\% = \pm 0.5/4 \times 100\% = \pm 12.5\%$$

通过分析 ［例 1 - 3］ 和 ［例 1 - 4］ 可以看出：仪表的准确度 K 虽然提高了，但是测量结果的准确度 $\gamma_{\max}$ 却下降了，因此片面追求仪表的准确度而忽视仪表量程的合理选择是不对的。

三、对仪表量程和准确度的要求

1. 仪表的量程 A_m

$2A_\mathrm{m}/3 \leqslant A_\mathrm{x} \leqslant A_\mathrm{m}$；仪表准确度一定时，被测量的大小尽可能接近测量仪表的量程。

2. 仪表的准确度 K

仪表要有足够的准确度。

【例 1 - 5】   欲测量 100V 电压，要求测量结果的相对误差不大于 $\pm 1.25\%$，问应选用上量限为 250V 的哪一种准确度等级的电压表？

解   根据公式（1 - 6），最大相对误差 $\gamma_{\max} = \frac{\Delta A_\mathrm{m}}{A_\mathrm{x}} \times 100\%$

$$\frac{\Delta A_\mathrm{m}}{A_\mathrm{x}} \times 100\% = \Delta A_\mathrm{m}/100 = \pm 1.25\%$$

因此，$\Delta A_\mathrm{m} = \pm 1.25$，所以仪表的准确度 K 为

$$K = 100 \left| \frac{\Delta A_\mathrm{m}}{A_\mathrm{m}} \right| = 100 \times 1.25/250 = 0.5$$

因此，应选用上量限为 250V、准确度等级为 0.5 的电压表。

四、电工仪表的灵敏度

1. 灵敏度的定义

灵敏度用仪表示数的变化量与被测量变化值的比值表示。电工仪表的灵敏度反映了该仪表测量最小量值的能力。

2. 灵敏度的计算公式

$$S = \Delta\alpha/\Delta x \tag{1-7}$$

式中　$\Delta\alpha$——仪表示值的变化量；

　　　Δx——被测量的变化值；

　　　S——仪表的灵敏度。

对于标尺均匀的指示仪表，其灵敏度 $S = \alpha/x$ 为常数。

3. 分辨力

数字仪表的灵敏度用分辨力表示。

分辨力是引起数字仪表相应示值产生可觉察变化的被测量的最小变化值。

对于数字电压表，在最低量程末位上一个字所对应的电压值即是该数字电压表的分辨力。如某数字电压表的分辨力是 $4\mu\mathrm{V}$。

问题思考　　灵敏度的数值越大的电工仪表越灵敏吗？

第四节　计　　量

一、计量的含义

计量是测量的一种特殊形式，是将被测量与计量基准或计量标准进行比较，以确定符合要求或不符合要求，合格或不合格，最后给出校准报告或具有法律效力的"检定证书"，以保证单位的统一和量值的准确。简言之，计量就是统一准确的测量。

二、计量的单位

1. 计量单位的概念

计量单位是用以量度同类量的量值的标准量，是具有明确的名称和定义并命其数值为 1 的一个固定量。

2. 国际单位制

国际单位制是 1960 年第十一届国际计量大会通过的，其国际代号为 SI。

国际单位制单位包括 SI 单位、SI 词头和 SI 单位的十进位数和分数单位。SI 单位包括 SI 基本单位、SI 导出单位和 SI 辅助单位三类。例如电流单位 A 是 SI 单位，而 mA 不是 SI 单位，但它们都是国际单位制单位。

（1）SI 基本单位。在国际单位制中基本量的主导单位为基本单位，是构成单位制中其他单位的基础。

SI 制中的基本单位共有 7 个：长度单位为 m（米）；质量单位为 kg（千克）；时间单位

为 s（秒）；电流单位为 A（安培）；温度单位为 K（开尔文）；物质的量单位为 mol（摩尔）；光强度单位为 cd（坎德拉）。

（2）SI 导出单位。在确定了基本单位以后，按定义、定律及物理量之间的关系推导出来的单位。如速度的单位 m/s。

电工测量中具有专门名称的导出单位，见表 1 - 2。

表 1 - 2   **电工测量中具有专门名称的导出单位**

量	名称	符号	量	名称	符号
频率	赫（兹）	Hz	电阻	欧（姆）	Ω
功率	瓦（特）	W	电感	亨（利）	H
电压	伏（特）	V	电导	西（门子）	S
电容	法（拉）	F	磁通	韦（伯）	Wb

（3）SI 辅助单位：国际上把既可作为基本单位，又可作为导出单位的单位单独作为一类，称为辅助单位。例如，平面角的单位为弧度（rad），立体角的单位为球面度（sr）。

3. 法定计量单位

法定计量单位是由国家法律承认，具有法定地位的计量单位。

我国于 1984 年 2 月 27 日发布了《关于在我国统一实行法定计量单位的命令》，明确规定我国采用《中华人民共和国法定计量单位》。

我国的法定计量单位是以国际单位制单位为基础，并根据我国的实际情况适当地选用一些非国际单位制单位构成。如有功电能单位千瓦时（kWh）、体积单位升（L）、时间单位分（min）等均是我国的法定计量单位。

三、计量器具

按计量器具的地位，计量器具可分为计量基准器具、计量标准器具和工作计量器具。

1. 计量基准器具

计量基准，是在特定计量领域内具有当代最高计量特性、被指定的或普遍承认的进行计量的原始依据和最高标准。

计量基准按其地位、性质和用途可分为以下几个等级。

（1）主基准，即国家基准。在特定计量领域内用来复现和保存计量单位，并具有最高计量学特性，经国家鉴定并批准，作为统一全国计量单位量值最高依据的计量器具。

主基准只用于对副基准、工作基准的定度或校准。主基准是一个国家内量值溯源的终点，也是量值传递的起点。

小 提 示　**国际基准**

经国际协议公认，具有当代科学技术所能达到的最高计量特性的计量基准。

（2）副基准。通过与国家基准对比或校准来确定其量值，并经国家鉴定批准的计量器具。

副基准主要是用来代替主基准使用或验证主基准的变化。副基准在国家计量检定系统中的地位仅次于主基准。

（3）工作基准。通过与国家基准或副基准对比或校准，并经国家鉴定，实际用以检定计量标准的计量器具。

工作基准主要是为了不使主基准和副基准由于频繁使用而丧失其应有的计量学特性而设立的。工作基准在国家计量检定系统中的地位仅次于主基准和副基准。

2. 计量标准器具

计量标准，是按国家计量检定系统规定的准确度等级，用于检定较低等级计量标准器具或工作计量器具的计量器具。

计量标准在国家计量检定系统中的地位在工作基准之下、工作计量器具之上。

3. 工作计量器具

工作计量器具，是指现场计量使用的、不用于进行量值传递的、直接用来测量被测对象量值的计量器具，也称为普通计量器具。如磁通表、兆欧计、电能表、电能表检定装置等。

根据重要程度，工作计量器具一般可以分为 A、B、C 三类。

（1）A 类计量器具。A 类属于国家强检类计量器具，包括一级能源计量器具；用于贸易结算、安全防护、医疗卫生、环境监测且列入《中华人民共和国强制检定的工作计量器具目录》的计量器具。

A 类计量器具必须按照检定证书上标定的时间按时进行强制检定。例如，计费用电能表和互感器。

🔒 **问题思考** 所有的电能表都是要强制检定的吗？

（2）B 类计量器具。B 类包括新产品技术开发，新产品研制用器具；二、三级能源计量器具；企业内部物料管理用计量器具；安全防护、医疗卫生、环境检测用但未列入强制检定工作计量器具目录的计量器具。

B 类计量器具的检定周期可以延长至检定证书检定周期的 1～2 倍进行检定。

（3）C 类计量器具。C 类包括计量行政部门明令允许一次性检定的计量器具；实行有效期管理、不必进行周期检定的标准物质；只作为一般指示器用的计量器具；企业生活区作为能源分配、职工福利用或辅助生产用的计量器具。

C 类计量器具的检定周期可以延长至检定证书检定周期的 3～4 倍进行检定。

四、量值传递

各地区或各部门所使用的计量标准器具和上级标准相对比，若对比结果其误差在允许范围内，则这些标准器具就可以作为本地区和本部门的计量器具的标准。下一级的标准器具就以这些标准器具为标准进行对比，若误差在允许范围内，则可以作为更下一级的标准器具。这样逐级对比，逐级传递，直至工作量具。这个过程就称为量值传递。

换言之，量值传递，就是通过对计量器具的检定和校准，将国家基准所复现的计量单位量值通过各等级计量标准传递到工作计量器具，以保证对被测对象所测得量值的准确和一致的过程。

⚙ **小提示** **量值溯源**

量值溯源，就是通过具有规定不确定度的连续的比较链，使测量结果或标准的量值能够与规定的计量标准或基准（通常是国家基准或国际基准）联系起来。

第五节　有效数字与修约化整

一、有效数字

1. 有效数字的定义

从左边第一位不为零的数字起到右边最后一个数字止，称为有效数字。

在测量和计算中，确定该用几位数字来代表测量和计算的结果很重要。

通常，每一数据最后一位数字为欠准数字（估读数字），而欠准数字前面的数字必须是准确的。

由欠准数字与欠准数字前面的数字（不包括最前一位非0数字前的0）一起组成了该测量数据的有效数字。

例如：0.96 是二位有效数字，6 是估读数字。

0.023mA 共有 2 位有效数字，4876±12 共有 4 位有效数字。

2. 有效数字的一般要求

有效数字的一般要求如下：

（1）单位变换不影响有效数字的位数。

（2）在测量时，记录的有效数字位数要与误差相适应。

例如，一个 $100\mu A$、1.5 级的微安表，读取的数字是 $85.43\mu A$，而记录 $85\mu A$ 即可。因为 $\Delta I_m=\dfrac{\pm KI_m}{100}=\dfrac{\pm 1.5\times 100}{100}=\pm 1.5$（$\mu A$）只有 2 位有效数字，所以记录的有效数字也应为 2 位，才能与误差对应。

🔒 **问题思考**　87.5＝87.50 吗？

（3）在国际上提出了无效零的概念。例如，对于 35000，若有两个无效零则为 3 位有效数字，应写成 3.50×10^4；若有三个无效零则为 2 位有效数字，应写成 3.5×10^4。

实际中，当容易引起误会时，应采用科学记数法，即数字应以乘以 10 的 n 次方表示。例如，电压 $U＝10000$（V），若有效数字为 3 位时，则记作 1.00×10^4。

如果数字 1460 的有效数字为 3 位时，那么记作 1.46×10^3。

🔒 **问题思考**　传统的"四舍五入法"科学吗？

二、数据的修约规则

近似数字的修约（舍入）按以下方法进行。

数据修约规则：保留位右边的数字对保留位的数字 1 来说，若大于 0.5 则保留位加 1；若小于 0.5 则保留位不变；若等于 0.5 则保留位是偶数时保留位不变、是奇数时保留位加 1。

修约口诀：小于 5 舍，大于 5 入，等于 5 时奇增偶。

三、有效数字的运算

有效数字运算包括以下三个步骤。

第一步，将各项数据修约到比小数点后位数最少的那个数据多保留 1 位有效数字；

第二步，进行加减运算或乘除运算；

第三步，将结果修约到小数点后的位数与原各项中小数点后位数最少的那个数据相同。

例如：$3.452+7.9+5.26=?$

原始数据修约：3.452——3.45；进行加减运算：$3.45+7.9+5.26=16.61$；运算结果修约：$16.61=16.6$。

再如：$3.452\times7.9\times5.26=?$

原始数据修约：3.452——3.45；进行乘除运算：$3.45\times7.9\times5.26=143.3613$；运算结果修约：$143.3613$——$143.4$。

四、数据的化整

判断计量器具是否合格，通常以化整后的结果作为判别依据。

1. 数据化整通用方法

数据化整的通用方法是：数据除以修约间距，所得数值按数据修约规则进行修约，修约后的数字乘以修约间距所得数值，即为化整结果。

化整口诀：除后按 1 修，乘后得结果。

解释：设待修约数为 A，修约间距为 H，则 $A_1=A/H$，A_1 以个位作为保留位修约得 A_2，化整结果 $A_3=A_2\times H$。

注意：化整结果按修约间距保留小数点后位数。

小提示 所有化整后的数据必定是修约间距的倍数，否则化整结果一定是错误的。

例如，若修约间距为 0.05，则 0.525 与 0.52501 的修约化整过程为

$0.525/0.05=10.5\to10\times0.05=0.50$；$0.52501/0.05=10.5002\to11\times0.05=0.55$。

再如，若修约间距为 0.2，则 2.101 与 1.399 的修约化整过程为

$2.101/0.2=10.505\to11\times0.2=2.2$；$1.399/0.2=6.996\to7\times0.2=1.4$。

【例 1-6】 如果 $f=-0.075\%$，修约间距 0.05%，则 $A_1=-0.075\%\div0.05\%=-1.5\to A_2=-2\to A_3=-2\times0.05\%=-0.1\%\to-0.10\%$（保留小数点后 2 位，不足两位的则以 0 补足）。

【例 1-7】 如果 $\delta=+9.82'$，修约间距为 $2'$，则 $A_1=+9.82'/2'=+4.91\to A_2=+5\to A_3=+5\times2'=10'$。

2. 电能表相对误差的修约间距

电能表相对误差的修约间距，见表 1-3。

表 1-3 电能表相对误差的修约间距

电能表的准确度等级	0.2S 级	0.5S 级	1.0 级	2.0 级	3.0 级
修约间距（%）	0.02	0.05	0.1	0.2	0.2

3. 测量互感器误差的修约间距

测量互感器误差的修约间距，见表 1-4。

表 1-4　　　　　　　　　　　测量互感器误差的修约间距

修约间距	互感器的准确度等级					
	0.01 级	0.02 级	0.05 级	0.1 级	0.2 级	0.5 级
比值误差（%）	0.001	0.002	0.005	0.01	0.02	0.05
相位误差（'）	0.02	0.05	0.2	0.5	1	2

练习与思考题

1. 什么是电工测量？电工测量器具的种类有哪些？

2. 电工测量方法一般分为几种？

3. 什么是直接测量法，它具有哪些特点？

4. 什么是间接测量法，它具有哪些特点？

5. 什么是测量误差？根据误差的性质，测量误差分为哪几类？

6. 说明系统误差的性质、产生原因及减小办法。

7. 说明随机误差的性质、产生原因及减小办法。

8. 有人认为，被测量的实际值就是被测量的实际测量值。请谈谈你的观点。

9. 电工仪表误差的表示方法有哪些？

10. 测量实际值为 100V 的电压时，A 电压表的示值为 105V，B 电压表的示值为 99V；在测量实际值为 200V 的电压时，C 电压表的示值为 199.5V。试分别求出 A、B、C 三块电压表的绝对误差和相对误差。

11. 利用 $K=1.0$、$A_m=250V$ 的电压表，分别测量 110V 和 220V 电压时，其测量结果的准确度各多大？通过计算结果，能够得出什么结论？

12. 什么是电工仪表的准确度？什么是测量结果的准确度？

13. 一块量程为 5A 的电流表，测量时的最大绝对误差为 0.025A，该表的准确度等级为多少？

14. 量程为 100V 的 0.2 级的电压表，经检定在示值为 50V 处出现的最大示值误差为 0.15V，请判断该表是否合格。

15. 什么是计量单位和法定计量单位？

16. SI 单位分为哪三类？

17. 什么是主基准、副基准和工作基准？

18. 什么是计量基准器具？什么是计量标准器具？

19. 按重要程度不同，工作计量器具分为哪几类？它们各有什么特点？

20. 什么是量值传递？

21. 请说明下列数据各有几位有效数字：

A. 1516.6　　　B. 0.07286　　　C. 6.350　　　D. 0.4080×10^{-4}　　　E. 2.506×10^3

22. 试用有效数字运算方法，计算下列各式的值。

(1) 516.78+0.8276-0.12378

(2) 795.86×0.875/8

(3) 1.966×10^8+6.73×10^9

23. 数据化整的通用方法是什么？

24. 若修约间距为 0.2，以下修约化整结果错误的是（　　）。

A. 4.28 修约化整为 4.2   B. 4.3 修约化整为 4.4

C. 4.38 修约化整为 4.4   D. 4.18 修约化整为 4.0

第二章 电 能 表

电能计量装置主要由电能表、计量互感器和计量二次回路组成。电能计量装置的主要组成部件，如图 2-1 所示。一般居民用户只需安装电能表计量电能，如果用户的用电负荷电流超过一定数值（如 60A）时，那么就要安装电流互感器；如果供电电压超过一定数值（如 10kV）时，那么就要安装电压互感器。

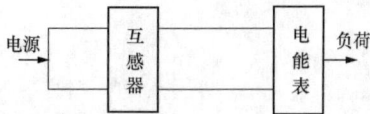

图 2-1 电能计量装置的主要组成部件

各种类型的电能表是电能计量装置的核心组成部件，没有电能表就不能称为电能计量装置。

第一节 电能表概述

专门用来计量某一时间段内电能量值的电工仪表称为电能表。

一、电能表的分类

电能表的分类，见表 2-1。

表 2-1 电能表的分类表

根据测量电能性质分类	交流电能表和直流电能表
根据测量电能方式分类	直接接入式电能表和间接接入式电能表
根据测量电路分类	单相电能表、三相四线电能表、三相三线电能表
根据测量对象或功能分类	有功电能表、无功电能表、最大需量表、复费率电能表、多功能电能表、智能电能表、标准电能表等
根据结构原理分类	感应系（即机械式）电能表、电子式（即静止式）电能表、机电式（一体化）电能表

二、国产电能表铭牌含义

1. 电能表型号

电能表型号，用字母和数字的排列来表示，型号的内容为：①+②+③+④——⑤⑥

①名称代号：电能表的小类别号均为 D。

②种类代号（表示测量电路的种类）：

D—单相、T—三相四线、S—三相三线。

③类别代号（表示功能用途，通常不止一个大写字母）：

Z—智能、D—多功能、S—全电子式、F—复费率（多费率）、Y—预付费（费控）、X—（三相）无功、B—标准。

④设计序号（由厂商注册）：用阿拉伯数字表示，如 149、876、864 等。

⑤通信方式代号（位于连字符后）：Z—电力线载波、G—GPRS 无线，无 Z、G 则是 RS485。

⑥厂商可以附加自行编号。

例如 DDZY149 - Z 表示单相预付费智能（载波通信方式）电能表，DSSD 表示三相三线电子式多功能电能表等。

小 提 示　电能表型号识别技巧

第三个字母不是 S，表明是感应系电能表；不出现 X 这个字母，就是有功电能表；仅出现 X 则是无功电能表，出现（X）表明有功、无功均能测量。

电子式电能表在型号中加一个 S，位于第二个代号后；智能电能表在型号中加一个 Z，位于第二个代号后；多功能电能表在设计序号前加一文字符号 D；复费率电能表在设计序号前加一文字符号 F；智能表在连字符后加一个大写字母 Z 表示载波模块，加一个大写字母 G 表示无线模块；当连字符前有 C（CPU 卡）或 S（射频卡）时为本地费控智能表，当无 C 或 S 时为远程费控智能表。

问题思考　型号 DSSF876 - Z 和 DSZY331C 的含义分别是什么？

2. 电能表规格

电能表的规格主要指的是额定电压、额定电流、准确度等级等参数。

3. 电能表铭牌上的其他符号

电能表铭牌除了标有电能表名称、型号、规格、制造厂商名称和生产年份及制造标准以外，还常见到以下符号：

CMC 是计量器具制造许可标记；"回"字形符号是指具有双重绝缘的 II 类器具标志；® 是厂商注册商标。

电能表上还附有条形码。

另外，对额定温度不是 +23℃时应标明其他额定温度。

小 提 示　条形码

条形码是一组黑白相间的条纹组成的标志，它将电能表铭牌上的重要信息按一定的规律设置成一组条形码，通过条形码扫描器即可将电能表的信息输入计算机，由计算机自动建立每块电能表的档案卡片。

常见智能电能表的外观简图，如图 2 - 2 所示。

三、电能单位及电能表的符号

有功电能的单位是 kWh（千瓦时），无功电能的单位是 kvarh（千乏时）。

电能表的图形符号，如图 2 - 3 所示。

四、主要技术参数

1. 基本电流

基本电流是标明在电能表上作为确定有关特性的电流，也称标定电流，用 I_b 表示。

直接接入式电能表的基本电流值有：5、10、15、20、30、40、50A。三相表和单相表的常用基本电流值有 5、10A。

经互感器接入式电能表的基本电流有：0.3、1、1.5、3、5A。常用基本电流值为 0.3、1.5A。

(a)

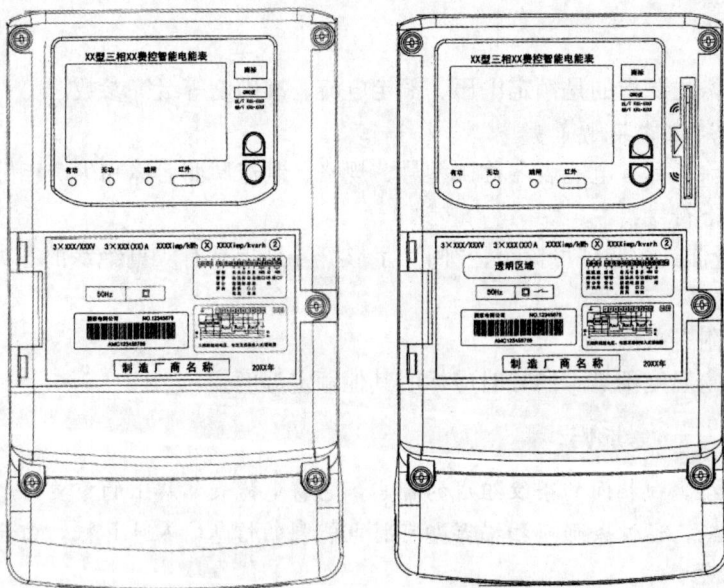

(b)

图 2-2　常用智能电能表的外观简图

（a）单相智能电能表；（b）三相智能电能表

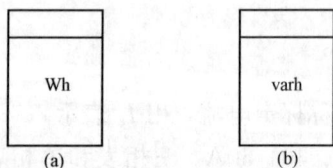

图 2-3　电能表的图形符号

（a）有功电能表图形符号；

（b）无功电能表图形符号

2. 最大电流

最大电流是电能表长期工作而其技术性能完全满足规定（包括误差不超过规定的允许误差）的最大电流值，用 I_m 表示。

直通式电能表的最大电流有：10、20、30、40、60、80、100A。三相表和单相表的常用最大电流有 60、100A。

非直通式电能表的最大电流有：1.2、6A。

最大电流用括号标注在基本电流之后，如 5（60）A、10（100）A。

小提示 电能表基本电流，由其启动电流决定；电能表最大电流，决定了负荷电流。

问题思考 有人认为，一个标有"220V、10（40）A"的电能表，可以用在最大功率是 220V×10A＝2200W 的家庭电路上，如果同时使用的家用电器的总功率超过这个量值，电能表将会被烧坏。这种说法正确吗？

3. 额定电压

额定电压是电能表长期正常工作时所能承受的电压，也称参比电压，用 U_n 表示。

单相电能表的额定相电压为 220V；对于三相电能表应在前面乘以相数，如 3×220/380V（三相四线电能表的额定相电压 220V、额定线电压 380V）；3×100V（三相三线经互感器接入式电能表的额定线电压 100V）。

4. 电能表常数

电能表常数是表示电能表计量单位电能量的脉冲数，用 C 表示。例如 C＝800imp/kWh（最大电流 100A 的单相表）、1200imp/kWh（最大电流 60A 的单相表）。

对于电子式电能表，其电表能常数也称为脉冲常数。有功脉冲常数、无功脉冲常数的单位分别是 imp/kWh、imp/kvarh。

对于感应系电能表，其有功电能、无功电能的电能表常数的单位分别是 r/kWh、r/kvarh。

常用三相智能表的脉冲常数，见表 2-2。

表 2-2 常用三相智能表的脉冲常数

接入方式	电压（V）	最大电流（A）	推荐电能表常数（imp/kWh）
直接接入	3×220/380	60	400
	3×220/380	100	300
经互感器接入	3×220/380	6	6400
	3×57.7/100	6	20 000
	3×57.7/100	1.2	100 000
	3×100	6	20 000
	3×100	1.2	100 000

5. 准确度等级

准确度等级表示电能表在规定条件下的误差限值，用 K 表示，一般以记入圆圈中的等级数字表示（如①表示电能表的准确度等级为 1.0），无标志的视为 2.0 级。还有的以"CL.0.5"方式记录电能表的准确等级。

6. 额定频率

额定频率，我国规定为工频 50Hz，也称参比频率，用 f_n 表示。

第二节　感应系电能表

一、感应系电能表的结构

常见感应系电能表的外观，如图 2-4 所示。

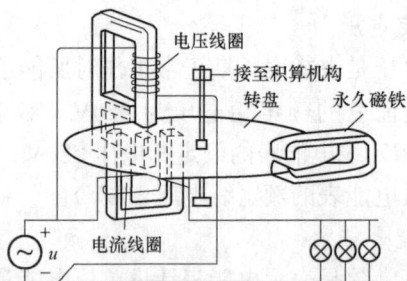

单相感应系电能表的结构包括测量机构、辅助部件和误差调整装置。单相感应系电能表的结构示意图，如图 2-5 所示。

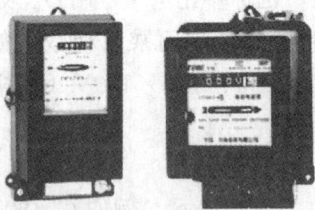

图 2-4　常见感应系电能表的外观　　图 2-5　单相感应系电能表的结构示意图

1. 测量机构

测量机构是电能表实现电能测量的核心部分。

（1）驱动元件：包括电流元件和电压元件。电流元件是由 U 形电流铁芯和套在上面的电流线圈及磁分路组成，其导线较粗，匝数较少，阻抗很小，它与负荷串联。

电压元件是由 E 字形电压铁芯和套在上面的电压线圈及回磁极组成，其导线较细，匝数较多，阻抗很大，它与负荷并联。

电流元件位于电压元件下方，铁芯用硅钢片叠制而成。

小 提 示　电能表接入被测电路后，不论有无负荷，电压线圈总带电，因此始终消耗电能。

小 提 示　潜动

电能表无负荷电流时转盘转动或存在脉冲输出的现象。

（2）转动元件：由转盘、转轴、蜗杆、轴承组成。其作用在于驱动元件和转动元件共同作用产生转动力矩，并将转数传递给计度器。

为增大电能表的驱动力矩并减轻质量，转盘用电导率较大、质量较小且有一定机械强度的电解铝制成。转盘边缘涂以计算转数的（黑色）标记。有些电能表的转盘上打有对称的 2 个小孔，位置在电磁铁之下，用来防止电能表空载时的潜动现象。

轴承是用来支撑转动元件的支承装置，它的好坏决定着电能表的使用寿命和准确度以及误差的稳定性。轴承由上、下轴承组成。转轴的两端分别支撑在上、下轴承上，上轴承主要起导向和定位作用，下轴承主要起支持转动部分质量的作用。下轴承质量的好坏对电能表的准确度和使用寿命有很大影响。

转轴上装有传递转数的蜗杆和钢丝制成的防潜钩。

现代电能表的轴承结构主要有钢珠宝石轴承（包括单宝石和双宝石两种）和磁力轴承（包括磁推轴承和磁悬轴承两种）两大类。磁推轴承是下轴承采用磁铁之间的排斥力支撑转动元件的，而磁悬轴承是上轴承采用磁铁之间的吸引力，将转动元件悬浮于空间间隙。磁力轴承可以大大减小表计的摩擦误差，提高灵敏度，降低压力，延长轴承使用寿命。磁力轴承主要用于长寿命电能表中。

（3）制动元件：由永久磁铁制成。其作用在于制动元件和转盘共同作用产生制动力矩。

（4）积算机构：即计度器。字轮计度器的组成结构，如图2-6所示。字轮计度器由蜗杆1、减速轮2、齿轮组3～6、滚轮7等组成。通常黑色字轮表示整数电量，红色字轮表示小数电量，中间有小数点。字轮式计度器外观漂亮、读数清晰且结构简单，在我国所有型号的感应系电能表中均采用这种计度器。

其作用在于记录并显示电量。

在电能表中采用的计度器有指针式计度器和字轮式计度器及光电计数器三种结构形式。

指针式计度器的结构简单，摩擦力矩小而均匀，不会卡字，但示数抄读困难，容易发生错误。

字轮式计度器读数方便清晰，但当多只数字轮同时传动时，机构的总摩擦比较大而且不均匀。由于事实上字轮式计度器绝大部分时间只有一只数字轮在转动，它的摩擦并不比指针式的大。不过有的字轮式计度器容易卡字。

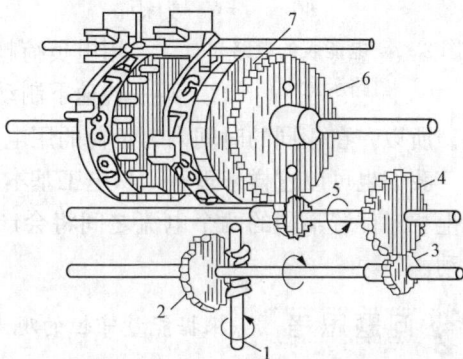

图2-6 字轮计度器的组成结构
1—蜗杆；2—减速轮；3～6—齿轮组；7—滚轮

光电计数器，能直接反映电能表转盘的转数。它的基本原理是：调制脉冲发生器提供的脉冲信号分为两路：一路送入同步选通电路；另一路送入调制发射脉冲功放，驱动发光二极管，使它辐射出相应频率的脉冲调制光，照射在转盘采样标记上，之后反射到光电管，经过放大、整形、同步选通、检波，最后传递给显示器。其中，光电采样电路将转盘的转数转换成频率信号，再由数据处理单元进行累计和其他处理，从而实现自动计数和累计电能的目的。

2. 辅助部件

辅助部件主要构成有表壳、基架、端钮盒、铭牌。

表壳由底座和大盖组成，能够密封防尘并设有加封部位，只有破坏封铅后才能触及表内部件。

基架用来固定以上主要部件，必须由非磁性材料做成，以保证表内磁路不受干扰。

端钮盒由端钮盒体、接线端钮和端钮盒盖及加封螺钉组成。

电能表内部的电流线圈和电压线圈可通过接线端钮的接头引出电能表外，用以与外部导线连接；接线端钮一般是铜质的。端钮盒盖内面印有原理接线图，以指导电能表安装人员接线，盒盖螺钉上设有小孔便于加封。加封螺钉，可防止用户擅自开启端钮盒盖，影响电能计量并危及人身安全。

3. 误差调整装置

为了保证电能表工作的准确度要求，电能表内还设有误差调整装置。

作用：对于单相电能表进行内相角调整、满载调整、轻载调整、防潜调整等。

二、感应系电能表的工作原理

感应系电能表的电路和磁路，如图 2-7 所示。

1. 基本测量原理

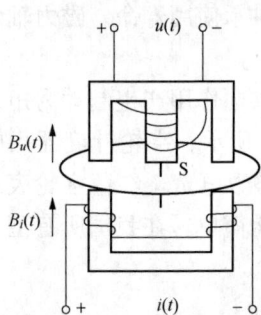

图 2-7　电能表的电路和
磁路示意图

如图 2-7 所示，根据电磁感应原理，电压线圈、电流线圈分别加上电压和流过负荷电流时，两个线圈中的电流各自产生交变磁场，这两个交变磁场穿过置于二者间的转盘，在转盘上各自产生涡流，两个交变磁场与由它们产生的涡流相互作用形成了一个驱动力矩驱动转盘旋转。另外，转盘旋转切割永久磁铁的磁场产生的两个涡流与磁铁磁场作用产生一个与旋转方向相反的制动力矩。

用电负荷越大，电能表转盘转速越快，制动力矩也越大，在某一转速下制动力矩与驱动力矩平衡，这时转速与负荷功率成正比。所以，在相同的时间内，负荷的用电量与转盘的转数成正比。

我们也可以这样来理解，从电工基本原理可知，任何一对在时间上有一定相位差、在空间上相对位置不同的两个电流之间将会产生旋转磁场，该旋转磁场带动转盘按一定的方向转动。

🔒 问题思考　根据能量守恒的观点，如何解释电能表转盘的转动？

2. 电能测量机构测量的有功电能

电能测量机构测量的有功电能可用公式表示为

$$W = PT = UI\cos\varphi T \tag{2-1}$$

式中　　W——测量的有功电能；

　　　　P——测量的有功功率；

　　　　U——电压元件上的电压；

　　　　I——电流元件中的电流；

　　　　φ——$\dot{U}$ 与 $\dot{I}$ 之间的夹角；

　　　　T——通电时间。

3. 电能表正确接线的基本要求

(1) 电能表的电流元件与负荷串联，电压元件与负荷并联。

(2) 电流元件与电压元件的同极性端均应接到电源的同一根相线上。

👤 小 提 示　　**三相电能表的构成原理**

三相电能表与单相电能表在结构上的主要区别是：每块三相电能表都有两组或三组电磁元件，它们产生的驱动力矩共同作用在一个转动元件上，并由一个积算机构指示三相电路的总电能。不过，三相电能表每组驱动元件之间存在着电磁干扰，且其基本误差与各驱动元件的相对位置及所处的工作状态有关。

三相感应系电能表的结构也包括测量机构、辅助部件和误差调整装置。其中，测量机构也由驱动元件、转动元件、制动元件和积算机构等部分构成；辅助部件也主要有表壳、基架、接线端钮盒、铭牌；误差调整装置包括内相角调整、满载调整、轻载调整、防潜调整、平衡调整等装置。

三相电能表按其内部结构可以分为三相四线电能表和三相三线电能表两种。

三相四线电能表有三套驱动元件，一套转动机构和一套积算机构，相当于三个单相电能表的组合。三相三线电能表有两套驱动元件，一套转动机构和一套积算机构，相当于两个单相电能表的组合。

第三节 机电式电能表

常见机电式电能表的外观，如图 2-8 所示。

机电式电能表又称机电脉冲式电能表或脉冲电能表，它沿用了感应系电能表的测量机构，数据处理机构则由电子电路实现。在制造上只需将普通感应系电能表的机械式传动计数器换为以单片机为核心的电子计数装置即可。因而机电脉冲式电能表是一种电子电路与机电转换单元相结合的半电子式电能表。

一、机电式电能表的组成部分

机电式电能表主要由感应系测量机构、光电转换器和分频器/计数器以及显示器四大部分组成。

二、机电式电能表的工作原理

感应系测量机构的主要功能是将电能信号转变为转盘的转数；光电转换器的功能是将正比于电能的转盘转数转换为电脉冲，此脉

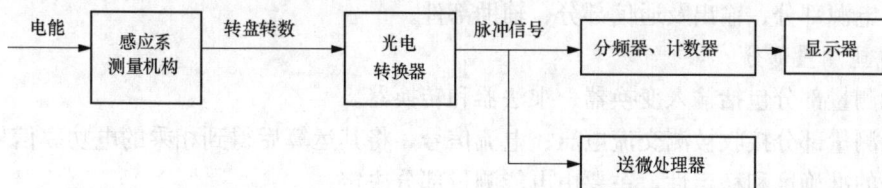

图 2-8 常见机电式电能表的外观

冲数同时也正比于被测电能量；分频器和计数器的主要功能是将经光电转换器转换成的脉冲信号进行分频、计数，从而得到被测量的电能量；显示器的功能是利用电子器件显示电能表所测量的电能量和其他电参数，便于读取数据。

机电式电能表的工作原理框图，如图 2-9 所示。

图 2-9 机电式电能表的工作原理框图

光电转换器是连接电能测量机构和数据处理机构的纽带。光电转换器包括光电头（多采用发光二极管和光敏三极管配合而成）和光电转换电路两部分。单向脉冲式电能表只有一套光电转换器，而双向脉冲式电能表有两套光电转换器。双向脉冲电能表具有同时计量正向电能和反向电能的功能。

由于在极低脉冲频率时误差较大，为了获得线性好而且稳定的脉冲信号，通常将脉冲信号的频率提高。所谓分频，就是降低输出脉冲信号的频率，使输出信号频率分为输入信号频率的整数分之一。分频的目的：一方面是为了方便取出电能计量单位的位数（如 $1\frac{1}{00}$ kWh 的

位数）和符合校表习惯；另一方面是为了考虑计数器长期计数的容量问题。

所谓计数，就是把经过分频处理的电能脉冲，通过累计脉冲个数的方式，最终通过显示器显示电能测量的结果。

因为集成器件的工作可靠性、抗干扰能力、功率消耗、电路保安和机械尺寸指标均优于分立元件电路，所以分频器和计数器均采用 CMOS 集成器件。

还有一种机械步进电机式计度器，它利用微型机械步进电机驱动计度器的齿轮机构，由分频器输出的低频脉冲信号经放大后驱动步进电机，直接显示电能量数值。使用步进电机式计度器时，必须防止外界电磁场的干扰。

第四节　电子式电能表

常见电子式电能表的外观如图 2-10 所示。

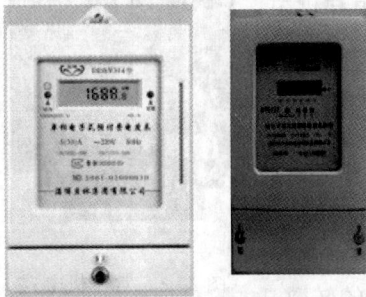

由于感应系电能表功能单一，难以适应电能计量管理现代化发展的需求，电子式电能表应运而生。全电子式电能表具有准确度高、适用频率范围宽、体积小，适合于遥控、遥测、遥信，在实施复杂的复费率、最大需量和电能数据传输及交换等方面具有明显的优越性，这些都是感应系电能表望尘莫及的。而机电脉冲式电能表是感应系电能表与全电子式电能表之间的一种过渡产品。

图 2-10　常见电子式电能表的外观

电子式电能表又称静止式电能表，是指以模拟乘法器或数字乘法器为核心器件，应用微电子技术、模/数转换技术和脉冲数字技术作为工作基础，将被测电能量变成脉冲量或数字量，并直接显示电能量值的电能表。

一、电子式电能表的基本组成

电子式电能表通常由以下六大部分构成：电能测量部分、计数显示部分、中央处理部分、工作电源部分、输出及通信部分、辅助部件。

1. 电能测量部分

电能测量部分包括输入变换器、乘法器和转换器。

电能测量部分接收被测交流电压、电流信号，将其运算后得到相乘的电功率信号。电子式电能表的准确度和稳定性，主要由电能测量部分决定。

（1）输入变换器。输入变换器的作用：将被测电信号按一定的比例变换成电子电路能处理的低电压（通常只有几十毫伏至几伏）和小电流（通常只有几毫安）输入到乘法器中；使乘法器与电网隔离，以减少干扰。

电压变换器通常有两种：电阻分压器和 TV 降压器。

电阻分压器一般采用精密电阻多级分压，以方便补偿和调试并提高耐压能力。电阻分压器的优点：线性好、成本低，容易实现补偿；缺点：不能实现电气隔离，抗干扰能力差。

TV 降压器其实就是一种微型电压互感器。TV 降压器的优点是可实现初级与次级的电气隔离，以提高电能表的抗干扰能力；缺点是成本较高。

电流变换器通常有两种：锰铜板采样器和 TA 降流器。

锰铜板是一种精密电阻，一般用于直接接入式电能表。锰铜板采样器的优点：准确度高、采样线性好、温度系数小。

TA 降流器其实就是一种微型电流互感器。TA 降流器的优点：电能表内主回路与二次回路、电压与电流回路电气隔离，电流互感器二次侧不带强电，并可提高电能表的抗干扰能力。采用高导磁率的玻莫合金作铁芯的电流互感器，提高了准确度，缩小了体积。

在电流输入电路中，较普遍地采用了电流互感器输入电路。另外，三相电子式电能表由于存在线电压，不便于精密电阻直接采样，较多采用 TA 降流器输入电路；在具有数个电流量程或电压量程的电子式标准电能表中，也较多采用 TA 降流器输入电路。

小 提 示 **两种常用电流变换器**

单相电能表内部常常采用锰铜板采样器；经互感器接入式电能表内部一般采用电流互感器级联，因此前级互感器的二次侧不带强电。

（2）乘法器。乘法器的作用：乘法器是实现被测电压与电流相乘，输出为有功功率的电子器件，它是电能表的关键电路。乘法器分为模拟乘法器和数字乘法器。

模拟乘法器，包括时分割乘法器、霍尔乘法器、积分乘法器、平方乘法器等。

时分割乘法器，即 PWM 乘法器，是目前采用较多的一种乘法器，它利用的是运算放大器技术。

时分割乘法器的特点：准确度高、响应快、误差的稳定性和线性度好、功率因数变化范围宽，抗电磁干扰能力较强等，它的工作原理较为先进、制造技术较为成熟。时分割乘法器可用来测量有功功率和四象限无功功率以及直流功率，还能测量直流和交流电压、电流，其最突出的优点是准确度级别很高。

霍尔乘法器，它利用霍尔效应制成霍尔半导体器件，各种霍尔传感器在控制、测量领域发挥了重大作用。瑞士兰地斯公司利用基于霍尔效应的 DFS 传感元件（Direct Field Sensor）进行电能测量。

霍尔乘法器主要优点：频率响应宽，准确度能长期保证；能在较恶劣的环境下工作，抗干扰能力强。其主要缺点：工艺复杂，准确度不容易达到很高；当输入电压或电流为零时，会产生零位误差；霍尔器件的输入电阻和输出电阻以及灵敏系数，均会随环境温度的变化引起较大误差。

数字乘法器，以微处理器为核心，利用的是数字电路技术。数字乘法器产生代表功率的数字量，应采用 D/F 转换器将其转换为代表功率的频率脉冲信号。

数字乘法器可分为硬件乘法器和软件乘法器；硬件乘法器由移位寄存器和加法器以及时序控制电路组成；软件乘法器利用计算机的乘法指令实现数字量相乘。数字乘法器一般采用 DSP（数据信号处理器）和高速 MCU（微处理器）实现数据相乘运算。

采用数字乘法器，由计算机软件来完成乘法运算，可以在功率因数为 0～1 的全范围内保证电能表的测量准确度，这是一般模拟乘法器难以胜任的。

电能测量的准确度主要取决于 A/D 转换器的准确度和采样时间间隔。A/D 转换器的准确度越高，电能测量的准确度越高；采样的时间间隔越小，电能测量的准确度越高，而且对负荷变化的反映越准确。

利用数字乘法器的工作原理，可测量电压、电流、相位、频率、正反向有功功率和四象限无功功率及其电能，还具有失压报警功能。

（3）转换器。转换器将乘法器输出的代表有功功率的信号转换为标准脉冲频率的脉冲信号输出，其频率的高低正比于负荷功率的大小，它和计数器一起实现电能测量中的积分求和运算。

转换器包括压/频转换器和数/频转换器两种。

2. 计数显示部分

计数显示部分将电能量及其他数据信息记录并显示出来。

（1）计数器的作用：记录脉冲数量，累计电能，完成积分求和运算。

（2）显示器的作用：利用电子器件显示电能表所测量电能量和其他电参数。

小提示　两种显示器

1. 液晶显示器

LCD 液晶显示器属于无源显示器件，它本身不发光（在黑暗中看不到数字显示），只能反射外界光线，因此环境亮度越高、反射光线越强，显示就越清晰，但低温工作性能较差。

LCD 液晶显示器除了显示性能好，还具有以下特点：工作时所需的驱动电压低（3～10V），工作电流小（μA 级），故功耗小；交流工作电压时寿命长；功能较多；体积小；质量轻；LCD 数字式接口，几乎适用于任何逻辑类型接口，甚至可以直接利用 CMOS 集成电路驱动，广泛应用于数字式仪表、电子表和计算器中，因而接口适应性强。

2. 数码管显示器

LED（发光二极管）数码管显示器属于有源显示器件，当发光二极管加上一定的正向电压、具有一定工作电流时就能发出一定波长的可见光进行显示。它由七个条状的发光二极管组成字形。特点：在背景光弱时发光亮度高、发光颜色多、温度范围宽、成本较低、工作电压较低、视角范围宽；但驱动电流较大、功耗大、寿命较短、质量重和体积也较大，适用于安装型数字式仪表。为了减少电能表的功耗，LED 常采用动态扫描显示或间断显示的方式。发光二极管显示器属于自发光型显示器。

FIP（荧光管）数码管显示器利用特种荧光物质在一定电场和一定红外线热能作用下产生一定亮度的可见光来进行显示。其特点是与 LED 数码管显示器基本相同，不过 FIP 数码管显示器的成本偏高。

小提示　背光源技术

由于液晶显示器在无光亮处无法显示，目前常用的技术有电致发光 EL 片、荧光灯、发光管。一般需要人工控制短时点亮。

问题思考　为什么 LCD 液晶显示器成为电子式电能表显示器的首选？

小提示　LED 指示灯

电能表使用 LED 作为指示灯，有/无功电能脉冲指示灯为红色，平时熄灭、计量有/无功电能时闪烁；跳闸指示灯为黄色，平时熄灭、负荷开关分断时亮起。

3. 中央处理部分

中央处理部分接收电能测量部分输出的电功率信号，计算出各种所需的电参量，如有功电能量、多费率电量、最大需量等，并且管理显示、时钟、通信接口、数据存储器等部件。

中央处理部分一般由单片微型计算机（即单片机）或嵌入式计算机构成其核心。

单片机由中央处理器 CPU、随机存储器 RAM、只读存储器 ROM、输入/输出口 I/O 等功能部件组成。一般构成单片机的集成电路为超大规模集成电路。

中央处理部分是电子式电能表的大脑，指挥其他部分共同完成工作。

小提示　电能计量模块（芯片）

为适应电子式电能表不断发展的需要，国内外许多公司都研制了多种电能计量专用集成电路，这种专用电能计量模块不仅集成了乘法器和转换器，而且还包含其他电路，如相位调整电路、电源监测电路、接口电路等，采用这些模块只需配以少量的外围电路就能制成满足各种需要的电子式电能表。如上海贝岭公司的 BL0932 计量模块、美国 ADI 公司的 ADE7755 计量模块、德国 Easy Meter 公司的 SPM3 - 20 计量模块等。

4. 工作电源部分

工作电源部分是将电网输入的交流电压降压、整流、滤波、稳压后得到直流低电压，供给电能表内各个环节的电路。

电子式电能表工作电源常用的三种实现方式是：工频电源即变压器降压电源；阻容电源即电阻和电容降压电源；开关电源是必须经过开关管高速导通和截止的工作环节后，才能产生一组或多组电压的电源。

小提示　两种后备电池

时钟电池（无需更换）：当电网发生断电后，维持内部时钟正确工作；显示电池（按需更换）：当电能表失压后，显示器可以唤醒显示。

5. 输出及通信部分

输出单元有校表脉冲输出（有脉冲指示灯）、秒脉冲输出（无脉冲指示灯）、继电器控制输出（包括分闸输出、合闸输出、报警输出等）。

电能表的通信功能，是实现用电管理现代化的重要手段。

通信接口，用来与其他设备进行数据交换、抄表、设置表计参数等，通信接口有红外光学接口、RS485 标准接口、无线接口、GPRS 接口、电力载波 PLC 接口、RS232 标准接口及 IC 卡读写接口等。

6. 辅助部件

辅助部件包括表壳、基架、接线端钮盒、铭牌，主要供安装接线和保护内部电路使用。

其中，强电端子包括电流测量元件接口和电压测量元件接口，其功能是将电能表内部测量元件与外部被测电路接通；弱电端子包括跳闸控制接口、脉冲接口、多功能接口、RS485 接口等，其功能是将电能表的内部通信和控制模块与外部通信设备相连。

电子式电能表的外观部件，如图 2 - 11 所示。电子式电能表的功能端子，如图 2 - 12 所示。

图 2-11　电子式电能表的外观部件

（a）单相电能表；（b）三相电能表

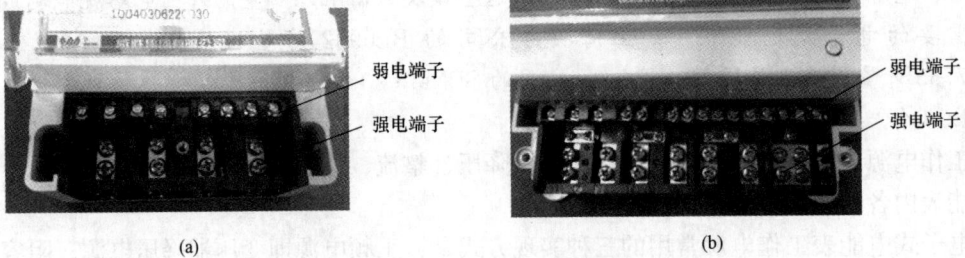

图 2-12　电子式电能表的功能端子

（a）单相电能表；（b）三相电能表

二、电子式电能表的测量原理

电子式电能表是在数字功率表的基础上发展起来的，它采用乘法器实现对电功率的测量。其基本测量原理是：被测的高电压、大电流经电压变换器和电流变换器变换后送至乘法器，乘法器完成电压和电流的瞬时值相乘，输出一个与一段时间内的平均功率成正比的直流电压（数字乘法器输出一个与平均功率成正比的数字量），然后再利用压/频（或数/频）转换器，转换成频率高低与功率大小成正比的频率脉冲信号，将该频率由分频器分频输出，并通过一段时间内计数器的累加计数，从而显示出相应的电能量。

正弦交流电能的测量是通过功率对时间的积分实现的，即

$$W = \int p(t)\mathrm{d}t = \int u(t)i(t)\mathrm{d}t \tag{2-2}$$

式中　$p(t)$ ——瞬时有功功率；

　　　$u(t)$ ——瞬时电压；

　　　$i(t)$ ——瞬时电流；

　　　W——有功电能。

数字乘法器是以求和代替积分，即将功率的积分方式变化为求和方式，即

$$W = \sum_{k=1}^{n} p(k)\Delta t = \sum_{k=1}^{n} u(k)i(k)\Delta t \tag{2-3}$$

式中　$p(k)$ ——功率的第 k 次采样值；

$u(k)$——电压的第 k 次采样值；

$i(k)$——电流的第 k 次采样值；

Δt——采样的时间间隔；

n——采样的总次数；

W——有功电能。

采样点电流与电压相乘，再乘以采样时间，就是平均电能，这种计算由计算机可以轻松地完成。采样的时间间隔 Δt 越短，计算得到的电能数值就越准确。根据采样原理，要求采样频率至少为最高次谐波频率的两倍。

模拟式和数字式单相全电子式电能表工作原理框图，如图 2-13 和图 2-14 所示。

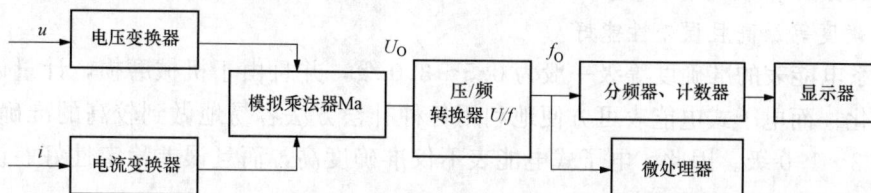

图 2-13 模拟式单相全电子式电能表工作原理框图

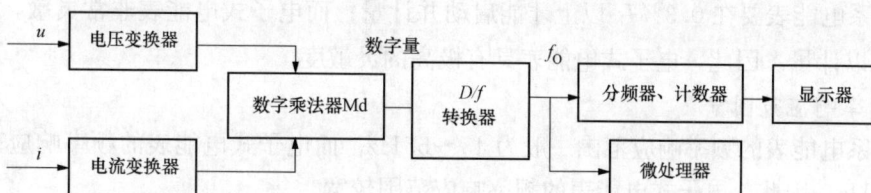

图 2-14 数字式单相全电子式电能表工作原理框图

⊕ 小 提 示　三相电子式电能表的构成原理

三相电子式电能表通常通过两个或者三个乘法器，分别将每一路功率运算成与该路功率成正比的电压信号，通过加法器将两个或者三个电压信号相加获得一个"代数和电压"信号，此电压信号与三相功率成正比。

三、电子式电能表的主要功能

1. 电能计量功能

电能计量功能，包括累计计量和实时计量两部分；简单电能表只具有有功电能计量功能，多功能电能表具有输入/输出有功计量、输入/输出无功计量、四象限无功计量等。

2. 监视功能

监视功能，主要包括最大需量和防窃电监视、失压/电压缺相监视、过流/失流监视、预付电费所购电量提示、电压异常报警。

⊕ 小 提 示　部分电子式电能表的防窃电措施

部分电子式电能表的防窃电措施包括：将反向电量计作正向电量；自动选择相线与中性线上的较大电流计量；防相线短接分流等。

3. 控制功能

控制功能，主要包括时段控制和负荷功率控制。

4. 事件记录功能

电子式电能表可以记录多种事件的发生时间及当时的状态，以便进行故障分析和判断。如电能表上电、掉电、清零、参数设置、断相、失压、过流、失流等。

四、电子式电能表的特点

1. 功能强大

感应系电能表受其测量原理和内部结构的限制，要进一步扩展其功能很困难。电子式电能表的功能较为齐全完善，可实现正反向有功、四象限无功、复费率、预付费等功能。电子式电能表采用 CPU 作为管理功能的核心，可以实现大量的事件记录，如失压、失流、过压、过流、电压合格率等。因此，电子式电能表的功能全面。

2. 准确度等级高且误差性能好

感应系电能表的准确度等级一般为 0.5～3.0 级，并且由于机械磨损，计量误差很容易发生变化；而电子式电能表可方便地利用各种补偿方法容易地做到较高的准确度等级，一般为 0.2～1.0 级。因此，电子式电能表不仅准确度高，而且误差稳定性好、误差曲线平稳。

3. 灵敏度高

感应系电能表要在 $0.3\%I_b$ 以上才能启动并计量；而电子式电能表非常灵敏，在 0.1% I_b 时就可以计量。因此，电子式电能表具有极高的灵敏度。

4. 频率响应范围宽

感应系电能表的频率响应范围一般为 45～55Hz；而电子式电能表的频率响应范围可达 40～2000Hz。因此，电子式电能表的频率响应范围较宽。

5. 受外磁场影响小

感应系电能表是依靠电磁感应原理进行测量电能的，因此外界磁场对表计的影响较大；而电子式电能表是通过乘法器进行运算的，受外磁场影响很小。一般电子式电能表几乎不受外磁场影响。

6. 过负荷能力强

感应系电能表一般只能过负荷 4 倍；而电子式电能表过负荷可高达 10 多倍。因此，电子式电能表的过负荷能力很强。

7. 防窃电能力强

感应系电能表由于测量原理的局限，其防窃电能力较差；电子式电能表从工作原理上本身可以实现很强的防窃电功能。因此，电子式电能表具有较强的防窃电能力。

8. 功耗小

单相感应系电能表自身功耗不得大于 2W。一块单相电子表的功耗约为 0.3～0.5kWh/M，一只单相感应系电能表的功耗约为 1kWh/M，两者至少相差约 0.5kWh/M。因此，电子式电能表表损很小。

9. 电压互感器二次压降低

电子式电能表电压回路的输入阻抗很大，因此电压互感器二次回路的电流几乎为零，其二次回路导线上的压降很小，减小了 TV 二次压降误差，同时减少了线路损耗。因此，使用电子式电能表能减少线路损耗。

第五节　智 能 电 能 表

　　作为智能电网终端计量设备的智能电能表（见图2-15），是一种新型全电子式多功能电能表，它具有电能计量、信息存储及处理、实时监测、自动控制、信息交互等功能，能够满足双向计量、阶梯电价、分时电价等功能的实际需要，也是实现分布式电源计量、双向互动服务、智能家居的技术基础。通过智能电能表，居民可以使用充值卡或网上充值等方式缴纳电费，方便快捷，同时为智能电网提供基础信息。

　　智能电能表在电能计量功能基础上，重点扩展了信息存储及处理、实时监测、自动控制、信息交互等功能，以满足电能计量、营销管理、客户服务的需要，实现电力用户用电信息采集系统的全覆盖、全采集、全费控。

　　智能电能表采用当今最先进的集成电路技术，依据电能表有关国际标准、国家标准和电力行业标准设计制成。

图 2-15　常见智能电能表的外观

一、智能电能表的工作原理

　　智能电能表由输入变换器、集成计量芯片、微控制（管理）器、存储器、显示器、脉冲输出接口、数字通信接口、工作电源等部分组成。输入变换器对被测电压和电流进行实时采样；集成计量芯片首先将来自输入变换器采样的模拟信号转换为数字信号，然后输送到数字乘法器中，对其实现数字相乘和累加运算，从而获得所测电能量；微控制器根据时段设置对有/无功功率、费率和需量等数据进行处理，其结果保存在数据存储器中，并驱动显示器显示有关信息和通过接口与外部进行数据传输、通信。

　　一种三相智能电能表的工作原理框图，如图2-16所示。

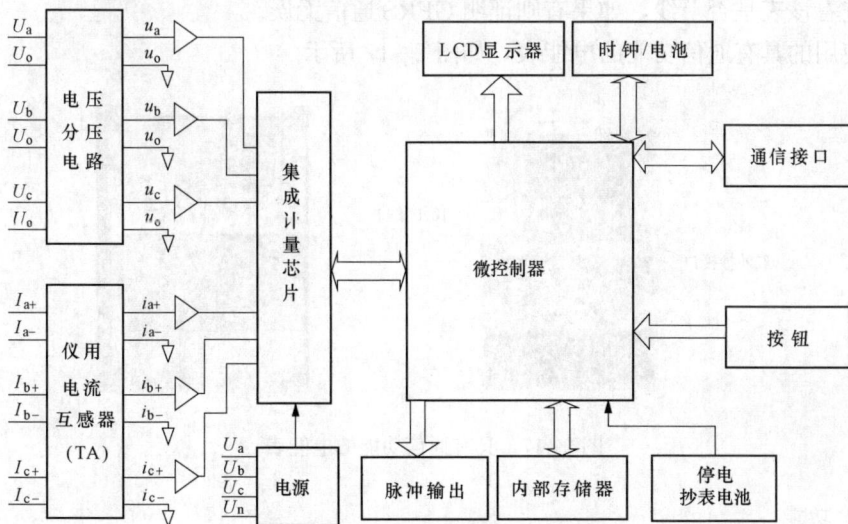

图 2-16　三相智能电能表的工作原理框图

二、智能电能表的主要功能

1. 电能计量功能

该表能计量各分相/总的正向有功电能，各分相/总的反向有功电能；能分别计量四象限无功电能；能分别计量组合有功、组合无功Ⅰ、组合无功Ⅱ等组合电能。

2. 测量及监测功能

该表可测量各分相/总的视在功率、有功功率、无功功率、功率因数，能测量各分相电压、电流，能测量电网频率，并且能显示电流、功率和电能的方向。

3. 需量计量功能

该表可计量正向有功最大需量、反向有功最大需量、无功最大需量功能，同时记录并显示最大需量的发生时间。

4. 瞬时值测量功能

(1) 该表能够测量各分相电流，测量各分相电压。

(2) 能够测量各分相/总的有功功率；测量各分相/总的无功功率；测量各分相/总的视在功率。

(3) 能够测量各分相/总的功率因数。

5. 通信功能

(1) RS485 通信。通过 RS485 通信线，能实现电能表与采集器之间的通信，也能直接与集中器进行通信。

(2) 红外通信。能利用手抄器在电能表附近抄读或设置电能表的各项参数。

(3) 载波通信。能利用集中器或掌上电脑抄读电能表的数据，能连续在 1min 之内利用上位机和集中器对在同一台区内的多块电能表进行载波抄读。

(4) 公网通信。准备一张 GPRS 通信卡，然后打开 GPRS 通信模块的盖子，把通信卡放进卡槽里面，把 GPRS 通信天线安装在通信模块天线的接口上。

上电 3~5min 后查看智能电能表屏幕上是否有 GPRS 通信连接的标志，或在计算机主站软件中查看该表是否上线，如果有则证明 GPRS 通信无误。

现场使用的具有通信功能的电能表，如图 2-17 所示。

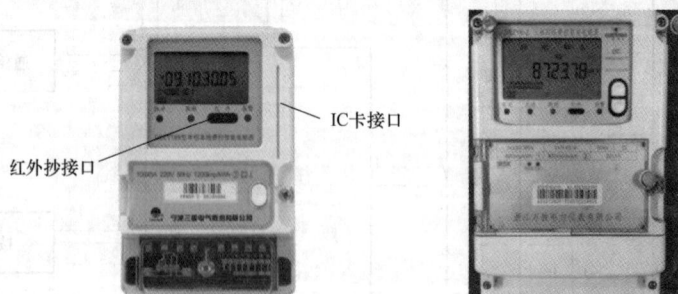

图 2-17　具有通信功能的电能表

6. 显示功能

智能电能表能大屏幕液晶显示，并有丰富的汉字提示，显示直观、视角宽。智能电能表的液晶显示（全屏显示）界面，如图 2-18 所示。

(a)

(b)

图 2-18 智能电能表的 LCD 显示界面
(a) 单相智能表；(b) 三相智能表

7. 费控功能

费控功能的实现分为本地费控和远程费控两种方式。

本地费控通过 CPU 卡、射频卡等固态介质在本地实现费控功能，支持 CPU 卡、射频卡等固态介质进行充值及参数设置，本地费控电能表的费控功能是在智能电能表内部实现的。

远程费控是主站/售电系统借助虚拟介质进行充值及参数设置实现费控功能的。远程费控实现的功能与本地费控实现的功能是等同的。远程费控电能表，本地主要实现计量功能，计费功能由远程的主站/售电系统完成；当用户欠费时，由远程主站/售电系统发送跳闸命令，给用户断电；当用户充值后，远程主站/售电系统再发送允许合闸命令，命令有效后，允许用户合闸用电。

（1）控制功能。对于本地费控电能表，准备一张电费预置卡，设卡中预置电费金额为 5元，第一次报警金额为 2元，第二次报警金额为 0元。把此卡插入加有电压的表计"读卡成功"后，电能表运行一段时间，表计的剩余电费递减。当表计走到剩余金额 2元时，第一次报警时表计发出声音，或背光灯、报警灯亮等报警信号，此时表计继续运行。当表计走到剩余金额 0元时，第二次报警表计发出跳闸控制信号，电能表负荷控制开关自动跳闸断电，使表计停止运行。当电能表重新插入有效的电费预置卡"读卡成功"后，表计恢复供电。对远程费控电能表，当表计走到剩余金额 0元时，远程售电系统发送跳闸命令，使表计断电；当表计重新置入有效的续交电费信息后，远程售电系统再发送允许合闸命令，命令有效后，允许用户合闸用电。

（2）叠加功能。如果插入存有电费金额的用户充值卡，表计中新的剩余金额为新输入电费金额与原剩余金额之和。

（3）记忆功能。给表计断电 24h 后恢复送电，表计中的剩余金额和当前用电金额以及其他信息不丢失或发生错误。

（4）辨伪功能和安全防护功能。在电能表现场运行状态下，如果将一张用户卡以外的其他非指定卡插入表中，此时电能表提示报错信息。而且电能表能进行有效防护，电能表正常工作和数据不丢失。

8. 停电抄表功能

（1）在停电状态下，通过按键或用遥控器非接触方式唤醒电能表，电能表能正常显示并抄读数据。

（2）电能表停电唤醒后，能通过手抄器红外通信方式抄读表内数据。

9. 事件记录功能和报警功能

能够根据智能电能表内设置的各种条件，记录运行期间最近的 10 次失压、失流、逆相序、断相、编程、功率因数超限、电流不平衡、过压等事件发生的起始时间和恢复时间。

10. 其他功能

（1）阶梯电价功能：具有两套阶梯电价，并可在设置时间点启用另一套阶梯电价计费。

（2）辅助电源功能：智能电能表配置了辅助电源接线端子，辅助电源的供电电压为 100～240V，线路和辅助电源两种供电方式可以实现无间断自动转换。

（3）安全保护功能：智能电能表具备编程开关和编程密码双重防护措施，以防止非授权人员对智能电能表内部参数进行更改。编程开关采用按键式设计，只有在智能电能表上电情况下，打开编程开关后，在可编程状态下，才能对智能电能表内参数进行编程，若 240min 内没有任何操作，智能电能表将自动关闭编程状态。

三、智能电能表的面板和功能端子

智能电能表的面板如图 2-19 所示。

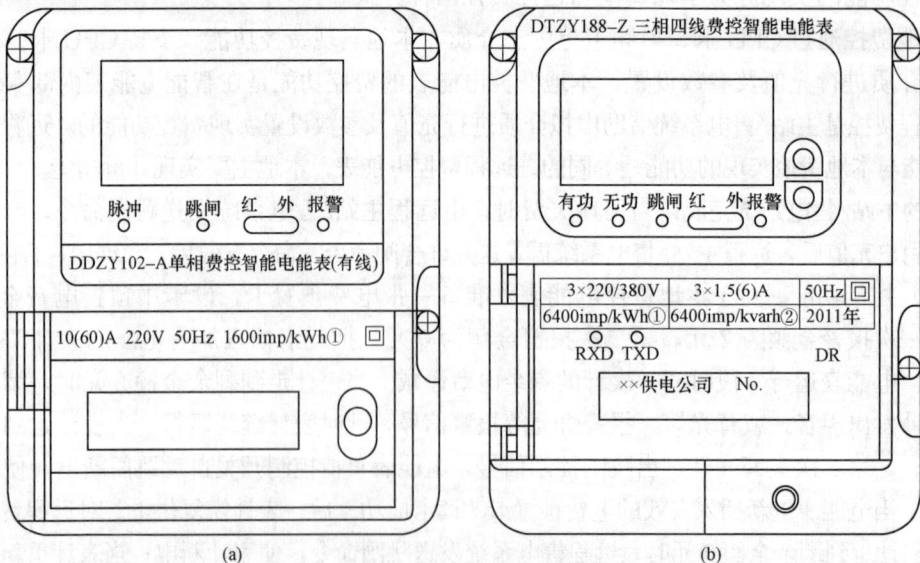

图 2-19　智能电能表的面板
(a) 单相电能表；(b) 三相电能表

单相智能电能表的弱电端子位置图，如图 2-20 所示。

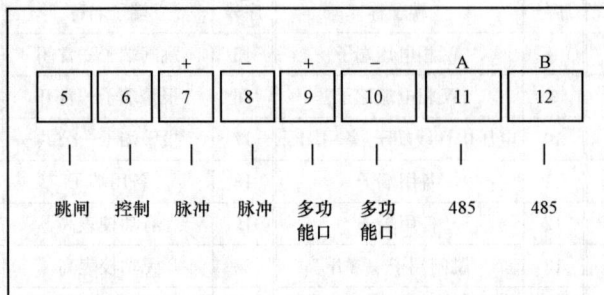

图 2-20　单相智能电能表的弱电端子位置图

单相智能电能表各接线端子的功能，见表 2-3。

表 2-3　　　　　　　　　　单相智能电能表各接线端子的功能

序号	端子名称	序号	端子名称
1	相线接线端子	7	脉冲接线端子
2	相线接线端子	8	脉冲接线端子
3	中性线接线端子	9	多功能输出口端子
4	中性线接线端子	10	多功能输出口端子
5	跳闸控制端子	11	RS485A 接线端子
6	跳闸控制端子	12	RS485B 接线端子

注　当负荷开关内置时，序号 5 和 6 是预留端子；当置负荷开关外置时，序号 5 和 6 是跳闸端子。

小提示　弱电端子的作用

跳闸控制端子用于费控功能；脉冲端子输出脉冲用于检验电能表；多功能输出口端子用于电能表时钟与程序等参数设置；RS485 端子用于与采集器或集中器连接及通信。

三相智能电能表的弱电端子位置图，如图 2-21 所示。

图 2-21　三相智能电能表的弱电端子位置图

三相智能电能表各接线端子的功能，见表 2-4。

表 2 - 4　　　　　　　　　　　　三相智能电能表各接线端子的功能

序号	端子名称	序号	端子称	序号	端子名称	序号	端子名称
1	U 相电流端子	8	W 相电压端子	15	跳闸端子—常闭	22	多功能口高
2	U 相电压端子	9	W 相电流端子	16	报警端子—常开	23	多功能口低
3	U 相电流端子	10	电压中性线端子/备用端子	17	报警端子—公共	24	RS485 A1
4	V 相电流端子	11	备用端子	18	备用端子	25	RS485 B1
5	V 相电压端子	12	备用端子	19	有功校表高	26	RS485 公共地
6	V 相电流端子	13	跳闸端子—常开	20	无功校表高	27	RS485 A2
7	W 相电流端子	14	跳闸端子—公共	21	公共地	28	RS485 B2

注　对于三相四线方式，端子 10 为电压中性线端子；对于三相三线方式，端子 10 为备用端子。

🔧 **小 提 示**　RS485A1、RS485B1 用于抄读本电能表数据；RS485A2、RS485B2 用于抄读下挂电能表数据。

四、智能电能表的安装使用条件

智能电能表的安装使用条件，见表 2 - 5。

表 2 - 5　　　　　　　　　智能电能表的安装使用条件

安装条件	智能电能表的选用
关口 100VA 以上专用变压器用户	0.2S 级三相智能电能表；0.5S 级三相智能电能表；1.0 级三相智能电能表
100VA 及以下专用变压器用户	0.5S 级三相费控智能电能表（无线）；1.0 级三相费控智能电能表；1.0 级三相费控智能电能表（无线）
公用变压器下三相用户	1.0 级三相费控智能电能表；1.0 级三相费控智能电能表（无线）；1.0 级三相费控智能电能表（载波）
公用变压器下单相用户	2.0 级单相本地费控智能电能表；2.0 级单相本地费控智能电能表（载波）；2.0 级单相远程费控智能电能表；2.0 级单相远程费控智能电能表（载波）

五、智能电能表常见故障及分析处理方法

1. 电能表本身功能或性能故障及其分析处理

电能表本身功能或性能故障类报警，是指运行中的电能表由于功能或性能出现严重错误时的报警，需要对电能表进行处理。

（1）控制回路故障（Err - 01）。

1）故障现象：当显示屏上出现 Err - 01 时，电能表报警灯亮。

2）故障原因：电能表继电器发生误动作；电能表继电器本身故障。

3）故障确认：检查电能表故障时运行状态，当电能表有电流情况下，可通过主站或软件对电能表下发一帧跳闸命令，当跳闸延时结束后，电能表仍然没有跳闸，而此时电能脉冲灯仍闪烁，且电量增加，则判断继电器故障；当电能表没有电流情况下，可通过主站或软件对电能表下发一帧合闸命令，如果电能表没有进入合闸状态，通过电能表按键或插卡也无法完成合闸，测量电能表跳闸控制输出端的电压，来确认故障时继电器的状态，继电器断开时

跳闸控制输出端电压为零，继电器合闸时控制输出端电压为 220V。

4）故障处理：检查电能表接线是否正确，线路上有无人为窃电现象，若有则进行处理，使电能表正常工作；通过检查确认电能表继电器故障，通过软件或人工记录方式读出电能表故障时的相关数据，更换电能表。

（2）ESAM 故障（Err‐02）。

1）故障现象：当显示屏上出现 Err‐02 时，电能表报警灯亮，电能表不能进行 ESAM 模块的正常读写和密钥认证。现场一种出现 ESAM 故障的电能表，如图 2‐22 所示。

2）故障原因：ESAM 模块坏；ESAM 芯片没有安装。

3）故障确认：将电能表断电后，再上电，如果电能表仍旧显示 Err‐02，则拆下电能表 ESAM 模块，尝试用 ESAM 模块读写设备进行读取数据，若还是不能读取数据，则判定 ESAM 模块已损坏。

4）故障处理：通过软件或人工记录方式读出电能表故障时的相关数据，将电能表返厂，对 ESAM 模块进行处理。

（3）时钟电池电压低（Err‐04）。

1）故障现象：当显示屏上出现 Err‐04 时，电能表报警灯亮，液晶屏上电池闪烁。

图 2‐22　一种出现 ESAM 故障的电能表

2）故障原因：电能表时钟电池已坏；电能表时钟电池电压过低；电能表存储的环境温度和湿度高；电能表停电时间过长。

3）故障确认：电能表在停电状况下无法进行触发显示和停电唤醒，则是电池电压低；电能表在上电状态下进行触发显示，若还是显示 Err‐04，同时电池符号闪烁，则是时钟电池低。

4）故障处理：通过软件或人工记录方式读出电能表故障时的相关数据，将电能表返厂，更换时钟电池。

（4）存储器故障或损坏（Err‐05）。

1）故障现象：当显示屏上出现 Err‐05 时，电能表报警灯亮，屏上显示有时出现乱码现象，内置参数有时也出现异常。

2）故障原因：存储器故障或损坏；电能表使用环境中有严重的人为电磁干扰。

3）故障确认：显示屏通过按键显示时，各费率电量和时段出现乱码或异常数据；用抄表软件或红外掌机抄读电能表数据时，发现电能表内置参数异常，电量、费率等数据乱码和异常。

4）故障处理：该故障严重，电能表不能正常使用，应及时做好现场各种数据和异常现象记录，返厂请专业技术人员处理，并更换现场使用的电能表；排除电能表周围人为的电磁干扰，恢复电能表正常使用。

（5）时钟故障（Err‐08）。

1）故障现象：当显示屏上出现 Err‐08 时，电能表报警灯亮，屏上电池闪烁、时钟乱码或时钟与正确时间相差大。

2）故障原因：时钟电池电压过低；时钟芯片受到外界干扰；运行中时钟芯片出现了不知原因的短时间断电现象。

3）故障确认：当运行中电能表时钟与正确时间相差很大时，可通过集抄系统或校时软件对电能表进行时间校正，确认该电能表的时钟芯片在运行时出现过短时间断电或受到外界干扰；当电能表出现报警提示，屏上电池闪烁，则说明电池电压过低。

4）故障处理：通过集抄系统或校时软件对电能表进行时间校正，使故障解除；通过集抄系统或校时软件对电能表进行时间校正时若此故障不能解除，建议返厂请专业技术人员处理，并更换现场使用的电能表，及时做好现场各种数据和故障现象的记录。

（6）智能表液晶屏无显示。

1）故障现象：显示屏上无任何显示且脉冲指示灯也无闪烁，或显示屏上无任何显示，但脉冲指示灯正常闪烁。

2）故障原因：接入电能表电压回路无电压；接入电能表电压回路上电压低于电能表临界工作电压；电能表的液晶显示屏已坏。

3）故障处理：测量电能表电压端子上有无电压，若无电压，则检查电压端子连接片是否连接，及时进行处理；检查电能表接入电压是否与额定电压相符，若错误则进行处理；若电能表电压回路电压接入正确，脉冲指示灯闪烁正常，则是显示屏坏，利用抄读软件读出电量和相关参数，然后更换电能表。

（7）智能表不计量或少计量。

1）故障现象：计量不正确，或少计电量。

2）故障原因：接入电能表的电压与额定电压不一致，或电压端子连接片接触不良；接入电能表的电流中有一相或两相的电流进出线接反；接线盒或计量柜的端子排上的电流短接线未取下。

3）故障处理：测量电能表电压端子上有无电压，若无电压，则检查电压端子连接片是否连接；检查电压回路和电流回路接线是否正确，若有错误则及时进行处理，并追补电量；若发现接线盒或计量柜的端子排上的电流短接线未取下，则及时进行处理，并追补电量。

（8）智能表485通信不成功。

1）故障现象：对电能表进行抄读或通信时，显示通信不成功，无法读取电能表参数。

2）故障处理：首先检查通信的硬件是否正常，如通信测试线是否有接错或接触不良现象，若有则进行处理；如通信测试线高低端无接错和接触不良情况，则在通信软件发出抄读命令时用直流电压10V挡在电能表RS485的高端和低端之间测量是否有跳变的电压，若无则判定电能表的通信回路已坏，更换电能表或处理通信回路故障；检查电能表的通信规约是否与通信软件的通信规约一致，通信波特率和表号是否正确；检查参数管理系统内的端口选择与所插硬件的端口是否为同一个端口。

2. 电能表运行条件异常及其分析处理

电能表运行条件异常类报警，是指通过电能表设置的相关参数对电网运行情况进行监测，当用电负荷异常超过电能表设置的门限值或有人为窃电现象产生时的报警，需进行处理。

（1）过负荷（Err-51）。

1）故障现象：液晶显示屏上出现 Err-51 时，报警灯亮，并且电能表可读出过负荷时的记录。

2）故障原因：线路上的用电负荷超过电能表内设置的功率门限值。

3）故障确认：当运行中电能表出现过负荷 Err-51 报警时，检查线路上有无异常用电现象；通过软件或按键显示检查电能表内设置的过载功率的门限值是否与要求一致，有无设置错误，造成误报警现象。

4）故障处理：通过软件读取功率过负荷门限值，检查线路上有无过负荷现象发生，若功率过负荷门限值设置正常，则用电负荷下降到功率过负荷门限值以下后，故障报警应自动消失。

（2）电流严重不平衡（Err-52）。

1）故障现象：显示屏上出现 Err-52 时，报警灯亮，并且电能表可读出过负荷时的记录。

2）故障原因：用户三相用电负荷三相电流大小差异较大，超过电能表内设置的电流严重不平衡门限值。

3）故障确认：通过软件或者电能表的按键显示读取电能表当前的各相电流值，计算当前电流不平衡率是否超过电能表内设置的电流严重不平衡率；通过软件读取电能表内设置的电流不平衡门限值是否正确，有无误报警现象。

4）故障处理：当三相负荷恢复平衡时，故障报警自动消失，通过软件读取电流严重不平衡开始的时间和结束的时间，以及电流严重不平衡率发生时的电量，建议用户调整三相负荷的分布。

（3）过压（Err-53）。

1）故障现象：显示屏上出现 Err-53 时，报警灯亮，并且电能表可读出过压的记录。

2）故障原因：线路上电压超过电能表设置的过压门限值。

3）故障确认：通过软件或电能表按键显示检查当前的各相电压是否超过规定值；检查当前供电电压是否大于规定值。

4）故障处理：通过软件检查电能表设置过压门限值，当线路电压恢复正常时，该故障自动消失。

（4）功率因数超限（Err-54）。

1）故障现象：显示屏上出现 Err-54 时，报警灯亮，并且电能表可读出功率因数超限时的记录。

2）故障原因：用户感性或容性负荷过大，导致功率因数过低。

3）故障确认：通过软件或电能表按键显示查看当前功率因数是否超过功率因数门限值；通过软件或电能表按键显示查看用户一段时间冻结电量中的有功电量和无功电量的数据，计算功率因数的平均值是否超过功率因数门限值。

4）故障处理：查看用户是否属于功率因数调整电费，可进行无功补偿；如果电能表属于台区表需要考虑是否安装无功补偿装置；如果是普通居民用户，则可以通过更改功率因数超限的门限值来消除报警。

（5）超有功需量报警（Err-55）。

1）故障现象：显示屏上出现 Err-55 时，报警灯亮，并且电能表可读出超有功需量的记录。

2）故障原因：用户用电负荷有功需量超过了电能表设置的超有功需量的门限值。

3）故障确认：通过软件读出电能表设置的超有功需量门限值是否符合要求；通过软件或电能表按键显示检查当前报警时的最大需量是否超过有功需量的门限值；如果现场检查时，正好已过当月结算日，则可通过软件或电能表按键显示来读取上月最大需量。

4）故障处理：根据用户当前报警时用电容量来确定用户是否需要扩容。

六、智能电能表在电网智能化中的作用

1. 优化新能源用电秩序

利用智能电能表可以帮助人们优先使用风电、太阳能等清洁能源。采用智能电能表采集的实时数据，可以指导新能源优化调度，如有分布电源的发电单位可以通过智能电能表上传发送电计划及分布电源的发电数据信息。

2. 科学配置分布式能源

分布式能源与配电网并网运行时存在很多问题，供电企业通过智能电能表对配电系统实时监督、控制和调节，掌握分布式电源的特性及其对电网运行的影响，优化分布式能源配置，从而达到将电能以最经济与最安全的输配电方式传送给终端用户，提高电网运营可靠性和能源利用效率的目的。

3. 提高负荷预测准确性

随着智能电能表的广泛应用，大用户可能通过智能电能表向供电公司上传用户近期的用电计划，供电企业将用户计划用电的容量、时间和各用户计划用电的顺序作为负荷预测的基础资料，自动干预负荷预测系统，提高负荷预测的准确度，减少电网的备用容量，提高电网运行效率。

4. 提供故障分析依据

供电企业可能通过用电信息管理系统对用户用电情况进行实时监测，实现异常状态的在线分析、动态跟踪和自动控制，提高供电可靠性。

5. 实现需求侧管理智能化

智能电能表能够采集更多的电网运行数据，对电力负荷的实时状态进行智能监测与控制，从而掌握更加详细的用电负荷情况，自动编制和优化有序用电方案，自动实施、自动监测和效果评估及反馈，达到需求侧智能化管理的目的。

第六节　电能表的误差、准确度和灵敏度

误差是表示电能表的质量和工作特性的重要标志。

电能表实际计量的电能量与应该计量的电能量（负荷实际消耗的电能量）存在的差别称为电能表的误差。

电能表误差的表示方法有两种：绝对误差和相对误差。

一、电能表的绝对误差与相对误差

1. 绝对误差

绝对误差是电能表实际计量的电能量（简称实计电能量）与电能表应该计量的电能量

（简称应计电能量）的差值。绝对误差的计算公式为

$$\Delta W = W_x - W_0 \tag{2-4}$$

式中　W_x——在相同时间内电能表的实计电能量；

　　　W_0——在相同时间内电能表的应计电能量；

　　　ΔW——电能表测量时的绝对误差。

显然，若 $\Delta W > 0$，则电能表多计；若 $\Delta W < 0$，则电能表少计。

2. 相对误差

对于同一个被测量来说，绝对误差越小，测量结果越准；对于不同的被测量来说，测量结果准不准要用相对误差来反映。

电能表的相对误差是该电能表的绝对误差电能量与其应计电能量的百分比。相对误差的计算公式为

$$\gamma = \frac{\Delta W}{W_0} \times 100\% = \frac{W_x - W_0}{W_0} \times 100\% \tag{2-5}$$

式中　W_x——在相同时间内电能表的实计电能量；

　　　W_0——在相同时间内电能表的应计电能量；

　　　ΔW——电能表测量时的绝对误差；

　　　γ——电能表测量时的相对误差。

二、测量电能表相对误差的方法

测量电能表相对误差的两种常用方法分别是标准表法和瓦秒法。

1. 标准表法

在负荷功率 P 一定时，电能表相对误差的计算公式为

$$\gamma = \frac{n'_x - n_0}{n_0} \times 100\% \tag{2-6}$$

$$n'_x = n_x \frac{C_0}{C_x} \tag{2-7}$$

式中　n_0——标准表的转数或脉冲数；

　　　n'_x——被校表的折算转数或折算脉冲数；

　　　n_x——被校表的转数或脉冲数；

　　　C_x——被校表的脉冲常数；

　　　C_0——标准表的脉冲常数。

标准表法又称为定时测圈（闪）法，该方法不要求负荷非常稳定，不需要测量时间，可以一个人操作。

【例 2-1】　已知被校电能表的准确度为 2.0，其脉冲常数为 2000imp/kWh，标准表的脉冲常数为 1500imp/kWh。在校验中，当被校表发出 200imp 时标准表 148imp，求其相对误差。

解　被校表的折算脉冲数为

$$n'_x = n_x \frac{C_0}{C_x} = 200 \times \frac{1500}{2000} = 150 (\text{imp})$$

电能表的相对误差为

$$\gamma = \frac{n'_x - n_0}{n_0} \times 100\% = \frac{150 - 148}{148} \times 100\% = 1.35\%$$

因为 $K=2.0$，所以该电能表的相对误差在容许的范围之内，即该电能表没有超差。

2. 瓦秒法

在负荷功率 P 和测量转数或脉冲数 N 一定时，电能表相对误差的计算公式为

$$\gamma = \frac{T - t}{t} \times 100\% \tag{2-8}$$

$$T = \frac{3600 \times 1000N}{CP} \tag{2-9}$$

式中　C——被校表的脉冲常数；

　　　T——理论（计算）时间，即没有误差时转动 N 转或 N 个脉冲的时间，s；

　　　t——实际（测量）时间，s；

　　　P——负荷的实际功率，W；

　　　N——电能表的转数或脉冲数。

瓦秒法又称为定圈（闪）测时法，使用该方法时值得注意的是，如果实际用电负荷的实际电压与其额定电压相差较大，那么测量误差较大；如果实际用电负荷波动较大，那么测量误差也较大。

🔘 小 提 示　　**选定时间和测试次数**

为了使测量更加准确，选定的时间不宜小于 100s，且至少要测试 2 次。

🔘 小 提 示　　**电能表多计少计的判断**

电能表在一定圈数或脉冲数 N 时，若 $T>t$，即 $\gamma>0$，则电能表多计；若 $T<t$，即 $\gamma<0$，则电能表少计。电能表在一段时间 T 内，测得实际转数或脉冲数 n，算出理论转数或理论脉冲数 $N=\frac{CPT}{3600 \times 1000}$。若 $N>n$，即 $G<0$，则电能表少计；若 $N<n$，即 $G>0$，则电能表多计。

【例 2-2】　已知被校电能表的 $K=2.0$，$C=2000$（imp/kWh），在校验时，功率表的读数为 1000W，用秒表记表 200imp 的时间为 355s，求其相对误差。

解　200imp 的理论时间为

$$T = \frac{3600 \times 1000N}{CP} = \frac{3600 \times 1000 \times 200}{2000 \times 1000} = 360(\text{s})$$

电能表的相对误差为

$$\gamma = \frac{T - t}{t} \times 100\% = \frac{360 - 355}{355} \times 100\% = 1.4\%$$

因为 $K=2.0$，所以该电能表的相对误差在容许的范围之内，即该电能表没有超差。

🔘 小 提 示　　**用电功率的估算**

用电功率的估算公式为

$$P_j = \frac{3600 \times 1000n}{Ct} \times K \tag{2-10}$$

式中　P_j——估算负荷，W；

n——实测的转数或脉冲数；

t——实测的转 n 圈或 n 个脉冲的时间，s；

K——互感器的倍率，$K=K_I K_U$。

由于这种方法只需要一块秒表（无秒表用其他随身带的计时物亦可），通常称为秒表法。根据估算结果，可大致判断出电能表的运转是否正常，甚至可以分析出该电能表用户是否有窃电行为。

【例 2-3】 某用户装有 2.0 级、5（10）A 的单相电能表，脉冲常数为 2000imp/kWh。现测得某用电器使用时，电能表的 100imp 的时间为 60s，试求该用电器的用电功率是多少。

解
$$P = \frac{3600 \times 1000 \times 100}{2000 \times 60} = 3000(\text{W})$$

若该电能表接有 50A/5A 的 TA 和 10000/100V 的 TV，则

$$P = 3 \times 50/5 \times 10000/100 = 3000(\text{kW})$$

三、电能表的准确度

电能表的准确度等级，用来表示电能表的准确程度。电能表的准确度等级是根据其在规定条件下的基本误差确定的，而它的基本误差又以相对误差表示。

例如，根据有关规定，对于 1.0 级的单相感应式（安装型）电能表和带有平衡负荷的三相感应式（安装型）电能表，在负荷功率因数为 1.0、负荷电流为 $0.1 I_b \sim I_{max}$ 时的百分误差限为 $\pm 1.0\%$；而对于 1.0 级的带有单相负荷的三相感应式（安装型）电能表，在三相电压对称、负荷功率因数为 1.0、负荷电流为 $0.2 I_b \sim I_b$ 时的百分误差限为 $\pm 2.0\%$。

1. 准确度与基本误差的关系

电能表的相对误差不应超过某一准确度等级所规定的基本误差，即每一准确度等级均与一定的基本误差相对应。

小提示 电能表的准确度用相对误差表示，而指示仪表的准确度用最大基准误差表示。

2. 误差超差与误差合格

如果在规定条件下电能表的相对误差不超过某一准确度等级所规定的基本误差，那么称该电能表的误差不超差，即误差合格，否则称该电能表的误差超差。

3. 准确度等级

有功电能表的准确度等级一般分为 0.2S、0.5S、1.0、2.0、3.0 五个等级；无功电能表的准确度等级一般分为 2.0 和 3.0 两个等级。

小提示 0.2S 和 0.5S 只适用于经互感器接入式有功电能表。

小提示 三相电能计量的直接接入方式中，必须接正相序接线，反相序接线时由于电能表结构及校验方法等原因容易产生附加误差，反相序可能造成机械表潜动和降低电子表准确度。

4. 电子式电能表的基本误差限

对于电子式（安装型）交流电能表，根据 JJG596—2012《中华人民共和国计量检定规

程》，在其规定的参比条件下，电能表的有功测量和无功测量的基本误差限、测量双向电能的每一方向电能测量的基本误差限均应满足表2-6的规定。

表2-6　　　　　　　　　单相电能表和平衡负荷时三相电能表的基本误差限

类别	直接接入	经互感器接入	负荷功率因数	电能表准确度等级				
				0.2S	0.5S	1.0	2.0	3.0
	负荷电流 I			基本误差限（%）				
有功	—	$0.01I_n \leqslant I < 0.05I_n$	1.0	±0.4	±1.0	—	—	—
	$0.05I_b \leqslant I < 0.1I_b$	$0.02I_n \leqslant I < 0.05I_n$	1.0	—	—	±1.5	±2.5	—
	$0.1I_b \leqslant I \leqslant I_m$	$0.05I_n \leqslant I \leqslant I_m$	1.0	±0.2	±0.5	±1.0	±2.0	—
	—	$0.02I_n \leqslant I < 0.1I_n$	0.5L	±0.5	±1.0	—	—	—
			0.8C	±0.5	±1.0	—	—	—
	$0.1I_b \leqslant I < 0.2I_b$	$0.05I_n \leqslant I < 0.1I_n$	0.5L	—	—	±1.5	±2.5	—
			0.8C	—	—	±1.5	—	—
	$0.2I_b \leqslant I \leqslant I_m$	$0.1I_n \leqslant I \leqslant I_m$	0.5L	±0.3	±0.6	±1.0	±2.0	—
			0.8C	±0.3	±0.6	±1.0	—	—
	当用户特殊要求时		0.25L	±0.5	±1.0	±3.5	—	—
	$0.2I_b \leqslant I \leqslant I_m$	$0.1I_n \leqslant I \leqslant I_m$	0.5C	±0.5	±1.0	±2.5	—	—
无功	$0.05I_b \leqslant I < 0.1I_b$	$0.02I_n \leqslant I < 0.05I_n$	1.0	—	—	—	±2.5	±4.0
	$0.1I_b \leqslant I \leqslant I_m$	$0.05I_n \leqslant I \leqslant I_m$	1.0	—	—	—	±2.0	±3.0
	$0.1I_b \leqslant I < 0.2I_b$	$0.05I_n \leqslant I < 0.1I_n$	0.5	—	—	—	±2.5	±4.0
	$0.2I_b \leqslant I \leqslant I_m$	$0.1I_n \leqslant I \leqslant I_m$	0.5	—	—	—	±2.0	±3.0
	$0.2I_b \leqslant I \leqslant I_m$	$0.1I_n \leqslant I \leqslant I_m$	0.25	—	—	—	±2.5	±4.0

注：有功列负荷功率因数为 $\cos\varphi$；无功列负荷功率因数为 $\sin\varphi$（L/C）。

　　注　I_b—基本电流；I_m—最大电流；I_n—电流互感器接入式电能表的额定电流。

小提示　　　经电流互感器接入式电能表的额定电流与电流互感器的二次额定电流相同。

四、电能表的灵敏度

1. 电能表灵敏度的定义

在参比电压和参比频率以及功率因数为1.0的条件下，当负荷电流达到检定规程规定的启动电流值时，此值与电能表标定电流的百分数，称为电能表的灵敏度。

灵敏度的计算公式为

$$S = \frac{I_{\min}}{I_b} \times 100\% \qquad\qquad (2-11)$$

式中　$I_{\min}$——在 $U=U_n$，$f=f_n$，$\cos\varphi=\cos\varphi_n=1.0$ 时最小的负荷电流（启动电流）；

　　　I_b——电能表的标定电流；

　　　S——电能表的灵敏度。

小提示 灵敏度的测量在启动试验中进行。

2. 电能表的灵敏度规定

电能表的灵敏度规定，见表 2-7。

表 2-7　　　　　　　　　　　电能表的灵敏度与准确度的关系

准确度等级 K	0.5	1.0	2.0	2.5
灵敏度 S	0.3	0.4	0.5	1.0

3. 智能电能表的启动试验

(1) 使用智能电能表检定装置，在参比电压、参比频率和 cos（sin）φ＝1.0 的条件下；

(2) 负荷电流升到规程规定的启动电流值后（根据被检智能电能表准确度等级确定启动电流值），智能电能表应有脉冲输出或代表电能输出的脉冲指示灯闪烁；

(3) 具有双向计量功能的，双方向均应进行启动试验。

小提示 潜动试验

(1) 使用智能电能表检定装置，电流回路无电流，电压回路加 115%U_n；在启动电流下产生 1imp 的 10 倍时间内，电能表的测试输出应不多于 1imp。

(2) 对于电子式电能表，在 115% 的参比电压、电流回路无电流时，在规定的时限内电能表的测试输出应不多于 1imp。

【例 2-4】　某工业用户采用三相四线制低压供电，抄表时发现当月电能量有较大变化，经实际测量相电压为 220V、电流为 5A，电流互感器倍率为 150/5A，有功电能为 1234.2kWh，无功电能为 301.1kvar，6min 后，有功电能为 1234.4kWh，无功电能为 301.2kvar，请问该用户的电能表是否准确？如不正确，请分析判断可能出现了什么故障？

解　根据现场测量结果，得知该用户实际视在功率为

$$S＝220\times5\times30\times3＝99000(VA)＝99(kVA)$$

根据电能表计算得该用户有功功率为

$$P＝(1234.4－1234.2)\times30\div0.1＝60(kW)$$

无功功率为

$$Q＝(301.2－301.1)\times30\div0.1＝30(kvar)$$

总的表计视在功率为

$$\sqrt{60^2＋30^2}＝67.08(kVA)\approx99\times\frac{2}{3}(kVA)$$

由于电能表示数与现场测量数据大约相差 1/3，因此可判断电能表不准，可能故障为某一相断线。

第七节　数字式电能表

智能变电站中采用的是数字化计量系统，其电压、电流信号是以 IEC 61850 规约规定的数字帧格式传输的，采样设备是电子式互感器及合并单元，传输介质是光纤。

经光纤接收电子式互感器及合并单元的光纤数据，获取数字化电流、电压瞬时值后，实

现数字化电能计量的表计，称为数字式电能表。它是一种用于基于 IEC 61850 标准建设的数字化变电站以及智能变电站计量的多功能电能表。

🔘 小 提 示　　合并单元的有关知识，详见本书第四章第七节。

一、数字式电能表的组成

数字式电能表由数据接口模块、数据处理模块、CPU 管理模块、电源模块等组成。数字传输支持 IEC 61850 规约，能够与数字化变电站无缝连接，实现数字化变电站内的准确、可靠计量。

1. 数据接口模块

数据接口模块负责接收合并单元发出的采样值报文数据包，该模块包括光纤（以太网）接口以及网络物理层芯片。前者负责光纤数字信号的收发，而后者则负责建立基本的 LINK 信息以及处理网络报文物理层信息。

2. 数据处理模块

数据处理模块一般由 FPGA、DSP 等高速数字信号处理单元构成。该模块负责快速解析电网电压、电流采样值等信息，并利用解析出的采样值信息进行电能参数计算、网络丢帧处理、脉冲发送以及校表等工作。

3. CPU 管理模块

CPU 管理模块负责整个电能表的管理工作，根据需要统计、显示、存储各项数据，并通过 RS485 或以太网进行通信传输，完成运行参数的监测和上传。

4. 电源模块

电源模块负责为电能表正常工作提供能源。

二、数字采样值信号的处理

通过合并单元发送来的数字采样值信号，经过光纤以太网传入电能表中，电能表的光纤接口接收后将信号接入物理层芯片中。物理层芯片对该信号进行预处理，过滤一些以太网物理层标识，使得数字采样值报文更加简洁，便于数据处理模块的高速处理。预处理后的信息接入数据处理模块的 FPGA 中，FPGA 根据 IEC 61850 标准进行报文解码工作，并将解码后的电压和电流基本采样值数据传入 DSP 数据处理模块中，完成所有电参数据的计算。为了降低功耗，有的厂家的数字式电能表将标准解码工作与电量计算工作全部在 DSP 模块中完成。DSP 完成各电量参数计算后，将计算结果上传到 CPU 管理模块中。

三、数字式电能表的基本功能

1. 电能计量功能

具有正向有功、反向有功电能、四象限无功电能计量功能，支持分时计量。

2. 需量测量功能

测量最大需量、分时段最大需量及其出现的日期和时间，并存储带时标的数据。

3. 测量监测功能

测量、记录、显示当前电能表的总及各分相电压、电流、功率、功率因数等运行参数。

4. 显示功能

显示电量数据、电压、电流和功率，显示相关事件和查询电能表相关参数。

5. 时钟功能

具有日历、计时和闰年自动切换功能。

6. 时段、费率及校时

具有两套可以做任意编程的时区表和日时段表。

7. 事件记录功能

记录 DL/T 645—2007《多功能电能表通信协议》中规定的（全失压、辅助电源失电外）所有事件及一些扩展事件。

此外，还具有冻结功能、负荷记录功能、安全防护功能、通信功能、校时功能、清零功能等。

四、通信接口

数字式电能表具备独立于传统电能表的通信功能，包括与过程层设备以及站控层设备的光纤以太网数据通信。数字式电能表至少具有一个红外通信接口、两个 RS485 通信接口以及两组光纤以太网接口，通信信息物理层独立。

光纤接口是一种用来连接光纤线缆（光缆）的物理接口，该接口是数字式电能表最关键部件，也是与传统电能表区别最大的部件。数字式电能表的光纤接口及其通信光纤如图 2-23 所示。

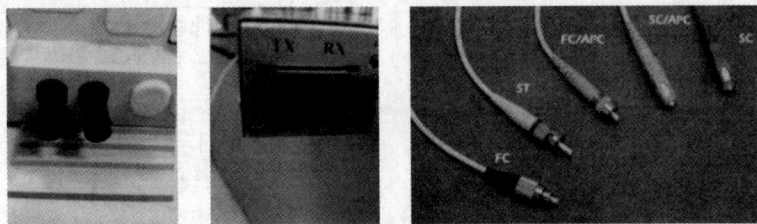

图 2-23　数字式电能表光纤接口及其通信光纤

第八节　直流电能表

交流电的方向随时间作周期性变化，而直流电的方向不随时间变化。直流电又可分为脉动直流电和稳恒直流电。脉动直流电的方向不变但大小变化，而稳恒直流电的大小和方向都不变。

随着智能电网的发展，直流应用的场合越来越广泛，直流电能计量的需求越来越迫切，直流电能表是其中不可或缺的直流电能计量器具。为了满足智能电网电能量信息采集建设的需要，提高直流电能表智能化技术水平，对直流电能表智能化技术进行研究与应用就显得非常有必要。

直流电能计量的范围越来越大，不仅包括电动汽车、轨道交通车辆、高压输电和光伏发电以及智能变电站等领域，而且适用于工矿企业、民用建筑、楼宇自动化等现代供配直流电系统，特别是不断增多的大型换流站、电动汽车非车载充电装置。相关规程规定，计量直流系统电能的计量点应装设直流电能计量装置。

前面主要介绍了交流电能表，本节对直流电能表进行一些介绍。交、直流电能表计量的本质区别在于其输入信号的不同。交流信号是以工频正弦波交流电为主的信号；而直流信号需要测量的是脉动直流信号和稳恒直流信号。

一、静止式直流电能表

1. 定义

由直流电流或代表直流电流的电压与直流电压共同作用于固态电子元件而产生与被测电

能量成正比的输出量值的电能表,称为静止式直流电能表。

2. 分类

按照电能表的接入方式,直流电能表可分为直接接入式直流电能表和间接接入式直流电能表。

(1)直接接入式直流电能表:电流测量元件和电压测量元件直接连接到被测直流电路中的测量仪表。

(2)间接接入式直流电能表:电流测量元件和电压测量元件经一个或多个变换器接入被测直流线路的测量仪表。

其中,变换器(即俗称的直流互感器)可以是直流变送器、分压器或分流器中的一种,也可能是其组合装置。间接接入式直流电能表可分为三种仪表:电压间接接入式仪表、电流间接接入式仪表、电压和电流均为间接接入的全间接接入式仪表。

电流直接接入式电能表的外部接线方式与直接接入式交流电能表相同,如图2-24(a)所示;经(外附)分流器接入式电能表的接线方式,如图2-24(b)所示。

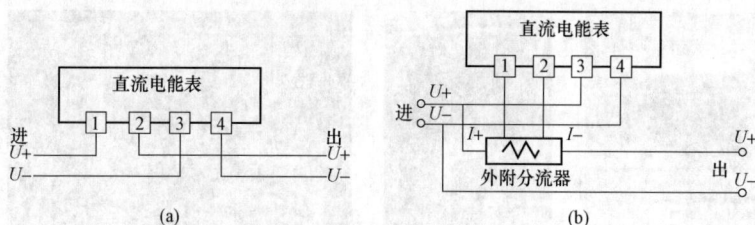

图2-24 直流电能表的接线原理图
(a)直接接入式;(b)经(外附)分流器接入式

二、直流电能表工作原理

1. 基本测量原理

直流电能的基本测量原理是:由于电能是功率对时间的累加,电压与电流的瞬时值乘积为当时的瞬时功率,再乘以采集时间间隔得到可以代表采样时间间隔的电能值,最后将每个采样时间间隔内的电能值进行累加,从而获得总的直流电能量值。其可用公式表示为

$$W = \sum_{k=1}^{n} p(k)\Delta t = \sum_{k=1}^{n} u(k)i(k)\Delta t \tag{2-12}$$

式中　$p(k)$ ——功率的第 k 次采样值;

　　　$u(k)$ ——直流电压的第 k 次瞬时采样值;

　　　$i(k)$ ——直流电流的第 k 次瞬时采样值;

　　　Δt ——采样的时间间隔;

　　　n ——采样的总次数;

　　　W ——直流电能量。

2. 直流电能表构成原理

直流电能表构成原理是:直流电能表通常由采样模块、计量模块、通信模块、显示模块和微处理器组成,其中计量模块是直流电能计量准确性的关键部分,微处理器是实现各部件协调、人机交互、多费率控制的核心部分。工作时,电压、电流采样部分进行被测信号的实

时采样，采样信号经计量部分中的 A/D 转换后送到 CPU 进行处理，CPU 根据需要从电可擦写可编程只读存储器 EEPROM 和实时时钟 RTC 内存取数据，并将处理过的数据，按需要分别送到显示部分和通信部分。直流电能表的构成原理框图，如图 2-25 所示。

三、直流信号的处理

在计算直流信号的各种参数时，如果直流信号较强，则首先要将强信号变换成弱信号以便进一步采样直流信号。如果是直流电压信号，可以通过电阻分压器或直流降压器将高电压变成低电压信号。如果是直流电流信号，可以通过分流器或霍尔传感器之类的器件将大电流降低成弱电压信号。一般地，这些低电压或弱电压信号的带负荷能力较差或信号大小不合适，不利于后面的信号采集，这时需要通过运放电路，将这些电压信号进行信号大小的调节和带负荷能力的增强。

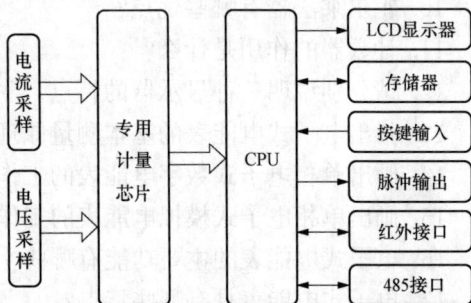

图 2-25　直流电能表的构成原理框图

四、重要技术参数

1．标准参比电压

电压直接接入仪表（包含直接接入式仪表和电流间接接入式仪表）和电压间接接入仪表（包含电压间接接入式仪表和全间接接入式仪表）的标准参比电压。

（1）电压直接接入式 U_b：60、100、400、700V，例外值 1000V。

（2）电压间接接入式 U_n：2、4、100V，例外值 5、6、8、10、12V。

2．标准参比电流

电流直接接入仪表（包含直接接入式仪表和电压间接接入式仪表）和电流间接接入仪表（包含电流间接接入式仪表和全间接接入式仪表）的标准参比电压。

（1）电流直接接入式 I_b：10、20A，例外值 100A。

（2）电流间接接入式 I_n：10、20、100mA，例外值 5、500、1000mA（电压型 75mV、2V、4V）。

3．最高电压和最大电流

（1）仪表最高电压 U_m 宜取参比电压的 1.15 倍。

（2）仪表最大电流 I_m 宜取参比电流的 1.2 倍。

练习与思考题

1．指出型号 DDZY242-Z 的意义。

2．电能表上的条形码有何作用？

3．某电能表的有功脉冲常数为 800imp/kWh，其意义是什么？

4．什么是电能表的基本电流？什么是电能表的最大电流？

5．请画出机电式电能表的工作原理框图。

6．何谓分频？分频的目的是什么？

7. 指出电子式电能表的构成部分。

8. 指出两种电压变换器，并说明其各自的优缺点。

9. 指出两种电流变换器，并指出其各自的优点。

10. 霍尔乘法器有哪些优点？

11. 计数器的作用是什么？

12. 请分别说明三种显示器的特点。

13. 指出电子式电能表的基本测量原理。

14. 画出单相电子式数字电能表的工作原理框图。

15. 画出单相电子式模拟电能表的工作原理框图。

16. 电子式电能表的主要功能有哪些？

17. 电子式电能表具有哪些特点？

18. 什么是智能电能表？其主要功能有哪些？

19. 智能电能表的工作原理是什么？

20. 智能电能表是如何实现本地费控智能功能与远程费控功能的？

21. 说明智能电能表的安全保护功能。

22. 智能电能表弱电端子的主要作用有哪些？

23. 现场运行的智能电能表液晶显示屏上出现 Err - 01 并且智能表报警灯亮时，说明该表出现了什么故障，该怎样处理？

24. 现场接入的智能电能表液晶屏无显示时，说明该表出现了什么故障，该如何处理？

25. 某电能表，其脉冲常数为 2000imp/kWh，测得发光二极管闪动 10 次的时间为 12s，试计算该电能表用户的用电功率。

26. 某电子式电能表上标有"3000imp/kWh"字样。现将某用电器单独接在该表上工作 20min，电能表指示灯闪烁了 300 次，那么该用电器在上述时间内消耗的电能为多少？

27. 一居民用户反映家用单相电能表不准，营抄人员让其只点一盏 40W 的灯泡，用秒表测得：电能表的脉冲灯闪动 2 次，用了 99s。已知其单相电能表的脉冲常数为 1800imp/kWh、220V、5（10）A、2.0 级，试分析判断该表是否计量准确。

28. 简述数字式电能表中数字采样值信号的处理过程。

29. 为什么要进行直流电能的测量？

30. 什么叫静止式直流电能表？

31. 简述直流电能的基本测量原理。

第三章 电能计量管理功能

第一节 无功测量功能

一、功率因数

有功功率是能量转换过程中的消耗功率；无功功率主要是供给电气设备、仪表仪器、供电线路等感性负荷建立交变磁场，其能量取自电网又返回电网；而有功功率与无功功率的总功率，则称为视在功率。

1. 功率因数的定义

有功功率与视在功率的比值称为有功功率因数，简称为功率因数，用 $\cos\varphi$ 表示。

（1）定义式为

$$\cos\varphi = \frac{P}{S} = \frac{p}{\sqrt{P^2 + Q^2}} \tag{3-1}$$

式中　S——视在功率，kVA；

　　　P——有功功率，kW；

　　　Q——无功功率，kvar。

$\sin\varphi = Q/S$，常称为无功功率因数。

（2）平均功率因数的计算为

$$\cos\varphi = \frac{W_P}{\sqrt{W_P^2 + W_Q^2}} = \frac{1}{\sqrt{1 + \left(\frac{W_Q}{W_P}\right)^2}} \tag{3-2}$$

式中　W_P——考核时段内的有功电能量，kWh；

　　　W_Q——考核时段内的无功电能量，kvarh；

　　　$\cos\varphi$——该用户在考核时段内的平均功率因数。

（3）考核功率因数的计算式。由于感性无功和容性无功的方向是相反的，供电企业为了抑制用户反向倒送无功，就将正向输送的与反向输送的无功电能绝对值相加，作为用户一个计费周期内考核功率因数的依据。其计算式为

$$\cos\varphi = \frac{W_P}{\sqrt{W_P^2 + |W_Q|^2}} = \frac{W_P}{\sqrt{W_P^2 + (|W_{QL}| + |W_{QC}|)^2}} \tag{3-3}$$

式中　W_{QL}——感性无功电能量；

　　　W_{QC}——容性无功电能量。

【例3-1】　某一高供高计电力用户，本月抄见有功电量为 1582000kWh，无功电量为 299600kvar，求该用户当月的平均功率因数。

解

$$\cos\varphi = \frac{1}{\sqrt{1 + \left(\frac{W_Q}{W_P}\right)^2}} = \frac{1}{\sqrt{1 + \left(\frac{299600}{1582000}\right)^2}} = 0.98$$

所以，该用户当月的平均功率因数为 0.98。

🔧 小 提 示　在三相对称电路中，三相电路的总功率因数就等于各分相的功率因数。

【例 3 - 2】　某电力用户月有功电量为 678000kWh，占用电网无功电量为 543000kvarh。由于该用户购置电容器较多，又没有根据电压和负荷情况及时投切电容器，造成每月又向系统倒送无功 320000kvarh。试分别计算各种情况下的功率因数。

解　根据式（3 - 2）和式（3 - 3）可知：

（1）未加装无功防倒送装置时

$$无功电量 = 543000 - 320000 = 223000（kvarh）$$

$$\cos\varphi = \frac{1}{\sqrt{1 + \left(\frac{223000}{678000}\right)^2}} = 0.95$$

（2）加装无功防倒送装置时

$$无功电量 = 543000（kvarh）$$

$$\cos\varphi \frac{1}{\left(1 + \frac{543000}{678000}\right)^2} = 0.75$$

（3）按现行规定计算时

$$无功电量 = 543000 + |-320000| = 863000（kvarh）$$

$$\cos\varphi = \frac{1}{\sqrt{1 + \left(\frac{863000}{678000}\right)^2}} = 0.62$$

2. 用户功率因数低的原因

（1）大量采用感应电动机或其他电感性用电设备。在工业企业的无功中，感应电动机占 70% 以上，变压器占 20% 左右。

（2）感性用电设备不配套或使用不合理，造成设备长期轻载或空载运行。

（3）采用日光灯、路灯等照明设备时，没有配备电容器。

（4）变电设备负荷率过低和年利用时间过短。

3. 用户功率因数低的影响

（1）降低了发、供电设备的利用率。

（2）增大了线路的电能损耗。

（3）增加了线路的电压损失，降低了电压质量。

（4）增加了用户的电费支出。

🔧 小 提 示　**供电营业规则关于功率因数的规定**

除电网有特殊要求的用户外，用户在当地供电企业规定的电网高峰负荷时的功率因数，应达到以下规定：100kVA 及以上高压供电的用户，功率因数应为 0.9 以上；其他电力用户和大、中型排灌站、趸购转售电企业，功率因数应为 0.85 以上；农业用户，功率因数应为 0.8。

以上是功率因数标准及其适用对象。

变压器容量在 100kVA 及以上用户实行功率因数调整电费；而变压器容量在 315kVA 及以上的大工业用户实行两部制电价。

小 提 示   **两部制电价**

两部制电价是指：电度电价，即用户用电度数（kWh）的电价；基本电价，即是用户最大需量（kW）或变压器容量（kVA）的电价。

问题思考   实行两部制电价计费的用户，还应实行功率因数调整电费办法吗？

4. 用户功率因数的提高方法

（1）提高自然功率因数法：应合理选择电气设备的容量。感应电动机的负荷，若不小于额定容量的 75%，其功率因数的平均值可达 0.75，但当其负荷在 75% 以下时，其功率因数和设备效率就降低。

（2）采用并联电容器补偿法：装设无功补偿装置。由于电网中的负荷多为感性负荷，电网除了要供给用电负荷的有功功率 P 以外，还要供给负荷感性无功功率 Q_L；若在电网中加装电容器补偿无功容量 Q_C，由于 $S = \sqrt{P^2 + (Q_L - Q_C)^2}$，则在有功功率 P 不变的情况下，可以减少 S，从而提高了功率因数。一般有以下三种电容补偿法。

1）个别补偿法：将电容器直接接在用电设备的附近，一般与用电设备共用一套断路器，这是一种就地个别补偿的方法。其特点是：电容器与用电设备同时投入运行或断开。优点：补偿效果最好；缺点：电容器的利用率低，适用于连续运行的且容量较大的用电设备。对于机械行业的工频感应电炉，一般采用个别补偿法进行就地无功补偿。

2）分组补偿法：将低压电容器组分别安装在各个车间低压配电盘的母线上。其特点是：受电变压器以及变电站至车间的线路均可补偿。优点：电容器的利用率较高，补偿效果较好。对于用电负荷较大、区域分布较广的用户，一般采用分组补偿法进行无功补偿。

3）集中补偿法：将电容器组接在变电站的高压母线或低压母线上。其特点是：电容器组的容量按变电站的总无功负荷来选择，能够减少电网和用户变压器以及供电线路上的无功负荷。优点：电容器的利用率高、便于安装和运行管理。

电容器组接在低压母线上，既能减少电网和用户变压器的无功负荷，又能提高变压器的出力和低压母线电压，安装、运行、维护都较为方便，中小企业普遍采用这种方式。

小 提 示   采用无功补偿法时应防止过补偿，以免引起无功倒送。采用人工补偿的用户，必须做到随时调整，最好装设按负荷、电压、功率因数变化的自动投切装置。

二、无功的测量

1. 无功的测量意义

发电机、变压器和输电线路，发出和输送的均是视在功率。当视在功率不变时，若无功功率增大，有功功率就要减少。无功功率增加，还会增大输电线路的电能损耗，增加电压损失，使用电设备不能正常工作。无功功率的高低，直接影响着电力系统的经济运行和电压质量。因此，加强无功电能的测量和监控，是一项十分重要的工作。

2. 无功的测量原理

无功一般有两种：三相四线无功和三相三线无功。目前，无功电能的测量只属于多功能表或智能表的一种功能，一般不再制造无功电能表。

（1）三相四线电路无功电能的测量。三相四线电路无功电能的测量，采用三元件跨相90°型的接线方式。

三元件跨相 90°型的测量原理接线图，如图 3-1 所示。

接线方法：与三元件跨相（90°）法相同，即第一组测量元件接入 I_U-U_{VW}；第二组测量元件接入 I_V-U_{WU}；第三组测量元件接入 I_W-U_{UV}。

使用条件：适用于三相电压对称电路。

（2）三相三线电路无功电能的测量。三相三线电路无功电能的测量，采用两元件 60°型的接线方式。

两元件 60°型的测量原理接线图，如图 3-2 所示。

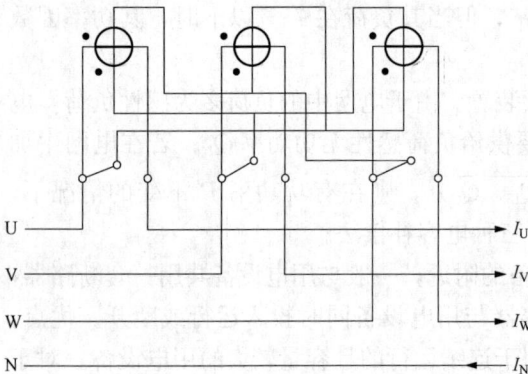

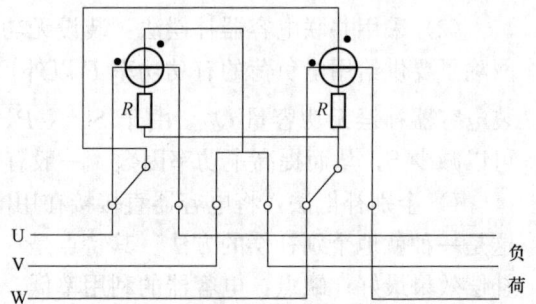

図 3-1　三元件跨相 90°型的三相四线无功电能　　　图 3-2　两元件 60°型的三相三线无功电能
　　　　　　测量原理接线　　　　　　　　　　　　　　　　　测量原理接线

构成特点：在两个电压测量元件中各串联了一个电阻。由于在电能表的电压测量元件中串有一个电阻，使电压测量元件所产生的电流不再滞后电压 90°，而是滞后 60°。

接线方法：与两元件 60°型接法相同，即第一元件接入 I_U-U_{VW}；第二元件接入 I_W-U_{UW}。

使用条件：适用于三相对称电路，或三相电压对称的三相三线负荷（不适用于不对称三相四线电路）。

3. 电子式电能表的无功电能测量方法

无功电能的测量方法有很多，在不含谐波的情况下，目前的测量方法均可以正确计量无功电能，但是除真无功测量法外，在谐波情况下均会产生计量误差。

（1）跨相 90°无功电能测量法。通过改变有功电能表的接线方式，实现跨相 90°无功电能的测量。但是，利用三元件跨相法测量无功电能在三相电压不对称情况下会产生附加误差；在电压或电流波形畸变时会产生附加误差。

（2）移相 90°无功电能测量法。对电压或电流基波移相 90°后进行积分求和运算，得到无功功率，进而得到无功电能。将三个这样的无功电能测量单元按三相四线有功计量相同的方式接线，就可以测量三相四线电路的无功电能；将两个这样的无功电能测量单元按三相三线有功计量相同的方式接线，就可以测量三相三线电路的无功电能。但在电压或电流波形畸变时会产生附加误差。

例如，一些电子式电能表将电压往（时间）后移相 90°（50Hz 时延时 5ms）后，进行积分求和运算，即可得到无功电能。

移相 90°无功电能测量法，目前较为常用。

（3）功率三角形无功电能测量法。被测的电压和电流采样后可以计算出视在功率和有功功率，然后根据功率三角形，即可得到无功功率，进而得到无功电能值。但在电压或电流波形畸变时会产生附加误差。

🔧 小提示　　IEC 推荐第三种算法。

（4）真无功电能测量法。根据 IEEE 对无功功率的定义，无功功率为每次谐波分量无功功率的总和。因此，为了计算出无功功率或无功电能，必须先进行谐波分析，然后通过数据处理器 DSP 计算处理。其表达式为

$$Q = \sum_{n=1}^{\infty} U_n I_n \sin\theta_n \tag{3-4}$$

式中　U_n——各次谐波下电压的有效值，V；

　　　I_n——各次谐波下电流的有效值，A。

4. 四象限无功电能的测量方法

（1）有功功率和无功功率的正负。有功和无功均有输入、输出及正、负之分。以下表述均以用户为中心。

电网向用户正向送电，即用户用电，则称为输入有功，其有功 P_1 用正值表示；如果用户向电网反向送电，即用户发电，则称为输出有功，其有功 P_0 用负值表示。

对于用户作为负荷，又可分为感性负荷和容性负荷两种。当用户为感性负荷时，称为输入无功，其无功用 Q_L 表示，其值为正；当用户为容性负荷时，称为输出无功，其无功用 Q_C 表示，其值为负。

（2）四象限电功率的定义。输入的有功和无功、输出的有功和无功可构成四种组合，利用测量直角坐标系中的四个象限表示，称为四象限电功率，或简称四象限有功、无功，如图 3-3 所示。

测量直角坐标系的纵轴表示有功，向上表示输入有功、向下表示输出有功；测量直角坐标系的横轴表示无功，向右表示输入无功、向左表示输出无功。

将电压相量（固定在纵轴正向）作为参照相量，电流相量的正负用来表示当前电能的输送方向，并相对于电压相量具有相位角 φ，顺时针方向即电流滞后时 φ 为正。

（3）无功功率的绝对值相加。对于用户，

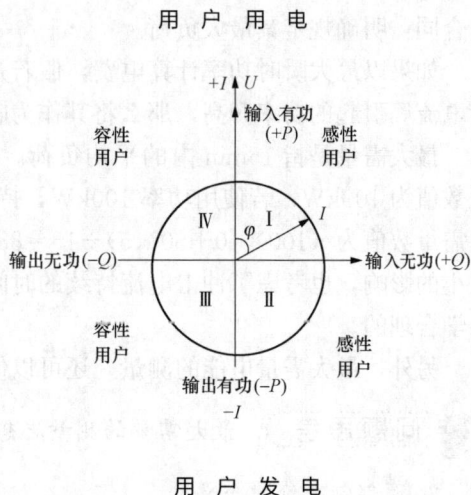

图 3-3　四象限有功和无功

无论用户是增加输入无功功率还是输出无功功率，会在输配电线路上增加额外的电能损失或电压波动，因此考核无功应以 I 象限和 IV 象限的无功按绝对值相加，而此时的有功为正向有功。根据功率因数调整电费办法，用户考核功率因数的计算公式为

$$\cos\varphi = \frac{P}{\sqrt{P^2 + (\mid Q_L \mid + \mid Q_C \mid)^2}} \qquad (3-5)$$

对于发电厂（站），电网也应考核其功率因数指标，也与电费征收有关，但是与用户相反，其功率因数越接近于1，不是奖而是罚。发电厂（站）必须输出（发出）无功，其无功为Ⅱ、Ⅲ象限的无功按绝对值相加，此时的有功为反向有功。

（4）无功电能的绝对值相加。四象限有功、无功组合式电能表中的无功计量方式，应根据要求，预先设置成某两个象限无功电能的绝对值进行相加的计量方式。

🔘 小 提 示　　无功平衡

电气设备无论是电源还是负荷，在电压与电流关联参考方向下，电压超前于电流，就是感性设备。感性设备的无功功率定义为正无功，需从其外部设备输入无功，即占用无功，要求其外部设备是容性的。在整个电力系统中，感性设备占用的无功与容性设备提供的无功要刚好达到平衡。

第二节　最大需量测量功能

一、测量最大需量的意义

1. 测量最大需量的合理性

由于电力用户的负荷时刻都在变化，如果用户申请容量大而实际负荷小，那么供电容量的一部分被空占，造成供电设备和供电线路投资大、利用率低、成本高，同时负荷率越低电能损耗越大；如果用户申请容量小而实际负荷大，那么将使供电设备和供电线路过负荷，影响供电安全，甚至造成电力设备和电力线路损坏。因此，供电企业与用户之间应该通过供用电合同，明确规定其最大负荷。

如果以最大瞬时功率计算电费，假若是故障的短路电流或电动机的启动电流等冲击性负荷电流等引起的功率升高，那么将其作为收取电费的数值依据，显然不合理。

最大需量是指15min内的平均负荷。若使用的功率为100kW，持续15min，则最大需量数值为100kW；若使用功率100kW，持续10min后负荷降到50kW，又持续5min，则最大需量数值为（100×10＋50×5）÷15＝83.3（kW）。这样最大需量的数值既考虑了冲击电流大小的影响，也考虑了冲击电流持续的时间。显然，以最大需量来计收一部分电费，是较为科学合理的。

另外，最大需量电能的测量，还可以使供电企业掌握用户的实际用电情况。

🔒 问题思考　　最大需量的测量思想和方法，能否用于其他方面呢？

2. 两部制电价的含义

两部制电价就是将电价分成两个部分。一部分称为基本电价，其反映电力企业成本中的容量成本，即不变费用部分，在计算基本电费时以用户受电容量的千伏安数或用户最大需量的千瓦数为依据，与用户实际用电量无关。另一部分称为电度电价，其反映电力企业成本中的电能量成本，即可变费用部分，在计算电度电费时以用户实际使用电能量为依据。按两种电价分别计算的基本电费与电度电费之和即为用户所应支付的全部电费。

目前，我国对大工业用户收费由基本电费、电度电费和功率因数调整电费三部分组成。实行两部制电价用户的基本电费在合同中约定按变压器容量或按最大需量收费。

3. 实行两部制电价的优越性

实行两部制电价的优越性包括以下两个方面。

（1）发挥价格杠杆的负荷调控作用。实行两部制电价，可促进用户合理使用用电设备，提高设备利用率，抑制最大负荷；电网负荷率也相应提高，减少无功负荷，提高电网的供电能力。

（2）供用电双方共同承担电力生产中的不变成本费用。用户设备的利用率或负荷率越高，用户应支付的电费就越少；同时，电网减少了无功负荷，提高了供电能力，降低了供电成本。

因此，实行两部制电价，对降低发供电成本、挖掘供用电潜力、促进电网安全经济运行、落实计划用电等方面，均具有重要现实意义。

二、最大需量及其测量

1. 需量与需量周期

由于用户负荷功率是随时间变化的，将一天分成若干时段，在每一段时间 T 内的平均功率，称为需量。时段 T 称之为需量周期，需量周期一般为 15min。

2. 最大需量

最大需量（用 MD 表示）是电力用户在一个电费结算周期（如一个月）中，指定时间（一般为 15min）内平均功率的最大值。

3. 需量周期的确定

需量周期的确定是复杂的。若需量周期的时间间隔选择过短，则可能将各瞬间故障的短路电流或设备的瞬间启动电流计入，而现代电网的保护设备，可以根据情况予以切除或允许短时间的冲击负荷；若需量周期的时间间隔选择过长，则可能引起电力设备或电力线路过负荷，影响电力系统的安全经济运行。

如果在总负荷中存在频繁的冲击负荷，且负荷大、持续时间长，那么需量周期的时间间隔太长将会给电网造成较大影响。此时，为了补偿由于保证安全供电而增加的费用，可以缩短需量周期的时间间隔。

总之，需量周期的时间间隔的选择长短，与电力设备温升时间常数、用电性质、总负荷功率情况、供电形式等因素有关。

4. 最大需量的测量

最大需量，通常包括正向有功最大需量、反向有功最大需量、无功最大需量。

最大需量的测量，其实就是设定的需量周期内的平均功率的测量，不过常常只显示一个电费结算周期中的最大的一个平均功率。

最大需量值测量方法有区间法和滑差法两种。区间法：先每隔 15min 依次测量平均功率，每小时只测 4 次，对每个平均值比较后取其最大值。滑差法：每隔 1min（称为滑差时间）计算一次 15min 的平均功率，每小时计算 60 次，对每个平均值比较后取其最大值。显然，滑差法求得的最大需量值更准确、合理，更接近于实际负荷情况。

目前，最大需量的测量只属于多功能表或智能表的一种功能，一般不再制造最大需量表。

第三节　复费率功能

一、复费率功能的意义

1. 峰平谷电量

一般将一天24h划分为基本固定的几个时段,尖峰用电时段的电量称为尖峰电量;高峰用电时段的电量称为峰段电量;低谷用电时段的电量称为谷段电量;平常用电时段的电量称为平段电量。

2. 峰平谷电价

确定电价时,先拟定一个平段电价,峰段电价按平段电价应上浮50%左右,谷段电价则下浮50%左右,尖峰电价则比峰段电价还要高。因此,各个时段的电价即各个时段的费率是不一样的。

例如,目前,有的省市将一天划为"高峰、低谷、平段"三个时段计价。每天有两个用电高峰时段:早上10点到12点,晚上6点到10点。而晚上10点到第二天早上8点,是用电低谷时段。物价部门将对各时段分别制定不同的电价水平,按照高峰时段电价高、低谷时段电价低、平段电价不变的原则,鼓励居民合理安排用电时间。

3. 实行复费率管理的意义

利用电能表的复费率功能,对电力用户实行不同时段不同费率的电价电费计算制度,是解决供、用电矛盾和提高发、供电设备利用率而采取的一种有效的经济手段和技术措施;促使用户减小高峰用电量、增加低谷用电量,达到削峰填谷,调整负荷,提高负荷率,增加负荷稳定度的目的。

对电力用户而言,高峰时段少用电、低谷时段多用电,有利于降低用电成本;对电网企业而言,可以降低电网的投资成本和运行成本,保障电网的安全稳定运行;对发电企业而言,可以降低由于调峰而增加的调峰成本费用。

二、复费率功能的实现

目前,复费率功能只属于多功能表或智能表的一种功能,一般不再制造复费率电能表。

复费率功能,通常是利用有功电能或无功电能的脉冲信号,根据指定的不同时段,分别按要求计量各时段的用电量(包括有功电量和无功电量)及总用电量。供电企业的后台管理系统,根据规定的不同时段的不同费率,获得相应时段的电价电费。因此,复费率功能也称为分时功能。

下面仅以单相电能表为例,说明复费率功能的实现原理。

具有复费率功能的单相电能表的工作原理是:电流采样电路和电压采样电路将大电流和高电压变换为合适的小电流信号和低电压信号,经电能专用集成电路转换成随功率变化的脉冲信号。微处理器接收到脉冲信号后进行电能累计,并存于存储器中,同时读取时钟信号,按照预先设定好的时段分时计量,并将数据输出到显示器中显示,并且随时接收通信口的通信信号进行数据处理。

具有复费率功能单相电能表的工作原理框图,如图3-4所示。

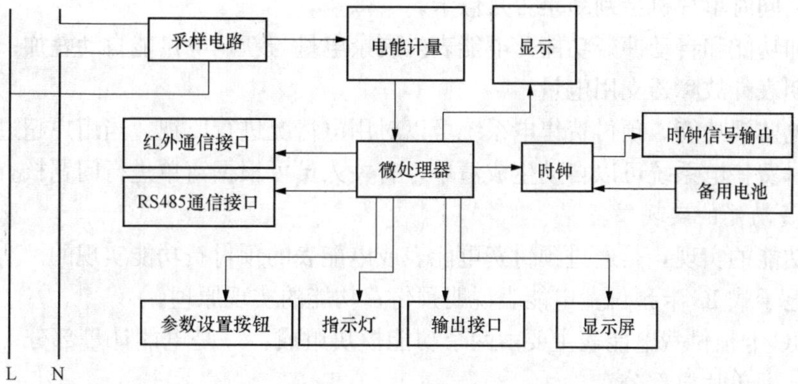

图 3-4 具有复费率功能单相电能表的工作原理框图

第四节 预付费功能

一、预付费功能的意义

1. 预付费的含义

电能表的预付费功能，是一种电力用户必须先购电才能用电的管理方式。预付费用户，必须先购电，将购得的电量存入 IC 卡中，当写有存储电量的 IC 卡插入具有预付费功能的电能表时，电能表即可显示购电数量。当电能量将要用尽时，电能表可预先发出断电信号控制断电机构断电。

2. 实行预付费管理的意义

随着我国经济社会的快速发展，电力用户的急剧增加给抄表收费管理工作带来了巨大的压力。实行预付费管理后，由于用户用电前已将电费收回，可避免人工抄表收费和现场抄表收费，因此对一些电费回收困难的用户（包括一些人口流动性大的用户、边远分散用户、经常欠费用户和临时用户）是非常适合的。

实现预付费管理，可解决抄表收费困难用户的收费问题，具有一定的防窃电能力，有利于增强电力用户的电能商品意识，有利于提高供电企业的现代化管理水平。

二、预付费功能及其实现

1. 预付费管理功能

预付费管理功能主要包括以下几种。

（1）剩余电量报警功能。电费将尽时，电能表发出声光报警信号。电能量剩余数为零时，对于单相用户，可发出断电信号控制开关断电；对三相用户，可发出报警信号并记录欠费数量。

小提示 预付费电能表出现剩余电量为零时不断电的原因：继电器或自动空气开关损坏或断电驱动电路损坏。

（2）辨伪功能。当使用非指定介质时，电能表不接受工作；将能造成短路的物质插入卡座时，电能表有保护措施，并能正常工作。

购电卡的数据经算法加密，难以伪造，购一次电量只能装入一次，购电卡上有购电次数与装入次数，同时单片机会判断是否是假卡。

（3）叠加功能和自动冲减功能。电能表内剩余电量与新购电量能自动叠加；本期购电量自动冲减上期表计故障透支用电量。

（4）用电监视功能。预付费售电系统可以对用电情况进行监视。当用户超过预期时间不购电时，预付费售电系统可以自动生成清单，有关人员可根据清单进行问题核查。

2. 预付费功能的实现原理

预付费功能的实现，是通过预付费电能表或电能表的预付费功能实现的。

下面以电子式 IC 卡预付费电能表说明预付费功能的实现原理。

电子式 IC 卡预付费电能表主要由两个功能模块组成：一是电能计量部分；二是微处理器控制部分，即单片机部分。

预付费电能表的工作原理：用 IC 卡或电钥匙先在供电企业的售电机上预购一定数量的电量，此时 IC 卡中包含了电能表的密码和所购电量，然后将其插入用户电能表的 EEPROM 卡座接口，读写系统就可将这些数据存入电能表单片机的存储器中，并将表内剩余电量与新购电量进行代数相加得到总电量，数据处理单元随时将总电量与实际电量相减，并显示剩余电量。预付费电能表一般设置了一个余额定值，当剩余电量等于此定值时，预付费电能表会发出报警信号，提醒用户重新购电。当电量用完时，根据预先设置，电能表将断开供电或继续供电，此时用电量记为赊欠电量。

预付费电能表的工作原理框图，如图 3-5 所示。

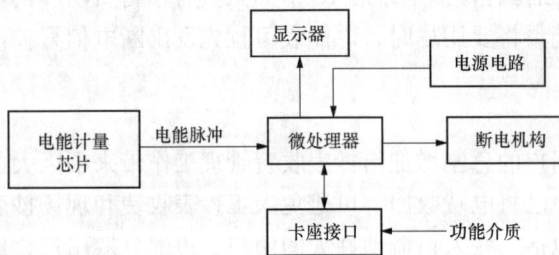

图 3-5　预付费电能表的工作原理框图

一般在预付费电能表上装有红色功率指示灯用以指示用户用电状况，用电负荷越大，该指示灯闪亮的频率越快，反之越慢；当用户不用电时，该指示灯可停在常亮或常灭状态，用电恢复后该灯继续随负荷的大小而闪亮。用户携带 IC 卡到供电企业指定的售电系统购电成功后，将购电后的电卡插入电能表，保持 5s 后方可拔出电卡，用户即可继续用电。在用户拔下电卡约 30s 后，电能表进入隐显状态。当电能表剩余电量小于预设电量值Ⅰ（如 10kWh）时，电能表由隐显变为常显状态，提醒用户电量已剩余不多。当电能表剩余电量小于预设电量值Ⅱ（如 5kWh）时，电能表断电报警，此时用户将电卡重新插入表内一次，可继续使用剩余电量，再次提醒用户及时购电，否则将进行停电处理。

三、预付费介质的种类

介质，是用来存储和传输信息的媒介物。预付费电能表按使用的介质不同可分为以下几种。

1. 磁卡式

磁卡式介质容易失磁，外磁影响大，存储的数据量有限，接口电路复杂。

2. 电卡式

电卡式介质容易磨损，容易将静电引入电能表，通用性较差。

3. IC 卡式

IC 卡式介质通用性强，不怕磁化，保密性、抗破坏性、耐用性好，存储容量大。

目前，国内预付费电能表大多采用 IC 卡的方式进行数据存储和传输。IC 卡即集成电路卡，是将一个集成电路芯片镶嵌于塑料基片中封装成卡的形式。IC 卡有写入数据和存储数据的能力，其存储器中的内容可根据需要有条件地供外部读取。

IC 卡中的芯片可分为不挥发的存储器（即存储卡）、保护逻辑电路（即加密卡）、中央处理单元（即接触式 CPU 卡）三种。

值得注意的是，在预付费系统 IC 卡卡口施加一定电压后，可在不损坏单片机系统的前提下使控制系统单片机死机，破坏了预付费控制系统的计量功能。由于无法鉴定损坏原因，此方法被用户利用后，可不预交电费继续用电，失去了 IC 卡预付费应有的管理功能。

为了克服接触式 IC 卡的以上问题，人们发明了非接触式射频 IC 卡。

四、非接触式射频 IC 卡

非接触式 IC 卡，又称感应 IC 卡或射频 IC 卡，是最近几年发展起来的一项新技术，它成功将无线射频识别 RFID 通信技术与集成电路 IC 卡技术结合起来，解决了无源（卡中无源）和免接触难题，是电子器件领域的一大突破。

非接触式 IC 卡属于非接触式、密封无卡口式 IC 卡。非接触式 RF 卡，以高频无线电作为媒介，在数米距离内可与数据处理单元进行数据交换，通过射频信号自动识别目标对象，并获取目标中的相关数据。它克服了传统接触式 IC 卡易受外部攻击、有安全隐患的缺陷，操作极为方便。

小 提 示 非接触式还有一种利用红外线作为媒介。

1. 非接触式 IC 卡工作原理

非接触式 IC 卡本身是无源卡，当读写器对卡进行读写操作时，读写器发出的信号由两部分叠加组成：一部分是电源信号，该信号由卡接收后，与本身的 L/C 产生一个瞬间能量来供给芯片工作，另一部分则是指令和数据信号，指挥芯片完成数据的读取、修改、储存等，并返回信号给读写器。

非接触式 IC 卡与读卡器之间通过无线电来完成读写作，两者之间的通信频率为 13.56MHz。读写器一般由单片机、专用智能模块和天线组成，并配有与 PC 的通信接口、打印口、I/O 口等。

2. 非接触式 IC 卡的特性

（1）安全保密性好。RF 卡与读写器之间采用双向验证机制，保密性强，可以很方便地实现隐匿性信息的传送，且具有防磁、防潮、防水、防高温等特性，不易受环境变化的影响，卡中的数据信息也不易损坏。

（2）信息存储量大。RF 卡可根据用户要求存储多种形式的信息，存储区域可以划分不同的权限，满足不同形式下的读写要求。

（3）故障率低。RF 卡的使用寿命较长，一般为 10～20 年。

（4）具有快速防冲突机制。RF 卡能防止卡之间出现数据干扰，读写器之间可以"同时"处理多张卡，这提高了应用的并行性以及系统工作速度。

（5）读卡简单快速。RF 卡非接触通信使用时没有方向性，卡片可任意方向掠过读写器表面即可完成操作,极大地提高了使用效率。

五、预付费管理模式的发展

无介质预付费管理方式,在购电形式上具有其他方式难以达到的灵活性,用户可以通过电话网络、银行网络、无线电、GSM、互联网进行预付费充值操作,因此无介质预付费电能表将是预付费电能表的发展方向。

无介质预付费电能表有两种:一种是网络式,包括集中器式、GPRS/CDMA 短信式、电力载波式、CATV 等;另一种是代码按键式,包括键表一体式和分离式两种。

第五节 阶梯电价功能

一、阶梯电价功能的意义

1. 阶梯电价的含义

阶梯式电价,是阶梯式递增电价或阶梯式累进电价的简称,也称为阶梯电价,是指将电力用户的用电量设置成为若干个分段阶梯或区间档次,根据不同的分段阶梯或区间档次规定不同的电价的一种计算电费方式。

2. 实行阶梯电价管理的意义

对电力用户用电实行阶梯式递增电价管理,可以提高电力能源的利用效率,提高发、供电设备的利用率,促进电力资源的再分配和电力能源的节约。

我国电力资源产品价格偏低,是造成加工业经营粗放、浪费严重的重要原因之一。实行阶梯式递增电价管理,可以促使用电企业淘汰落后产能,迫使高能耗企业转变发展方式,从而实现我国经济社会的健康可持续发展。

二、阶梯电价功能的实现

1. 阶梯电价的内容

阶梯电价的具体内容如下。

第一分段阶梯电量为基础电量,此阶梯内电量较少,基础电价较低;

第二分段阶梯电量的电量数较多,电价较高;

第三分段阶梯电量的电量数更多,电价更高。

2. 分段阶梯值和对应的阶梯电价档次

分段电量阶梯值,可分为两种:月分段阶梯值、年分段阶梯值。实践表明,年分段阶梯值的管理方式,较为符合我国实际情况,为绝大多数电力用户所接受。

一般地,阶梯电价方案将电力用户用电量分为三个分段阶梯值,分别是 E_1、E_2、E_3(单位为 kWh)。按照这三个分段阶梯值,划分的四个阶梯区间分别是 W_0、W_1、W_2、W_3,确定对应的四个阶梯电价档次分别是 J_0、J_1、J_2、J_3(单位为元),各阶梯区间的范围分别为 $0 \leqslant W_0 \leqslant E_1$、$E_1 < W_1 \leqslant E_2$、$E_2 < W_2 \leqslant E_3$、$W_3 > E_3$。

电价有两种表示方式:一种是直接用阶梯区间用电量的价格 J_0、J_1、J_2、J_3 表示;另一种是用阶梯区间电价的差价 J_0'、J_1'、J_2' 和 J_3' 表示,其中 $J_0' = 0$、$J_1' = J_1 - J_0$、$J_2' = J_2 - J_1$、$J_3' = J_3 - J_2$。

例如,目前,某地区将电力用户用电量分为两个分段阶梯值,$E_1 = 180$(kWh),$E_2 = 400$(kWh)。第一个阶梯电量即基础电量为 180kWh,基础电价为 0.573 元;第一个阶梯区

间 $W_0=0\sim180$（kWh）/（户·月），差价 $J_0'=0.00$（元）；第二个阶梯区间 $W_1=181\sim400\mathrm{kWh}/$（户·月），差价 $J_1'=0.05$（元）；第三个阶梯区间 $W_2=401\mathrm{kWh}/$（户·月）及以上，差价 $J_2'=0.25$（元）。

问题思考 各个阶梯区间的价格 J_0、J_1、J_2 分别是多少呢？

第六节 谐波电能计量功能

随着电力电子技术在各行业的广泛应用，现代工业生产使用的整流设备、交直流变换设备、电子电压调整设备和非线性负荷，如电弧炉、感应炉、微波炉、电视机、变频器、气体放电灯等，产生大量谐波注入电网，不仅降低了电能质量，而且影响了电能计量的准确性。

周期性变化的交流波形虽畸变为非正弦波，但它却是由一系列不同频率周期性变化的正弦交流分量所组成，利用傅里叶级数将其分解后，得到的频率与基波频率相同的分量为基波分量，得到的频率为基波频率整数倍的分量为谐波分量。由基波分量产生的电能称为基波电能，而由谐波产生的电能称为谐波电能，两者的总和为全波电能。

非线性负荷消耗的功率可分为两部分：一部分是从电网中吸取的基波功率，一部分是谐波功率。非线性负荷的谐波功率是负的，将回馈给电网。非线性电气设备接入电网后，将向电网反馈谐波电流，并通过阻抗产生谐波电压，使电网电压和电流波形畸变，这些非线性电气设备称为谐波源。

对于产生谐波源的用户，谐波电能的方向与基波电能方向相反，采取全波计量时其总电能量小于基波电能，既污染了电网又少交了电费；对于不产生谐波电能的用户，如果电网谐波严重，其全波计量的总电能量会大于基波电能，反而要分担电网产生的谐波电能而多计费，而且还要受到谐波的损害。

基波电能表只测量基波电压和基波电流所形成的电能，对于畸变的电压和电流含有高次谐波，基波电能表是不能测出同频率的谐波电压和谐波电流所形成的电能的；而谐波电能表能将基波电能与各次谐波电能分开计量，确保谐波环境下的准确计量，也给电网单位进行电能质量考核提供依据。

感应系电能表是按基波情况设计的，其转动力矩的大小与频率有关，谐波对感应系电能表的计量产生一定的计量误差：当谐波功率与基波功率方向相同时，其表计电能量大于基波电能量而小于全波电能量；当谐波功率与基波功率方向相反时，其表计电能量小于基波电能量而大于全波电能量。而采用全波电能计量的电子式电能表计量的总电能量等于基波电能加上谐波电能。因此，电子式电能表比感应系电能表计量得更加准确。谐波对计量互感器也产生影响，电容式电压互感器不适合于谐波作用下的电能计量。

目前的电能计量装置基本采用全波计量方式，从而存在谐波源用户将有害的谐波输入电网且不用支付处罚性费用的情况。为了加强谐波干扰源管理，抑制谐波对电网的污染，应采取公正的电能计量方式，发挥经济标杆的有效调控作用。

问题思考 为了抑制谐波对电网的污染，应采取哪种电能计量方式才更加公正、科学？

 谐波存在着有功功率和无功功率。在稳态条件下，只有同频率的谐波电压与电流才能产生谐波功率，而频率不同的谐波电压与电流产生的平均功率为零。

 线性负荷用户的谐波功率（潮流）与基波功率的方向相同；非线性负荷用户除自身消耗部分谐波功率外，向电网输送的谐波功率（潮流）与基波功率的方向相反。

练习与思考题

1. 供电企业是如何计算考核功率因数的？

2. 某工厂三相负荷平衡，单相功率表指示功率 50kW，电压表指示 380V，电流表指示 300A，试求该厂的功率因数和无功功率。

3. 某低压三相四线动力用户有功功率为 5.7kW，实测相电流为 10A，线电压为 380V，试求该用户功率因数。

4. 用户功率因数低的原因有哪些？

5. 用户功率因数低造成的影响有哪些？

6. 分析并联电容补偿法的种类及其特点。

7. 为什么要测量无功？

8. 试说明电子式电能表所采用的无功测量方法。

9. 什么是最大需量？说说测量最大需量的合理性。

10. 实行复费率管理有何现实意义？

11. 实行预付费管理有何现实意义？

12. 试说明电子式 IC 卡预付费电能表的工作原理。

13. 什么是非接触式 IC 卡？它具有哪些特性？

14. 实行阶梯电价管理有何现实意义？

15. 试说明阶梯电价的具体内容。

16. 常见的谐波源有哪些？

17. 什么是基波电能？什么是谐波电能？

18. 为了抑制谐波对电网的污染，应采取哪种电能计量方式才更加公正、科学？

第四章 测量用互感器

第一节 互感器概述

在实际电气测量工作中，人们经常遇到需要测量较大电流和较高电压的情况，为了更加安全方便地测量电压和电流以及电能的大小，常常借助于互感器。

一、互感器的种类

根据互感器的测量对象，互感器可分为电流互感器和电压互感器两种。其中电流互感器的英文名称简称为 CT，文字符号为 TA；电压互感器的英文名称简称为 PT，文字符号为 TV。

根据互感器的用途，互感器可分为普通测量用互感器（与测量仪表配合）、保护控制用互感器（用于继电保护和自动控制）和精密测量用互感器（与标准表配合或以自身作为标准）。其中，普通测量用互感器和精密测量用互感器统称为测量用互感器，精密测量用互感器也称为标准互感器。

1. 电流互感器分类

根据一次绕组匝数，电流互感器可分为：

（1）单匝式电流互感器：多用于大电流互感器。

（2）复匝式电流互感器：多用于中、小电流互感器。

根据使用条件，电流互感器可分为：

（1）户内式电流互感器：多用于 35kV 及以下电压等级。

（2）户外式电流互感器：多用于 35kV 及以上电压等级。

根据绝缘介质，电流互感器可分为：

（1）固体绝缘电流互感器：通常指环氧浇注绝缘电流互感器，由环氧树脂或其他树脂混合材料浇注成型，多用于 35kV 及以下电压等级。

（2）油浸式电流互感器：由绝缘纸和绝缘油作为绝缘，常用于各种电压等级。

（3）气体绝缘电流互感器：由 SF_6 气体作主绝缘，多用于较高电压等级。

根据电流比，电流互感器可分为：

（1）单电流比电流互感器：一、二次绕组匝数均固定，只能实现一种电流比变换。

（2）多电流比电流互感器：一次或二次绕组匝数可变，可以实现不同电流比变换。

其中，有一种是多个铁芯的电流互感器，其二次绕组是各自具有独立铁芯的多个二次绕组。

根据电流变换原理，电流变换器可分为：

（1）电磁式电流变换器：以电磁感应来变换电流。

（2）电子式电流变换器：以光电元件来变换电流。

2. 电压互感器分类

根据使用条件，电压互感器可分为：

（1）户内式电压互感器：多用于 35kV 及以下电压等级。

（2）户外式电压互感器：多用于 35kV 及以上电压等级。

根据绝缘介质，电压互感器可分为：

（1）固体绝缘电压互感器：通常指环氧浇注绝缘电压互感器，由环氧树脂或其他树脂混合材料浇注成型，多用于 35kV 及以下电压等级。

（2）油浸式电压互感器：由绝缘纸和绝缘油作为绝缘，常用于 220kV 及以下电压等级。

（3）气体绝缘电压互感器：由 SF_6 气体作主绝缘，多用于较高电压等级。

根据相数，电压互感器可分为：

（1）单相电压互感器：一般用于 35kV 及以上电压等级。

（2）三相电压互感器：一般用于 35kV 及以下电压等级。

根据电压变换原理，电压变换器可分为：

（1）电磁式电压变换器：以电磁感应来变换电压，多用于 220kV 及以下电压等级。

（2）电容式电压变换器：以电容分压来变换电压，一般用于 110～500kV 电压等级；330～500kV 只用电容式变换器。

（3）电子式电压变换器：以光电元件来变换电压，其使用已越来越广泛。

二、互感器的作用

1. 扩大测量仪表的量程

互感器将大电流或高电压变换为小电流或低电压后，再接入测量仪表，使测量仪表完成超过其量程的测量任务，因此扩大了测量仪表的量程。

2. 隔离被测电路的大电流或高电压

当电力线路发生故障出现过电压或过电流时，由于互感器铁芯趋于饱和，其输出不会呈正比增加，能够起到对测量仪表的保护作用，有利于保障测量人员和仪器仪表的安全。

3. 减少测量仪表的制造规格

使用二次额定电流为 5A 的电流互感器、二次额定电压为 100V 的电压互感器以后，不必再按被测电流的大小或被测电压的高低设计不同量程的测量仪表，只需制造电流量程为 5A 或 1A、电压量程为 100V 的测量仪表，因此有利于测量仪表的标准化和小型化。

4. 降低测量仪表的绝缘要求

使用互感器后，不必再按实际被测大电流或高电压设计测量仪表，从而简化了仪表工艺、降低了制造成本，方便了安装使用。

5. 方便进行远距离测量

使用互感器以后，可以利用较长的电线电缆进行远距离测量。

另外，可以通过互感器取出零序电流或零序电压，供反映接地故障的继电保护装置使用；还可以通过互感器改变接线方式，满足各种测量和保护要求，而不受一次回路限制。

三、国产互感器的型号含义

我国规定用汉语拼音字母组成互感器的型号。

1. 电流互感器的型号含义

对于电流互感器，如 LMZ - 0.5 型、LFC - 10 型、LFC - 35 型等。

一般来说，第一个字母表示互感器的种类名称，第二个字母表示一次绕组的结构形式或安装形式，第三个字母表示绝缘特征（绕组外绝缘介质形式）的类别，第四个字母表示互感器的功能。

第一个字母：L—电流互感器

第二、第三个字母：A—穿墙式；B—支柱式；C—瓷绝缘式；D—单匝贯穿式；F—复匝贯穿式；G—干式；J—环氧树脂浇注；L—电缆型；M—母线式；Q—线圈式；R—装入式；W—户外式；Y—低压式；Z—支柱式或浇注绝缘。

第四、第五个字母：B—过电流保护；C或D—差动保护用；G—改进型；J—接地保护或加大容量；X—配电箱适用。

连字符前数字：设计序号，如 LMZ1 - 0.5 型母线式电流互感器。

连字符后数字：额定电压（kV）/准确度等级、一次额定电流（A）。

电压等级数字后的符号：特殊使用环境代号。

例如：高压电流互感器为

```
        L Z Z B J 6 - 10
        │ │ │ │ │ │    │
电流互感器 ┘ │ │ │ │ │    └ 电压等级 (kV)
支柱式 ────┘ │ │ │ └────── 设计序号
环氧浇注 ─────┘ │ └──────── 加强型
              └────────── 带保护级
```

例如：低压电流互感器为

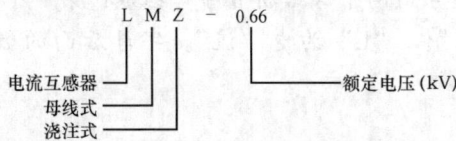

```
        L M Z - 0.66
        │ │ │      │
电流互感器 ┘ │ │      └ 额定电压 (kV)
母线式 ────┘ │
浇注式 ──────┘
```

例如：LMCD - 10/3000 表示母线式瓷绝缘差动保护用额定电压 10kV、一次额定电流 3000A 电流互感器；LQG - 0.5 为线圈式改进型额定电压 0.5kV（羊角式）电流互感器；LCW - 35 为户外瓷绝缘式额定电压 35kV 电流互感器；LFC - 10 - 300 型为瓷绝缘式电流互感器，额定电压 10kV、额定电流 300/5A，F 表示复匝式。

2. 电压互感器

对于电压互感器，如 JSJW - 10 型、JDJ - 35 型等。

一般来说，第一个字母表示互感器的种类名称，第二个字母表示单相或三相，第三个字母表示绝缘特征（绕组外绝缘介质形式）的类别，第四个字母表示互感器的结构特征（铁芯及绕组结构形式），第五个字母表示互感器的特殊使用环境。

第一个字母：J—电压互感器。

第二个字母：D—单相；S—三相；C—串极结构。

第三个字母：C—瓷绝缘式；G—干式；J—油浸自冷式；Q—气体；R—电容分压式；Z—浇注绝缘。

第四个字母：W—每相三绕组五柱式（增加了两个边柱）；B—三柱式带补偿角差的绕组（提高了准确度）；J—有接地保护辅助线圈；X—带剩余电压绕组；C—串级式带剩余电压绕组。

连字符前数字：设计序号。

连字符后数字：一次额定电压（kV）。

电压等级数字后的符号：特殊使用环境代号，主要有以下几种：CY 为船舶用；G（Y）

为高原地区用；W 为污秽地区用；TA 为干热带地区用；TH 为湿热带地区用。

例如：

$$\underset{\substack{\text{电压互感器}\\\text{单相}\\\text{浇注绝缘}}}{J\ D\ Z}\quad \underset{\substack{\text{额定电压(kV)}\\\text{设计序号}}}{10-10}$$

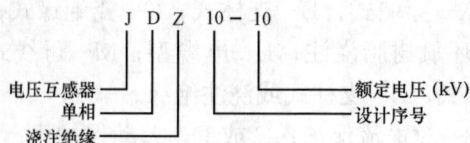

例如：JDJ-35 型表示单相油浸式额定电压为 35kV 的电压互感器；JSJW-10 型表示三相三绕组五柱油浸式电压互感器。

又如，JDG4-0.5 型为单相干式第四次改型的 0.5kV 电压互感器；JDZ-10 型为单相浇注 10kV 电压互感器；JDJJ2-35 型为单相油浸式接地保护第二次改型的 35kV 电压互感器；JCC2-110 型为串级瓷箱式第二次改型的 110kV 电压互感器。

小 提 示

1. 计量电压互感器的常用型号

计量电压互感器的常用型号有 JDJ、JDZ-10、JSJW-10 和 JDJJ。

2. 精密测量用互感器的型号含义

精密测量用互感器的型号由两个汉语拼音字母组成：第一个字母"H"为"互"感器，第二个字母"J"为电"压"、"L"为电"流"。字母后面的数字为设计序号，如 HJ8、HJ22 等。

四、有关名词术语

1. 变比

额定变比公式，即

$$K_{In} = I_{1n}/I_{2n}$$
$$K_{Un} = U_{1n}/U_{2n} \tag{4-1}$$

实际变比公式，即

$$K_I = I_1/I_2$$
$$K_U = U_1/U_2 \tag{4-2}$$

式中　I_{1n}，I_{2n}——电流互感器的一、二次额定电流；

　　　I_1，I_2——电流互感器的一、二次实际电流；

　　　U_{1n}，U_{2n}——电压互感器的一、二次额定电压；

　　　U_1，U_2——电压互感器的一、二次实际电压。

小 提 示　互感器的变比均以不约分的分数形式表示。

2. 比值误差

电流互感器的比值误差公式为

$$f_I = \frac{K_{In}I_2 - I_1}{I_1} \times 100\% \tag{4-3}$$

电压互感器的比值误差公式为

$$f_U = \frac{K_{Un}U_2 - U_1}{U_1} \times 100\% \tag{4-4}$$

3. 相位误差

电流互感器的相位误差

$$\delta_{\mathrm{I}} = \angle - \dot{I}_2/\dot{I}_1 \qquad (4-5)$$

电压互感器的相位误差

$$\delta_{\mathrm{U}} = \angle - \dot{U}_2/\dot{U}_1 \qquad (4-6)$$

相位误差的单位为分（'）。

🔧 **小 提 示**　　**相位误差的正负**

二次相量的负相量超前于一次相量时的相位误差为正，否则为负。

4. 电能计量装置的倍率

电能计量装置的倍率由两部分组成：一是电能表本身的倍率；二是采用互感器后形成的倍率。

（1）电能表本身的倍率。如果电能表按照规定的接线方式接入相应的电路，那么电能表的示数就是实际电量。

有的电能表为了扩大测量范围或消除小数位，在铭牌上（通常在读数窗口的下方）注明"×10""×100""×1000"等乘数，这个乘数就是电能表本身的倍率。实际电量就等于电能表的示数乘以电能表本身的倍率。

（2）电能表的计费倍率。当电能表实际所接互感器的变比与电能表铭牌上标明的变比不同时，则电能表本身的倍率应乘以一定的系数才是电能表的计费倍率。计费倍率的计算公式为

$$K_{\mathrm{J}} = \frac{K_{\mathrm{I}}K_{\mathrm{U}}}{K_{\mathrm{L}}K_{\mathrm{Y}}}K_{\mathrm{B}} \qquad (4-7)$$

式中　K_{I}，K_{U}——与电能表连用的电流、电压互感器的额定变比；

$\quad\quad K_{\mathrm{L}}$，$K_{\mathrm{Y}}$——电能表铭牌上标注的电流、电压互感器的变比，没有标注时取 1；

$\quad\quad K_{\mathrm{B}}$——电能表本身的倍率，没有标注时取 1；

$\quad\quad K_{\mathrm{J}}$——电能表的计费倍率。

【例 4-1】　某一用户装有 DS1 型、标有 400/5A、10000/100V 的电能表一只，电能表标有"×100"符号，配装 200/5A 的电流互感器和 35000/100V 的电压互感器。试求其计费倍率是多少？

解　计费倍率

$$K_{\mathrm{J}} = \frac{K_{\mathrm{I}}K_{\mathrm{U}}}{K_{\mathrm{L}}K_{\mathrm{Y}}}K_{\mathrm{B}} = \frac{200/5 \times 35000/100}{400/5 \times 10000/100} \times 100 = 175$$

因此，该电能表的计费倍率应是 175。

第二节　电磁式电流互感器

一、基本结构

电磁式电流互感器的基本结构，由绕组、铁芯和绝缘构成。通常铁芯上绕有两个绕组：一次绕组和二次绕组。为了提高电流互感器的准确度，一般对电流互感器的误差进行补偿，故除了上述绕组和铁芯之外，还有用于误差补偿的辅助绕组及其辅助铁芯。

电流互感器的铁芯有方形和圆形两种结构形式，如图 4-1 所示。

图 4-1 电流互感器的铁芯
(a) 方形；(b) 圆形

方形铁芯，是先将硅钢片剪成所需尺寸的方片，然后将硅钢片一片一片叠成铁芯；圆形铁芯，是先将硅钢片冲成圆环形，然后将硅钢片一片一片叠成铁芯，目前绝大部分改为利用"硅钢片带"直接卷制铁芯。

为了满足电力系统测量和保护的多种要求，通常在一台电流互感器上装有多个独立的二次绕组。一般情况下，35kV 以下电流互感器装有两个二次绕组，随着电压等级的提高，需要增加更多的二次绕组。以 220kV 电流互感器为例，它的二次绕组多达 5 个。

电流互感器按一次绕组匝数可分为单匝式和复匝式两种。

单匝式的一次绕阻只有一匝，有贯穿型和母线型两类。贯穿型的一次线圈是一根铜棒、铜管或铜排，从铁芯孔中间穿过，如 LA-10 型户内用浇注绝缘电流互感器。母线型在互感器上没有一次绕组，安装时一次绕组从互感器铁芯孔中间穿过，如 LMZ1-0.5 型户内用母线式浇注绝缘大容量电流互感器，它的耐潮能力较强。

小提示 通常在变压器套管上安装的电流互感器就是一种专用的母线型互感器。

复匝式电流互感器的一次绕阻具有多匝，分有三种形式。线圈形一次绕组绕好后套在铁芯上，例如 LQG-0.5 型户内线圈式电流互感器。回链形一次绕组从两个瓷绝缘套管的孔中穿过，绕成回链形，例如 LFC-10 型户内复匝贯穿式瓷绝缘电流互感器。8 字形一次线圈从圆环形的孔中穿过，并在一次绕阻上包扎主绝缘，一次绕阻与铁芯构成一个 8 字形，例如 LCW-35 型户外瓷绝缘电流互感器。

对于额定电压为 110kV 的电流互感器，其一次绕组由相同的两段组成，可串联或并联，使同一个电流互感器适用于不同的一次电流。电压 220kV 的电流互感器的一次绕组由四段组成，四段间可串联、两两串联后并联或四段并联，可适用于三种不同的一次电流。

不同电压等级的电流互感器外形：0.4kV 母线式电流互感器外形如图 4-2 所示，支柱式电流互感器外形如图 4-3 所示，110kV 干式电流互感器外形如图 4-4 所示。

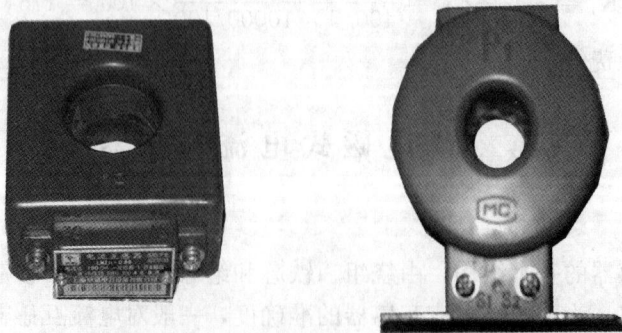

图 4-2 0.4kV 母线式电流互感器外形

<table>
<tr><td>(a)</td><td>(b)</td></tr>
</table>

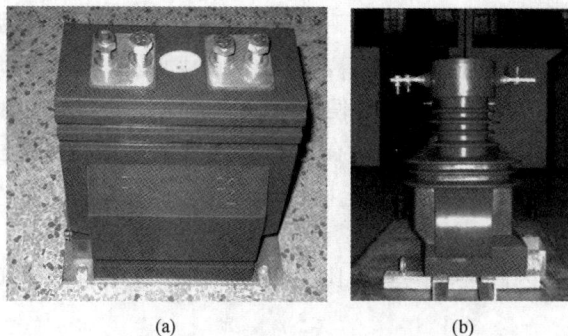

图 4-3　支柱式电流互感器外形　　　　　图 4-4　110kV 干式电流互感器外形
（a）10kV 支柱式；（b）35kV 支柱式环氧浇注

　　瓷绝缘、环氧树脂浇注绝缘和油浸式绝缘三种绝缘方式电流互感器的结构示意图，如图 4-5 所示。

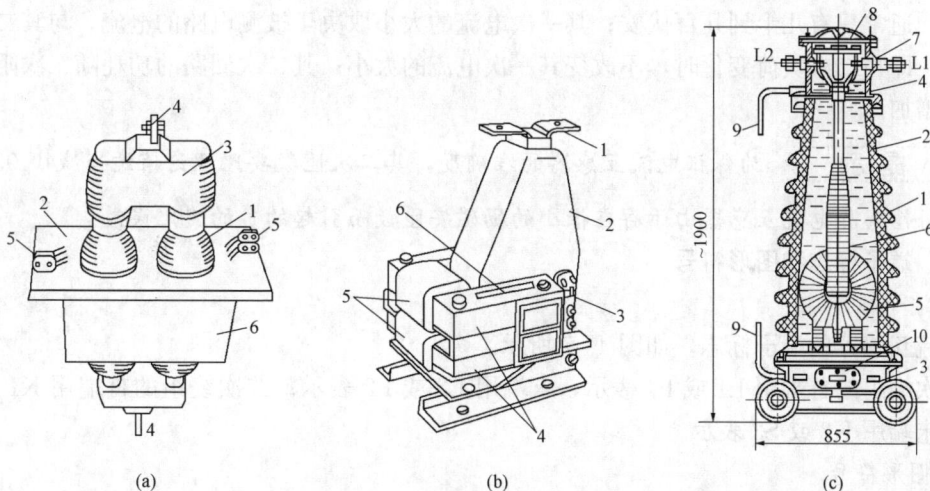

图 4-5　三种不同绝缘方式的电流互感器结构示意图
（a）瓷绝缘 LFC—10 型
1—瓷绝缘套管；2—法兰盘；3—接头盒；4——次绕组接线端子；5—二次绕组接线端子；6—外壳
（b）浇注绝缘 LQJ—10 型
1——次绕组接线端子；2——次绕组内树脂浇注；3—二次绕组接线端子；4—铁芯树脂浇注；
5—（两个铁芯）两个二次绕组；6—安全警告牌
（c）油浸式 LCJW—110 型
1—瓷外壳；2—变压器油；3—小车；4—扩张器；5—铁芯和二次绕组；6——次绕组；7—瓷套管；
8——次绕组换接器；9—放电间隙；10—二次绕组引出端

二、工作原理

　　电磁式电流互感器的工作原理图，如图 4-6 所示。

　　根据电磁感应原理，在一、二次绕组匝数分别为 N_1、N_2 的电流互感器中，当一次绕组通过电流 I_1 时，产生磁动势 I_1N_1，二次绕组回路闭合时在二次回路中产生电流 I_2；根据楞

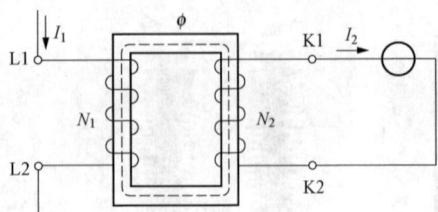

图 4-6　电流互感器的工作原理图

次定律，I_2 产生的磁动势 $I_2 N_2$ 基本抵消了 I_1 产生的磁动势 $I_1 N_1$。一、二次磁动势相互抵消后剩余的磁动势为 $I_0 N_1$，其中 I_0 为励磁电流，用以在铁芯中激发磁通，使二次绕组感应出电动势克服其阻抗确保 I_2 流通。在理想状态下，励磁电流 I_0 为零，故 $I_2 N_2 = I_1 N_1$，即电流比

$$K = I_1 / I_2 = N_2 / N_1$$

由于电流互感器的 N_2 比 N_1 大得多，因此二次电流 I_2 比一次电流 I_1 小很多，从而实现了将一次大电流变换成二次的小电流。

问题思考　如果将一次侧与二次侧对调使用，会产生什么结果呢？

电流互感器是一种特殊的变压器，它是一种小容量的降流变压器。电流互感器与普通变压器相比的不同特点是：电流互感器的一次绕阻串联在被测电路中，并且匝数很少；二次回路要接低阻抗的负荷，其正常工作状态接近于短路状态；其变比误差和相位误差较小；其容量很小，通常只有几十到几百伏安；其一次电流的大小取决于被测电路的电流，与其二次负荷无关，即当二次负荷变化时，不改变其一次电流的大小；其二次回路的功耗随二次阻抗的增大而增加。

小提示　为保证电流互感器的准确度，其二次匝数要比理论值适当减小 $0.5 \sim 2$ 匝，以补偿实际电流互感器由于存在很小的励磁安匝数而引起的负的变比误差。

三、端子标志和图形符号

1. 端子标志

电流互感器的端子标志，如图 4-7 所示。

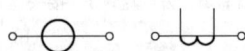

一次绕组的首端用 L1 或 P1 表示，末端用 L2 或 P2 表示；二次绕组的首端用 K1 或 S1 表示，末端用 K2 或 S2 表示。

2. 图形符号

电流互感器的电气图形符号，如图 4-8 所示。

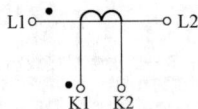

图 4-7　电流互感器的端子标志　　　　　图 4-8　电流互感器的图形符号

3. 极性与同极性端

（1）减极性与加极性。根据一、二次电流的方向，电流互感器有减极性和加极性两种。若一、二次电流方向相反，这样的极性关系称为减极性；反之称为加极性。国家标准规定我国的互感器产品为减极性，此时流过仪表的电流方向与把仪表直接串联在一次回路中流过仪表的电流方向相同。电流互感器的极性示意图如图 4-9 所示。

（2）同极性端。为了保证测量及检验工作的接线正确，电流互感器一次及二次线圈的端子应有极性标志。一次线圈端子的首端标为 P1(L1)，末端标为 P2(L2)。二次线圈端子的首

端标为 S1(K1)，末端标为 S2(K2)。P1(L1) 与 S1(K1) 称为同极性端，P2(L2) 与 S2 (K2)，也称为同极性端；通常用符号"·"或"*"标出同极性端 P1(L1) 与 S1(K1)。

对于一次绕组多抽头互感器，一次极性端标志分别为 P1、P2、P3、…；

对于二次绕组多抽头互感器，二次极性标志分别为 S1、S2、S3、…；

对于二次多绕组互感器，二次极性标志分别为 1S1、1S2，2S1、2S2，…；

凡标有 P_1、S_1 的端子均为同极性端子，如图 4-10 所示。

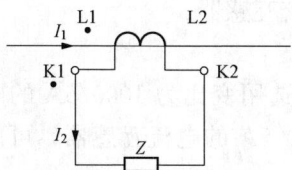

图 4-9 电流互感器的极性示意图

图 4-10 电流互感器同极性端子示意图

小 提 示　**同极性端**

单相变压器高、低压绕组在激发感应电动势的瞬时，总有一对端子的极性同时为正电位，另一对端子的极性同时为负电位。人们将同一时刻感应电动势的电位极性相同的端子，称为同极性端。

小 提 示　**二次双绕组电流互感器**

10kV 及以上的电流互感器一般有两个二次绕组，一个专用于电能计量；另一个用于继电保护和一般监测。前者的准确度等级高于后者，必须为 0.5S 级及以上。

问题思考　为什么对二次双绕组电流互感器的两个绕组的准确度要求不一样?

四、主要技术参数

1. 额定电压

电流互感器的额定电压，是电流互感器正常工作时一次绕组能够长期承受的对地或对二次回路的最高电压（工频有效值）。

额定电压不应低于所接线路的额定相电压，应与被测线路的电压等级相适应。

电流互感器的额定电压有：0.5、3、6、10、35、110kV 等。

如 LQG-0.5 型电流互感器中的"0.5"表示额定电压值为 500V。

小 提 示　电流互感器的额定电压只说明其绝缘强度，而与其额定容量没有关系。

2. 额定电流

电流互感器的额定电流，是电流互感器长期正常运行时的最大电流。

(1) 一次额定电流。一次额定电流的标准值为 10、12.5、15、20、25、30、40、50、60、75A 及其十进位的倍数或小数。

多电流比互感器的一次额定电流为一次额定电流的最小值。

（2）二次额定电流。二次额定电流通常为5A或1A。

（3）额定变比。电流互感器的额定变比是一次额定电流与二次额定电流之比。

互感器的变比以不约分的分数形式表示，如 100/5A、150/5A、200/5A、300/5A、500/5A、750/5A。

若一次绕组分为数段绕制，通过串并联得到几个电流比，则应在其变比前乘以段数。如 2×1200/1A。

当负荷电流超过额定电流时，称为过负荷。电流互感器长期过负荷运行，会产生过热将其绕组烧坏或减少绝缘介质的寿命。

为了保证二次电流在合适的范围内，可采用多变比的电流互感器。

【例 4 - 2】　设线路上的电流约为900A，应该怎样测量？

解　电流互感器额定一次电流可选为1000A，因此，可选用变比为1000/5A的电流互感器和量程为1000A的电流表，这个电流表上标有应用1000/5A的电流互感器，可由电流表的显示直接读出该线路上的电流。

【例 4 - 3】　在［例 4 - 2］中，如果线路电流为900A，那么实际通过电流表的电流有多大？

解　设通过线路的电流为 I_1，通过电流表的电流为 I_2，则

$$I_2 = \frac{I_1}{K_n} = \frac{900}{1000/5} = 4.5(\text{A})$$

因此，实际通过电流表的电流是4.5A。

小提示　如果用电负荷变化较大（如实际负荷电流小于30%一次额定电流），可选择宽量限S级电流互感器，或采用多电流比电流互感器，或采用多电流比自动转换计量装置，或采用较高动稳定电流、热稳定电流的电流互感器。

3. 准确度等级

互感器的准确度用来表示互感器的准确程度。互感器的准确度等级，用其在额定电流下所规定的最大允许比值误差的百分数表示。

电流（电力）互感器的准确度等级为：0.1、0.2、0.2S、0.5、0.5S、1.0级。

0.1级以上的电流互感器，主要用于试验室进行精密测量，或者作为标准，用来校验低等级的互感器，也可以与标准仪表配合，用来检验仪表，所以也叫标准电流互感器。0.2（0.2S）和0.5（0.5S）级互感器一般用来连接测量仪表，3.0级及以下等级互感器主要连接继电保护装置和控制设备。

S级电流互感器在1%～120%的额定电流范围内都能准确计量，用于一次电流变化范围在额定一次电流的1%～120%的电路中。

电流互感器的误差限值与其准确度等级的对应关系，见表4-1。

表 4 - 1　　　　　　　　　　　电流（电力）互感器的基本误差限值

准确等级	电流百分数	1	5	20	100	120
1	比值差（±%）	—	3.0	1.5	1.0	1.0
	相位差（±′）	—	180	90	60	60

续表

准确等级	电流百分数	1	5	20	100	120
0.5	比值差（±%）	—	1.5	0.75	0.5	0.5
	相位差（±′）	—	90	45	30	30
0.5S	比值差（±%）	1.5	0.75	0.5	0.5	0.5
	相位差（±′）	90	45	30	30	30
0.2	比值差（±%）	—	0.75	0.35	0.2	0.2
	相位差（±′）	—	30	15	10	10
0.2S	比值差（±%）	0.75	0.35	0.2	0.2	0.2
	相位差（±′）	30	15	10	10	10
0.1	比值差（±%）	—	0.4	0.2	0.1	0.1
	相位差（±′）	—	15	8	5	5

注 电流互感器的基本误差以退磁后的误差为准。

在表 4-2 的参比条件下，电流互感器的误差不得超出表 4-1 给定的限值范围，实际误差曲线不得超出误差限值连线所形成的折线范围。

表 4-2 　　　　　　　　　　　电流（电力）互感器的检定条件

环境温度	相对湿度	电源频率	二次负荷	电源波形畸变系数	环境电磁场干扰强度
−25～55℃	≤95%	50Hz±0.5Hz	额定负荷至下限负荷	≤5%	不超过正常工作接线所产生的电磁场

注 除非用户要求，二次额定电流 5A 的电流互感器，下限负荷按 3.75VA 选取；二次额定电流 1A 的电流互感器，下限负荷按 1VA 选取。

测量时可以从最大的百分数开始，也可以从最小的百分数开始。大电流互感器宜在至少一次全量程升降之后读取检定数据。电流互感器的误差测量点，见表 4-3。

表 4-3 　　　　　　　　　　　电流互感器误差检验点

I_1/I_n（%）	1①	5	20	100	120
上限负荷	+	+	+	+	+
下限负荷	+	+	+	+	−

注 表中符号"+"表示必须检定，符号"−"表示不作要求（下同）。
①只对 S 级。

小提示 　互感器超差与不超差

互感器的准确度等级按规定与一定大小的比值误差和相位误差对应；不同的准确度等级按规定与不同大小的比值误差和相位误差一一对应。

如果在规定使用条件下互感器的比值误差和相位误差均不超过某一准确度等级所规定的误差限值，那么称该互感器不超差，否则称该互感器超差。

问题思考 　有人认为经检定合格的电流互感器，如果其准确度为 0.2S 级，那么

在任何情况下，其最大误差均不会超过 0.2%。你认为正确吗？

4. 额定负荷（容量）

电流互感器的额定负荷，是保证准确度的前提下，允许电流互感器二次侧所接仪表、导线等的总负荷阻抗值 Z_{2n}；常用二次额定电流通过额定负荷时的视在功率表示，故又称为额定容量 S_{2n}。

$$S_{2n} = I_{2n}^2 Z_{2n} \tag{4-8}$$

式中　Z_{2n}——二次额定阻抗，Ω；

　　　I_{2n}——二次额定电流，A；

　　　S_{2n}——二次额定容量，VA。

在电流互感器的使用中，额定容量必须在 25%～100% 额定容量的范围内，才能保证它的准确度。因此，将额定容量的 25% 称为下限容量。

根据 DL/T 866—2015《电流互感器和电压互感器选择及计算规程》，测量用电流互感器额定二次容量的标准值有：2.5、5、10、15、20、25、30、40、50VA（二次额定电流 5A 时）；0.5、1、1.5、2.5、5、7.5、10、15VA（二次额定电流 1A 时）。

计量专用电流互感器的额定负荷一般取 40VA 及以下，如 10VA 和 15VA 两种规格。下限负荷：对于二次额定电流 5A 的计量专用或电力用电流互感器下限负荷为 3.75kVA（额定负荷功率因数为 0.8L）；对于二次额定电流 1A 的计量专用或电力用电流互感器下限负荷为 1VA；对于电容式电流互感器下限负荷为 2.5VA。

二次负荷取用的总视在功率的计算公式为

$$S = \sqrt{\left(\sum P_n\right)^2 + \left(\sum Q_n\right)^2} \tag{4-9}$$

式中　$\sum P_n$——各仪表的有功功率之和；

　　　$\sum Q_n$——各仪表的无功功率之和；

　　　S——二次负荷的总视在功率。

【例 4-4】　一台额定容量为 5VA 的 100/5A 的电流互感器，在 20% 额定电流时的二次容量有多大？

解　5VA 的电流互感器的额定负荷是 0.2Ω，在 20% I_n 时的容量为

$$S = I^2 Z_n = (20\% \times 5)^2 \times 0.2 = 0.2 \text{(VA)}$$

5. 额定功率因数

电流互感器的额定功率因数，是电流互感器的二次绕组所带负荷的额定功率因数。

计量用电流互感器额定二次负荷的功率因数为 0.8～1.0L。

【例 4-5】　一台电流互感器的二次额定电流为 5A，额定二次负荷容量为 10VA，额定功率因数为 0.8，则额定二次负荷阻抗为多大？电阻 R 和感抗 X 各为多少？

解
$$S_n = I_{2n}^2 Z_n$$

$$Z_n = \frac{S_n}{I_{2n}^2} = \frac{10}{5^2} = 0.4 \text{(}\Omega\text{)}$$

$$R = Z_n \cos\varphi = 0.32 \text{(}\Omega\text{)}$$

$$X = Z_n \sin\varphi = 0.24 \text{(}\Omega\text{)}$$

五、电流互感器的使用注意事项

1. 正确进行电流互感器的接线并特别注意其极性

接线时要保证一次绕组的电流从 P1 或 L1 流入、P2 或 L2 流出，二次绕组的电流从 S1 或 K1 流出、经电流回路流回到 S2 或 K2。

2. 运行中电流互感器的二次侧不允许开路

如果需要检验或更换电流互感器二次回路中的测量仪表时，应使用合格的短接导线或短接铜片将电流互感器的二次接线端钮进行可靠短接。

小提示　　　　电流互感器二次回路开路的后果

运行中电流互感器二次回路开路的后果：二次出现可达数千伏的峰值高压，危及工作人员和测量设备的安全；互感器磁通密度增大，增加铁芯损耗、损坏铁芯和绕组，互感器出现过热，损坏互感器绝缘并很可能烧坏互感器；铁芯中产生剩磁，影响互感器的准确度，使用测量误差增加。

问题思考　　防止电流互感器的二次回路开路的技术措施有哪些？

3. 运行中电流互感器的二次侧应正确可靠接地

为了防止互感器一、二次绕阻之间绝缘击穿，同时防止二次回路开路时产生高电压，危及人身和设备安全，应将电流互感器的一个二次接线端子、铁芯和外壳可靠接地。

但是，在采用电流互感器二次回路的一端与其一次回路的相线相连的接法（以下简称二次带电接法）时，二次侧不能接地；对于额定电压为 500V 及以下的低压电流互感器二次侧可以不接地。

4. 电流互感器的实际负荷容量不应超过其额定负荷容量

否则电流互感器的准确度将降低，甚至会导致电流互感器过负荷烧坏。

5. 电流互感器的额定电压应与所运行的系统电压相适应

（略）

6. 使用前应进行检定

只有通过了检定并合格的电流互感器，才能保证运行时的安全性和准确性。其试验项目有极性、接线组别、绝缘、误差等。

另外，同一组安装的电流互感器一般采用制造厂、型号、额定变比、准确度等级、额定容量均相同的互感器。

小提示　　　　在电流互感器的二次回路中不允许安装熔断器等开断设备。

六、影响电流互感器误差的外部因素

1. 一次侧电流的影响

当一次侧电流为小电流时，误差大。当一次侧电流增大时，误差减小。但是，当一次侧电流超过额定值数倍时，比值误差和相位误差都增加；此时主要表现出负误差。一次侧电流在额定值附近误差最小。因此，应尽量使电流互感器工作于额定电流。

2. 二次负荷的影响

当电流互感器一次侧电流不变，当二次负荷阻抗增大（超过其额定值）时，电流互感器的误差增大。因此二次实际负荷不应超过额定负荷。

当二次负荷功率因数降低时，比值误差略增，而相位误差略减。

3. 电源频率的影响

电源频率对误差影响一般不大。电流互感器的特性曲线如图 4 - 11 所示。

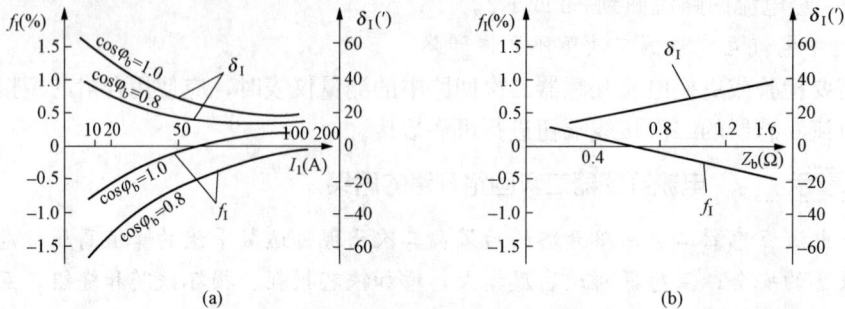

图 4 - 11　电流互感器的特性曲线

（a）电流特性曲线；（b）负荷特性曲线

小 提 示　　**提高电流互感器本身准确度的措施**

由于电流互感器的误差主要是由励磁损耗和磁饱和等因素引起的，励磁损耗的大小直接影响着误差的大小，而励磁损耗主要由互感器的结构参数决定。因此，提高电流互感器的准确度，最有效的方法是尽可能地减小励磁电流。铁芯的磁导率越高、长度越短、截面积越大，铁损越小，励磁电流越小，误差越小。因此可以通过减小磁阻的办法减小励磁电流。还常采取人工调节误差法减小误差。

小 提 示　　相位误差不会对电压和电流的测量带来影响，但是在通过互感器测量功率或电能时，将造成电压与电流间相位关系的变化，从而引起测量误差。

七、电流互感器的特种连接

电流互感器除单台使用外，在工作现场有时还需要将两台电流互感器串联或并联使用，以达到改善误差特性或改变电流比的目的。

1. 两台电流互感器串联

两台额定变比相同的电流互感器，一次和二次都分别异极性串联（一次和二次绕组分别顺向连接）后，变比与单台的相同；每台负担的二次负荷阻抗比单台使用时减少了一半，而二次额定容量增加了一倍，因此改善了电流互感器的误差特性。

2. 两台电流互感器并联

两台额定变比相同的电流互感器，一次异极性串联、二次同极性并联（一次绕组顺向连接、二次绕组并联）后，变比是单台的一半；每台负担的二次负荷阻抗比单台使用时增加了一倍，而二次额定容量减少了一半，从而增大了误差，而且在二次回路中还可能引起环流。因此，一般情况下，并联方式不可取。但在实际工作中，考虑用户负荷的变化或为使电流互感器误差向相反方向变化，有时也采用并联方式。

小 提 示　　串、并联的电流互感器的额定电流和准确度最好也接近相同。

第三节　抽头式电流互感器

一、抽头式电流互感器的作用

抽头式电流互感器是一种特殊的电流互感器，它的作用是：一个电流互感器提供多种变比供现场选择使用，方便用户的负荷电流增加或减小时不用更换电流互感器，而只需要改变其抽头的连接方式。

目前，许多电力用户的负荷电流呈宽负荷变化趋势，为保证计量的准确，节约投资，同时保证用户的正常用电和电能计量的连续性，多变比式电流互感器应运而生。多变比式电流互感器可以在不增加投资的情况下，通过改变一次或二次的接线方式提供多种变比，从而满足测量不同一次电流的要求，大大提高了电流互感器运行方式的灵活性。

二次绕组采用多抽头式设计的电流互感器就是其中运用最多的一种多变比电流互感器。具体操作时，可以利用试验接线盒，不用改变一次绕组的接线，而在二次电流端子上进行改接，调整起来很方便。

由于其二次绕组为多抽头式，在具体的二次接线工作中不仅要注意变比与抽头的对应关系，还要注意二次非工作抽头的正确处理。因为二次非工作抽头的误接线和不正确的处理方式将直接影响计量的准确性，很可能引起计量电能量的巨大改变，甚至威胁着电能计量人员的安全。

由于人们对正在运行中的电流互感器二次侧不能开路印象深刻，现场实际工作中具有一些切实可行的确保电流互感器不开路的措施，长期形成了很好的安全工作习惯。然而，很多人对二次多抽头电流互感器存在定向思维，现场工作人员常常凭借经验习惯和主观判断，误以为电流互感器的所有二次抽头必须短接；大部分生产厂的说明书对这些内容也是含糊其词，导致大量的电能量差错。

二、二次多抽头式电流互感器的原理和结构

二次多抽头式的电流互感器的原理与普通电流互感器是一样的，其一次绕组和二次绕组共绕在同一个铁芯上，但其二次绕组是多抽头式的。

二次多抽头式电流互感器的结构示意图，如图 4-12 所示。

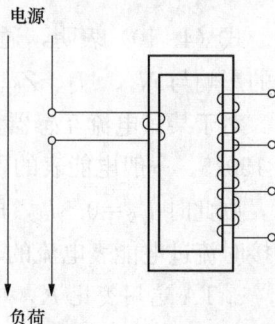

图 4-12　二次绕阻多抽头式电流互感器的结构示意图

三、对于二次多抽头式电流互感器，短接非工作抽头对电能计量准确性的影响分析

下面以一台二次绕组带有一个中间抽头的电流互感器为例，来定量分析非工作抽头出现误接线时对计量的影响程度。

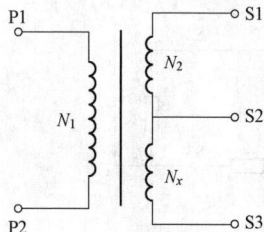

图 4-13　二次绕阻带一个中间抽头 TA 的原理结构图

如图 4-13 所示，TA 为二次绕组带有一个中间抽头 S2。一次绕组的匝数为 N_1，二次 S1、S2 之间的匝数为 N_2，二次 S2、S3 之间的匝数为 N_x，提供两种变比。对应端子 S1、S2 变比为 $K_1 = N_2/N_1$，对应端子 S1、S3 变比为 $K_2 = (N_2 + N_x)/N_1$。

1. TA 选用变比 K_1

当 TA 选用变比 K_1 时，二次 S1、S2 为工作端子，S3 为非工作端子。若误将 S3 与工作端子 S2 短接，这种情况下的等效电路

图，如图 4-14（b）所示。图中，Z_2 表示 S1、S2 之间所接导线和电能表电流元件的阻抗，Z_x 表示 S2、S3 之间短接线的阻抗，Z_0 为二次绕阻的内阻抗。

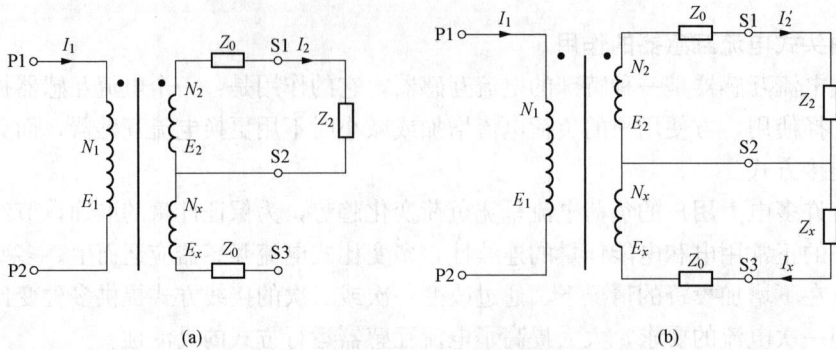

图 4-14　当选用变比 K_1 时的等效电路图
（a）非工作抽头 S3 与工作抽头 S2 不短接时；（b）非工作抽头 S3 与工作抽头 S2 短接时

假设非工作抽头 S3 与工作抽头 S2 不短接时流过电能表的电流为 I_2，如图 4-14（a）所示。I'_2 表示非工作抽头 S3 与工作抽头 S2 短接时流过电能表电流元件的电流。经过分析计算可知

$$I'_2 = \frac{1}{1 + \dfrac{N_x^2(Z_0 + Z_2)}{N_2^2(Z_0 + Z_x)}} I_2 \tag{4-10}$$

式（4-10）表明，通过电能表的实际电流 I'_2 与电流 I_2 并不相等。一般来说，对电能计量的影响与 N_x、N_2、Z_0、Z_2、Z_x 密切相关，实际电流 I'_2 的数值并不固定。

对于某只电流互感器，假设其二次接 S1、S2 时变比为 75/5，二次侧接 S1、S3 时变比为 150/5。一般电能表的内阻 Z_2 非常小，与短接线的阻抗 Z_x 非常接近，大致可以认为 $Z_2 = Z_x$，则此时 $I'_2 = 0.5I_2$，即非工作抽头 S3 与工作抽头 S2 短接时流过电能表的电流，只是不短接时流过电能表电流的一半。

2. TA 选用变比 K_2

当 TA 选用变比 K_2 时，二次侧 S1、S3 为工作端子，S2 为非工作端子。若误将 S2、S3 短接，这种情况下二次回路的工作状态比较复杂，其等效电路如图 4-15 所示。

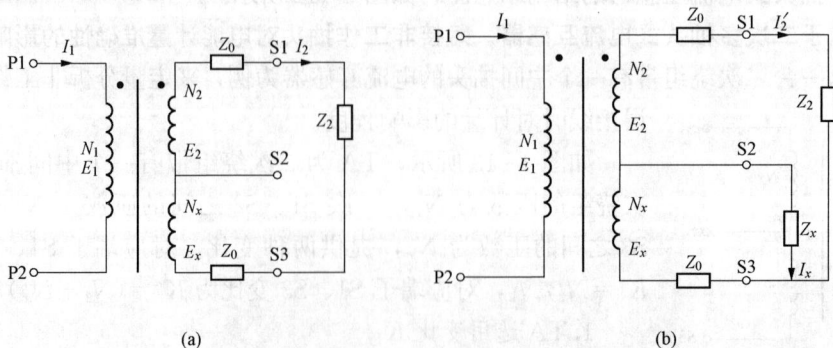

图 4-15　当选用变比 K_2 时的等效电路图
（a）非工作抽头 S2 与工作抽头 S3 不短接时；（b）非工作抽头 S2 与工作抽头 S3 短接时

在图 4 - 15 中，Z_2、Z_0、I_2、I'_2 的含义与图 4 - 14 中的相同，而 Z_x 表示 S2 与 S3 之间二次短接线的阻抗。经分析计算可知

$$I'_2 = \frac{1}{1+\dfrac{(N_x^2 - N_2 N_x)Z_0 + N_x^2 Z_2}{(N_2^2 + N_2 N_x)Z_0 + (N_2 + N_x)^2 Z_x}} I_2 \qquad (4\text{-}11)$$

由式（4-11）可以看出，在现场不同实际工作条件下，既可能出现 $I'_2 < I_2$ 又可能出现 $I'_2 > I_2$ 的情况，甚至还可能出现 $I'_2 = I_2$ 的情况。从实验室试验结果也可验证这一结论。

对于某个电流互感器，若其二次接 S1、S2 时变比为 75/5，二次接 S1 和 S3 时变比为 150/5，$N_x = N_2$，则式（4-11）可化简为

$$I'_2 = \frac{1}{1+\dfrac{Z_2}{2Z_0 + 4Z_x}} I_2 \qquad (4\text{-}12)$$

只要能找出 Z_0、Z_2 和 Z_x 之间的关系，就可以大致通过式（4-12）计算出 I'_2 和 I_2 的关系。

由于 Z_0、Z_2 和 Z_x 均是复阻抗，而且 Z_x 会由于短接时人为因素的影响而造成其复阻抗的模的大小和辐角的大小均不稳定，而 Z_2 又与不同厂家电能表的参数直接相关，因此，即使认为 $Z_2 = Z_x$，$1+\dfrac{Z_2}{2Z_0 + 4Z_x}$ 也是不定的，$1+\dfrac{Z_2}{2Z_0 + 4Z_x}$ 模的大小既可能大于 1 也可能小于 1。

因此，非工作抽头 S2 与工作抽头 S3 短接后流过电能表的电流，可能变大也可能变小。

3. 分析结论

通过上述分析可以看出，对于二次线圈为多抽头电流互感器，在二次发生上述两个不同接线情况时，对电能计量造成的影响与工作抽头的不同、非工作抽头短接的方式不同、中间抽头所分匝数、短接线的复阻抗、电能表电流元件及二次电流回路的总复阻抗及二次绕组的复阻抗等因素密切相关，还与连接处的接头复阻抗有关。另外，由于短接非工作抽头后，流过计量回路电流的幅角和计量回路电压的大小和幅角均发生了一定变化，所以电能表计量的电能大小也就受到了影响。

由以上分析可知，对于二次多抽头式电流互感器，短接非工作抽头会引起电能计量数值的改变，既可能多计电量又可能少计电量。

四、二次多抽头式电流互感器的安装接线要求

（1）为了保证电能计量的正确性和准确性，非工作抽头一律不得短接。如果短接非工作抽头，或在非工作抽头间接入其他负荷，那么电路中的电磁关系变得相当复杂，而且发生误接线时影响计量的因素很多，很难进行准确的电量退补计算。如果短接非工作抽头，电路中的实际接线变得更加复杂，更加容易造成错误接线。现场使用的多抽头电流互感器的变比一般是按非工作抽头不短接设计的，如果短接非工作抽头，会造成变比错误，从而导致电量的错误计量。

（2）为了保证计量工作的安全性，对裸露金属抽头应进行妥当处理。既然非工作抽头不短接，裸露的金属抽头带有一定数值电位，可能形成不安全电压。因此，在电流互感器安装接线完毕后，应将非工作抽头分开分别用绝缘材料包好并束紧，安放妥当，否则会带来安全隐患。

另外，对二次多抽头电流互感器要进行正确可靠接地。

五、其他注意事项

1. 安装使用前

在设计之初、生产之时、检验之中和现场安装过程中，甚至在计量规程中应该做出明确的规定，非工作抽头一律不允许短接。因此，要求生产厂在产品上，烙上如何正确接线的指示语；在产品的使用说明书上，必须清楚说明电流二次回路的正确接线方法。

安装接线人员在安装和接线前一定要分清楚电流互感器的结构：是一次绕组具有多抽头的，还是二次绕组具有多个抽头的；是二次绕组上具有多个绕在不同铁芯上的多个绕组的，还是一个二次绕组上具有多个抽头的单个绕组。当然，如果二次侧有多个绕组，那么务必将不使用的二次绕组短接起来。

2. 安装使用时

现场安装使用时一律不得短接。同时，应将电流互感器进行可靠的防窃电封闭。切实可行的做法是，在设计时必须将所有抽头安置在专用接线盒里，并有可以加锁的盒盖和能够加封的螺钉，供接线完毕后加锁施封，用户不能自行开锁开封，否则按窃电处理。

保证必须有且只能有一个二次回路是闭合回路，这个闭合回路一定是计量或测量回路。

第四节 电磁式电压互感器

一、基本结构

电磁式电压互感器的基本结构，由绕组、铁芯和绝缘构成。单相双绕组电压互感器有两个绕组，即一次绕组和二次绕组；单相三绕组电压互感器有三个绕组，即一次绕组、二次绕组和辅助电压绕组。三相双绕组/三绕组电压互感器，相当于由三个单相双绕组/三绕组构成的电压互感器。

电压互感器的铁芯有方形、C形和环形三种结构形式，如图4-16所示。

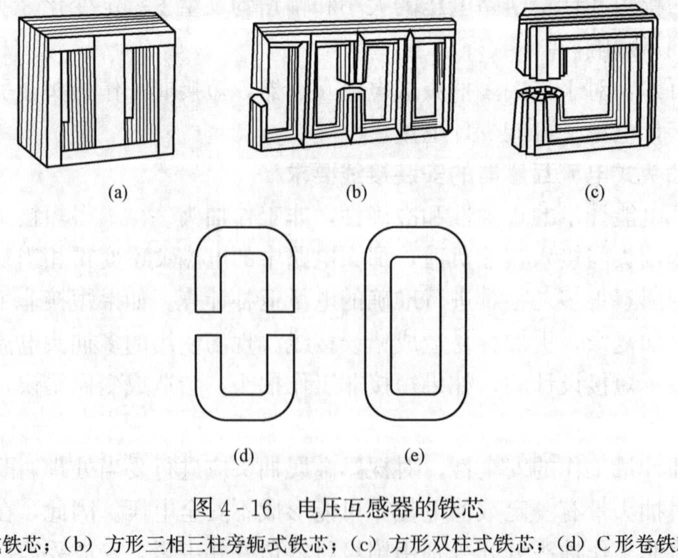

图4-16 电压互感器的铁芯

(a) 方形单柱旁轭式铁芯；(b) 方形三相三柱旁轭式铁芯；(c) 方形双柱式铁芯；(d) C形卷铁芯；(e) 环形卷铁芯

方形铁芯，是先将硅钢片剪成所需尺寸的方片，然后将硅钢片一片一片地叠成铁芯。

　　单相35kV及以下采用的单相单柱旁轭式铁芯，单相绕组装在铁芯的中心柱上。三相电压互感器采用的三相三柱旁轭式（又称三相五柱式）铁芯，三相绕组分别装在中间的三个柱子上。110kV及以上串级式电压互感器采用双柱式铁芯。

　　C形铁芯，是先将铁芯卷制成椭圆形，然后锯开成C形，锯口经磨床磨平。C形铁芯磁性能优于叠片式铁芯，小型且大量生产时，制作工艺比较简单，主要用于10kV以下单相电压互感器。

　　环形铁芯，是由"硅钢片带"直接卷制而成，环形铁芯只用于制作低压精密测量用电压互感器。

　　电压互感器的一、二次绕组的匝间、层间以及绕组间都有绝缘，绕组与铁芯、外壳之间也有绝缘。低压电压互感器的绕组主要采用聚酯薄膜绝缘。聚酯薄膜绝缘强度高，是很好的绝缘材料，但是它在高电压下产生电晕，容易损坏绝缘，因而不宜用于10kV以上高压电压互感器。目前，国内10kV以上高电压互感器绕组主要采用油纸绝缘。出线头和绕组对地间的绝缘，低压主要靠空气绝缘，10kV左右可用树脂浇注绝缘，10kV以上主要采用瓷套管或瓷箱绝缘。

　　在计量中常用的绝缘结构有环氧树脂浇注式，体积小，维护安装方便，主要用在6～10kV户内；JDZ-10型为单相双绕组环氧树脂浇注绝缘式电压互感器；JDZJ型为单相三绕组环氧树脂浇注绝缘式电压互感器。

　　此外，常用的一种是油浸式，在外壳中注入绝缘油，绝缘性能好，用在10kV及以上电压等级的户内外装设。油浸式电压互感器分为普通单极式和串级式两种。普通单极式电压互感器的一次和二次绕组均绕在同一个铁芯柱上，常用于10～35kV系统；串级式电压互感器的一次绕组分成匝数相同的几段，各段串联起来，一个端子接于高压电路，另一个端子接地，常用于110kV及以上系统。

　　110kV电磁式电压互感器一般采用瓷箱式结构，瓷箱既起高压出线套管的作用，又代替油箱。

　　JDJ-10型电压互感器，它是油浸自冷式单相双绕组电压互感器。JSJW-10型电压互感器，它是油浸三相五柱式三绕组电压互感器，它的铁芯有五个柱子，中间三个柱子装着三相的一次绕组、基本二次绕组和辅助二次绕组。

　　还有一种是干式结构，其结构简单，无易燃易爆的绝缘材料可能造成的危险，但体积较大，适用于0.5kV干燥的户内配电装置中；国产干式电压互感器有JDG型和JDGJ型两种，均是单相双绕组电压互感器。

小提示　采用串级式电压互感器的原因

　　当电压在110kV及以上时，采用油浸式单相电压互感器是很不经济的。这主要是因为电压互感器的一、二次绕组和铁芯间的绝缘应能承受系统的相电压，需要大量的高级绝缘材料，而且制造也相当困难，所以我国66kV及以上的电压互感器主要制成串级式，即将一次绕组分成匝数相同的几段，各段串联起来。串级式电压互感器的绝缘均匀分布于各级，每一级只处在装置一部分电压之下，可降低绝缘要求，节约大量绝缘材料。220kV串级式电压互感器外形如图4-17所示。

　　JDZ（J）-6、10（W）型单相浇注绝缘式电压互感器外形，如图4-18所示。JSJW-10

（G）三相油浸式电压互感器（五柱式）外形，如图 4 - 19 所示。10kV 浇注绝缘式电压互感器外形，如图 4 - 20 所示。（中性点绝缘）35kV 环氧浇注式电压互感器外形，如图 4 - 21 所示。

图 4 - 17　220kV 串级式　　　图 4 - 18　JDZ（J）- 6、10（W）型单相　　　图 4 - 19　JSJW - 10（G）三相油
电压互感器外形　　　　　　　浇注绝缘式电压互感器外形　　　　　　　浸式电压互感器（五柱式）外形

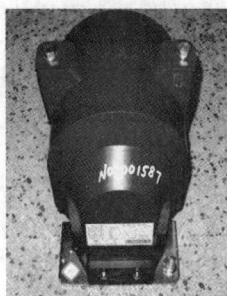  

（a）　　　　　　　　　　　　（b）

图 4 - 20　10kV 浇注绝缘式电压互感器外形　　　　图 4 - 21　（中性点绝缘）35kV 环氧
浇注式电压互感器外形

JDJ - 10 型单相油浸式电压互感器的基本结构，如图 4 - 22 所示。

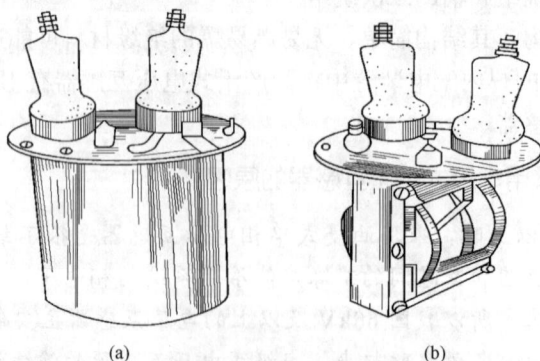

（a）　　　　　　　　　　　　（b）

图 4 - 22　JDJ - 10 型单相油浸式电压互感器的基本结构
（a）外部形状；（b）内部结构

二、工作原理

电磁式电压互感器的工作原理图，如图 4-23 所示。

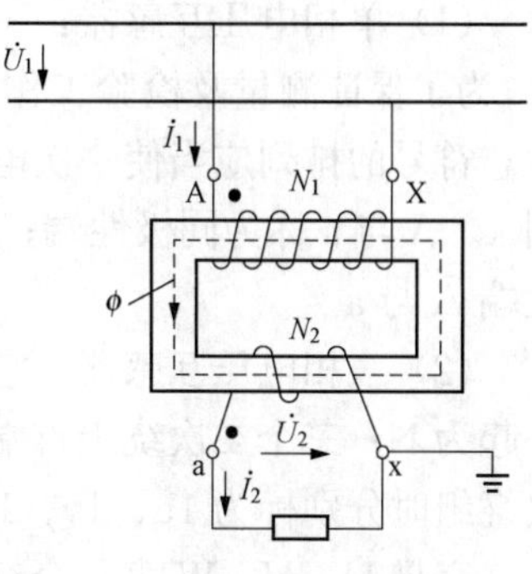

电压互感器的工作原理与变压器相似：根据电磁感应原理，在一、二次绕组匝数分别为 N_1、N_2 的电压互感器中，当一次绕组加上电压 U_1 时，一次绕组中流过电流 I_1 激发的磁通 Φ 同时穿过一、二次绕组，使在一、二次绕组中感应出的电动势分别为 E_1 和 E_2，E_1 与 E_2 之比即为 N_1 与 N_2 之比。在理想状态下，E_1 与 E_2 之比又等于一、二次绕组的电压 U_1 与 U_2 之比，故 $N_1/N_2=U_1/U_2$，即电压比 $K=U_1/U_2=N_1/N_2$。

由于电压互感器的 N_1 比 N_2 大得多，因此二次侧电压 U_2 比一次电压 U_1 低很多，从而实现了将一次侧高电压变换成二次侧低电压。

图 4-23　电磁式电压互感器的工作原理图

小提示　感应电动势与线圈匝数的关系

感应电动势 E 与线圈匝数 N 的关系式为

$$E = 4.44N\Phi f$$

式中　Φ——一次电流激发的主磁通；

　　　f——交流电压的频率。

电压互感器是一种特殊的变压器，它是一种小容量的降压变压器。电压互感器与普通变压器相比的不同特点是：电压二次回路要接高阻抗的负荷，其正常工作状态接近于开路；电压互感器二次侧不能短路，否则会损坏互感器；其变比误差和相位误差要小；其容量很小，通常只有几十伏安到几百伏安；其一次电压为电网电压，与其二次负荷无关，即当二次负荷变化时，不改变其一次电压的大小；其一次绕组匝数很多，二次绕组匝数很少。

问题思考　如果将电压互感器的一次与二次对调使用，会产生什么结果呢？

三、端子标志和图形符号

1. 端子标志

电压互感器的端子标志，如图 4-24 所示。

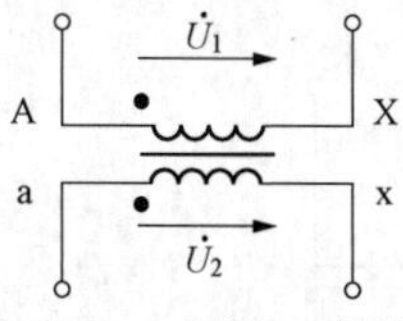

一次绕组的首端用大写字母 A 表示，末端用 X 表示；二次绕组的首端用小写字母 a 表示，末端用 x 表示。

2. 图形符号

电压互感器的电气图形符号，如图 4-25 所示。

3. 极性与同极性端

电压互感器的极性示意图，如图 4-26 所示。

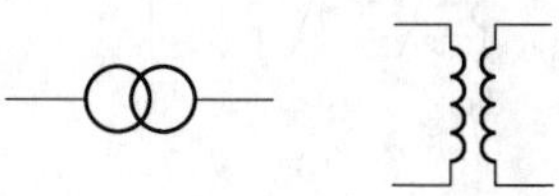

图 4-24　电压互感器的端子标志

图 4-25　电压互感器电气图形符号

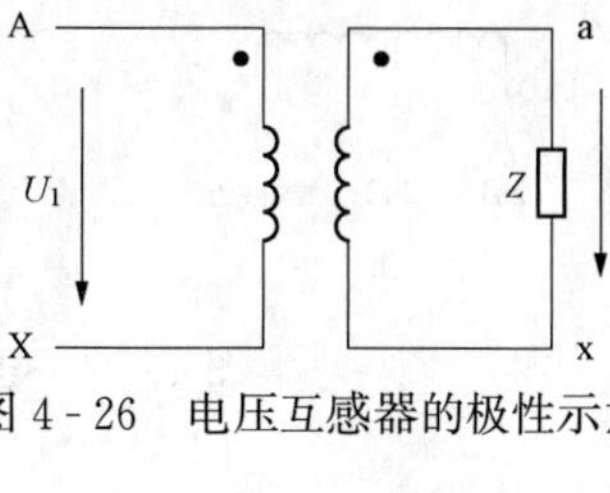

图 4-26　电压互感器的极性示意图

（1）单相电压互感器：一次绕组的首端为 A，末端为 X；二次绕组的首端为 a，末端为 x。为了保证测量及检验工作的接线正确，电压互感器一、二次绕组的端子应有极性标志。标志符号的排列应当使一次电流自 A 端流向 X 端时，二次电流自 a 流出，经外部回路流回到 x。A 与 a 称为同极性端；X 与 x 也称为同极性端；通常用符号"·"或"*"标出同极性端 A 与 a。

（2）三相电压互感器：它的三个一次绕组首端分别为 U(A)、V(B)、W(C)，末端接在一起为 N；三个二次绕组首端分别为 u(a)、v(b)、w(c)，末端接在一起为 n；当有多个二次绕组时分别标为 1u、1v、1w、1n，2u、2v、2w、2n…

字母 U、V、W 表示全绝缘端子，N 表示接地端子；复合字母 du、dn 表示辅助电压绕组的端子。标有同一大、小字母的端子为同极性端子。

电压互感器的极性端子示意图，如图 4-27 所示。

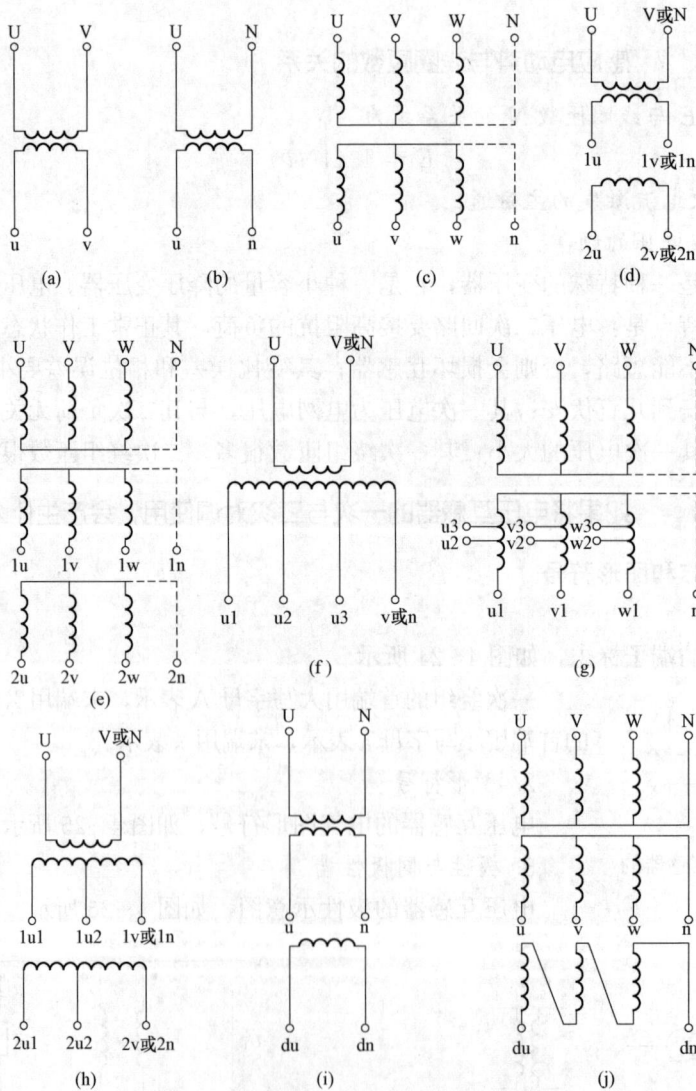

图 4-27 电压互感器的极性端子示意图

四、主要技术参数

1. 额定电压

（1）一次额定电压。电压互感器的一次额定电压是一次绕组能长期正常工作的电压。

对于三相电压互感器，一次额定电压是指一次绕组的线电压，它应与接入系统的线电压对应，规定为 6、10、35、66、110、220、330、500kV 等。

对于三台单相电压互感器组成的供三相系统线与地之间测量用的电压互感器，则单相电压互感器的一次额定电压是指一次绕组的相电压，应为以上一次额定电压的 $1/\sqrt{3}$。

（2）基本电压绕组的二次额定电压。电压互感器的二次额定电压是二次绕组能长期正常工作的电压。

对于三相电压互感器，二次额定电压是指二次绕组的线电压，规定为 100V。

对于三台单相电压互感器组成的供三相系统线与地之间测量用的电压互感器，则单相电压互感器的二次额定电压是指二次绕组的相电压，应为 $100/\sqrt{3}$V。

（3）辅助电压绕组的二次额定电压。对于电压互感器辅助电压绕组的二次额定电压，当系统中性点有效接地时应为 100V；当系统中性点为非有效接地时应为 100/3V。

🔧 **小 提 示**　辅助电压绕组及其作用

在单相和三相电压互感器中，只有一次绕组和二次绕组的，叫作双绕组电压互感器，除了一次绕组和二次绕组外，还有一个辅助电压绕组（零序电压绕组）的，称三绕组电压互感器。二次绕组主要用来于测量电压。辅助电压绕组用于三相线路中，由一台三相电压互感器或三台单相电压互感器的辅助电压绕组，接成开口三角形，当三相电压加于一次绕组时，在相应开口三角形的两个端子间产生电压，该电压供给继电保护装置；当线路发生一相接地时，开口三角形的两个端子间电压显著增大，使继电保护装置动作，切断故障线路。

（4）额定变比。电压互感器的额定变比是一次额定电压与二次额定电压之比。

互感器的变比以不约分的分数形式表示，如 10kV/100V，110kV/100V，220kV/100V。

2. 准确度等级

互感器的准确度用来表示互感器的准确程度。互感器的准确度等级，用其在额定电压下所规定的最大允许比值误差的百分数表示。

电压（电力）互感器的准确度等级为：0.1、0.2、0.5、1.0 级。

电压（电力）互感器的误差限值与准确度等级的对应关系，见表 4-4。

在表 4-5 的参比条件下，电压互感器的误差不得超出表 4-4 所给定的限值范围，实际误差曲线不得超出误差限值连线所形成的折线范围。

表 4-4　　　　　　　　　　　　电压（电力）互感器的基本误差限值

准确等级	电压百分数	80~120
1	比值差（±%）	1.0
	相位差（±'）	40
0.5	比值差（±%）	0.5
	相位差（±'）	20

准确等级	电压百分数	80~120
0.2	比值差（±%）	0.2
	相位差（±′）	10
0.1	比值差（±%）	0.1
	相位差（±′）	5

表 4-5　　　　　　　　　　　　电压（电力）互感器的检定条件

环境温度	相对湿度	电源频率	二次负荷	电源波形畸变系数	环境电磁场干扰强度
-25~55℃	≤95%	50Hz±0.5Hz	额定负荷至下限负荷	≤5%	不超过正常工作接线所产生的电磁场

注　电压互感器的下限负荷按 2.5VA 选取；电压互感器有多个二次绕组时，下限负荷分配给被检二次绕组，其他二次绕组空载。

电压互感器的误差测量点，见表 4-6。测量时可以从最大的百分数开始，也可以从最小的百分数开始。高电压互感器宜在至少一次全量程升降之后读取检定数据。

表 4-6　　　　　　　　　　　　电压（电力）互感器的误差测量点

U_p/U_n(%)	80	100	110①	115②
上限负荷	+	+	+	+
下限负荷	+	+	-	-

注　①适用于 330kV 和 500kV 电压互感器。
　　②适用于 220kV 及以下的电压互感器。

（▲小提示）　**电压互感器的误差与准确度的关系**

电压互感器的每一准确等级在规定使用条件下均有一规定的比值误差和相位误差限值（最大容许误差）与其一一对应。

（▲小提示）　电压互感器的比值误差一般为负，因此出厂前电压互感器的二次绕组的匝数 N_2 要适当增多几匝。

3. 额定负荷（容量）

电压互感器的额定负荷，是保证准确度的前提下允许（每相）电压互感器二次侧所接的总负荷导纳值 Y_{2n}；常用二次额定电压加在二次额定导纳时的视在功率表示，故又称为二次额定容量 S_{2n}。电压互感器的额定容量是指对应于最高准确等级一相（或最重要一相）的容量。

额定容量以视在功率 S_{2n}(VA) 表示；它以二次额定电压 100V 为计算基准，负荷的功率因数为 0.8（滞后）。

$$S_{2n} = U_{2n}^2 Y_{2n} = 10000 Y_{2n} \qquad\qquad (4-13)$$

式中　Y_{2n}——二次额定导纳，S；

U_{2n}——二次额定电压，V；

S_{2n}——二次额定容量，VA。

根据 DL/T 866—2015《电流互感器和电压互感器选择及计算规程》，在功率因数为 0.8（滞后）时，测量用电流互感器二次额定容量标准值有 10、25、50、100VA；在功率因数为 1.0（滞后）时，测量用电流互感器二次额定容量标准值有 1、2.5、5、10VA。

计量专用电压互感器额定负荷一般为 50VA 及以下，如计量用电压互感器或计量用二次绕组额定负荷常选用 10VA；计量专用或电力用电压互感器的下限负荷为 2.5VA。

下限容量与实际输出容量：在电压互感器的使用中，二次容量必须在 25%～100%额定容量的范围内，才能保证它的准确度。因此，将 25%额定容量称为下限容量。实际输出容量的计算公式为

$$S = \left(\frac{U_2}{U_{2n}}\right)^2 S_n = \left(\frac{U_2}{100}\right)^2 S_n \tag{4-14}$$

式中　U_2——电压互感器的二次实际电压，V；

U_{2n}——电压互感器的二次额定电压，V；

S——电压互感器的二次实际容量，VA；

S_n——电压互感器的二次额定容量，VA。

4. 额定功率因数

电压互感器的额定功率因数，是电压互感器的二次绕组所带负荷的额定功率因数。

计量用电压互感器二次额定功率因数，应与实际二次负荷的功率因数接近。

【例 4-6】 电压互感器的二次额定电压为 100V，二次额定负荷为 150VA，求其额定二次负荷导纳。

解　　　　　$Y_n = S_n \times 10^{-4}(S) = S_n(10^{-4}S) = 150 \times (10^{-4}S)$

可见，当二次额定电压为 100V，且二次额定负荷导纳的单位为 10^{-4}S（西门子）时，二次额定负荷导纳在数值上就等于二次额定负荷容量。

【例 4-7】 在［例 4-6］中，当 $U_2 = 80\%U_{2n}$ 时，电压互感器的实际二次容量为多大？

解　　　　　$S = (80\%)^2 \times 150 = 96(VA)$

因此，电压互感器的实际二次容量为 96VA。

五、电压互感器的使用注意事项

1. 正确进行电压互感器的接线并特别注意其极性

接线时要保证电压互感器的一次绕组与被测电路并联，二次绕组与所有测量仪表的电压回路并联。通常在互感器上都有接线标示牌，它表明了各端钮的有关接线方法，要注意识别和遵守。

2. 运行中的电压互感器一次侧和二次侧均不允许短路

由于电压互感器在正常运行时二次侧相当于开路，电流很小。当二次绕组短路时，二次电流会增加许多，以致使熔丝熔断，引起电能表产生计量误差。如果熔丝未能熔断，此短路电流会烧坏电压互感器。

在电压互感器的一次侧也应安装熔断器，以保护高压电网不因互感器一次绕组或其他故障而危及高压电网安全。

3. 运行中的电压互感器二次侧应正确可靠接地

为了防止互感器一、二次绕组之间绝缘击穿或损坏时高压窜入二次绕组，危及人身安全和设备安全，应将电压互感器的一个二次接线端子、铁芯和外壳可靠接地。

4. 电压互感器的实际负荷容量不应超过其额定负荷容量

否则电压互感器的准确度将降低，甚至会导致电压互感器过负荷烧坏。

5. 电压互感器的额定电压应与所运行的系统电压相适应

（略）

6. 使用前应进行检定

只有通过了检定并合格的电压互感器，才能保证运行时的安全性和准确性。其试验项目有极性、接线组别、绝缘、误差等。

另外，同一组的电压互感器一般采用制造厂、型号、额定变比、准确度等级、二次容量均相同的互感器。

小 提 示　　安装于 SF_6 全封闭组合电器内和 110kV 及以下电压等级的互感器宜采用电磁式电压互感器。

六、影响电压互感器误差的外部因素

1. 一次电压的影响

当一次电压较低时，比值误差和相位误差均较大；随着一次电压向一次额定电压增大，比值误差和相位误差开始减小并逐渐趋于平稳。因此，应使电压互感器一次侧工作于额定电压附近。

2. 二次电流的影响

空载时，比值误差为负、相位误差为正，误差最小。随着负荷电流的增加，比值误差在空载的基础上继续向负的方向增加，且功率因数越低，向负的方向增加得越多。而相位误差在功率因数较低时，随负荷电流的增加总是向正方向增加的，当功率因数较高时，则先由正值变为零再向负的方向增加。因此，应尽量使电压互感器二次侧工作于空载。

3. 电源频率的影响

电源频率对误差影响一般不大。电压互感器的特性曲线，如图 4-28 所示。

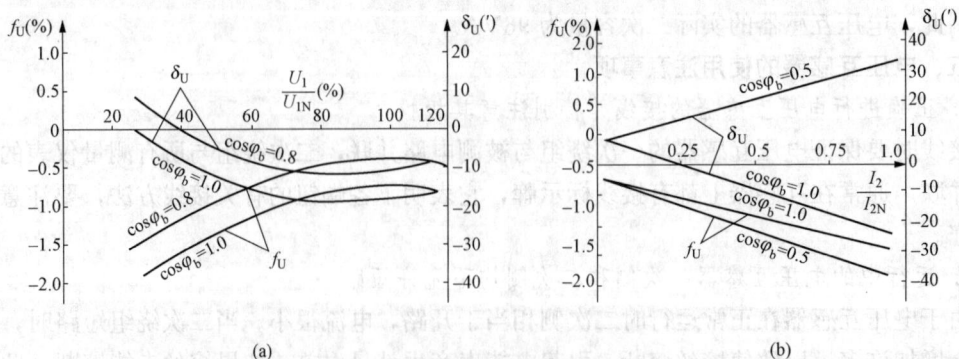

图 4-28　电压互感器的特性曲线
(a) 电压特性曲线；(b) 负荷特性曲线

小 提 示 提高电压互感器本身准确度的措施

提高电压互感器本身准确度的措施有：选用较高磁导率的铁芯材料；适当增加绕组导线截面，减小电阻；绕组装配紧凑、均匀，减小绕组的漏磁以降低漏抗。还可以采取误差补偿法减小误差。

七、电压互感器的接线及接地方式

电压互感器的接线及接地方式与电力系统的电压等级和接地方式有关。根据 DL/T 866—2015《电流互感器和电压互感器选择及计算规程》，电压互感器的接线及接地方式如下。

1. 电压互感器的接线方式

（1）110（66）kV 及以上系统宜采用单相式电压互感器；35kV 及以下系统可采用单相式、三柱或五柱式三相电压互感器。

（2）对于系统高压侧为非有效接地系统，可用单相互感器接于相间电压或 V 形接线，供电给接于相间电压的仪表。

（3）三个单相互感器可接成 Y 形。当互感器一次侧中性点不接地时，可用于供电给接于相间电压和相电压的仪表，但不应供电给绝缘检查电压表。当互感器一次侧中性点接地时，可用于供电给接于相间电压和绝缘监察电压表。

2. 电压互感器的接地方式

采用 Y 形接线的三相三柱式互感器一次侧中性点不应接地，三相五柱式电压互感器一次侧中性点可以接地。

小 提 示 电力变压器不能代替电压互感器

普通电力变压器是不能用来代替测量用电压互感器用于测量的。因为电力变压器的二次电压是随带负荷的大小而不断变化的，其变比不是一个固定常数；而且变压器的相位误差也很大。

第五节 电容式电压变换器

电容式电压变换器的外形，如图 4-29 所示。电容式电压变换器是利用几个电容器串联而成的，实际上主要是一个电容分压器，它不是根据电磁感应原理制成的，但现场人员依然习惯称之为电容式电压互感器。

在高压和超高压电力系统中，常使用电容式电压变换器。电容式电压变换器广泛应用于 110～330kV 的中性点直接接地系统中。

电容式电压变换器的主要优点有：整体结构简单、质量体积轻小、绝缘强度较高、运行可靠性较高，可代替耦合电容器兼作电力线载波通信设备，不存在电磁式电压互感器与断路器断口电容的串联铁磁振问题。因此，在 110kV 及以上的电力系统中，电容式电压变换器有取代电

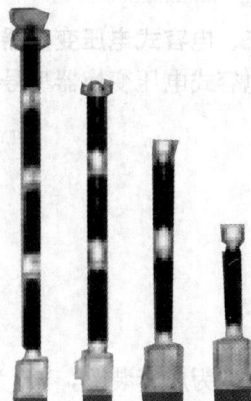

图 4-29 电容式电压变换器的外形

磁式电压互感器的趋势。

一、电容式电压变换器的基本结构

电容式电压变换器的基本结构，如图 4-30 所示。

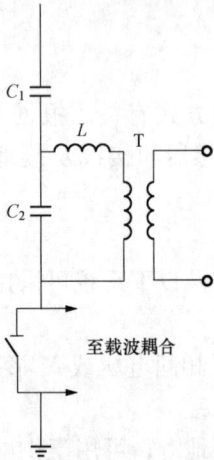

电容式电压变换器由电容分压器和电磁单元组成。电容分压器由基本（高压）电容器 C_1 和分压（中压）电容器 C_2 构成。电磁单元由中压变压器 T 和补偿电抗器 L 以及阻尼器构成。接地回路通常还接有电力载波耦合装置，载波耦合装置对于工频电流的阻抗很小，但对于载波电流则呈现出较高阻抗。

电容式电压变换器的主要构成元件是电容器件和电感器件，而且电感器件为铁磁非线性电感器件，因而在系统电压作用下，可能产生铁磁性串联谐振。为了抑制铁磁谐振，需装设阻尼器。

小 提 示　　补偿电抗器的作用

使二次输出电压与一次输入电压之间保持正确的相位关系。

二、电容式电压变换器的测量原理

电容式电压变换器的基本原理是基于电容串联分压原理，高电压加在整个分压器上，再从分压器的分压元件上按比例取

图 4-30　电容式电压变换器的
基本结构

出高电压的一部分作为输出电压。

分压电容上的电容与被测一次相电压的关系为

$$U_{C2} = \frac{C_1}{C_1 + C_2} U_1 = KU_1 \qquad (4-15)$$

式中　U_{C2}——分压电容上的电压；

　　　U_1——被测一次侧相电压；

　　　C_1——基本电容的电容量；

　　　C_2——分压电容的电容量；

　　　K——电容分压比。

因此，当电容分压比 K 值一定时，测得分压电容的电压值，就可得到被测一次电压值。分压电容 C_2 上的电压通常为几千伏，经中压变压器 T 变成标准电压值，供测量仪表使用。

小 提 示　　电磁式互感器和电容式变换器均可能产生铁磁谐振。

三、电容式电压变换器的型号含义

电容式电压变换器型号的含义如下：

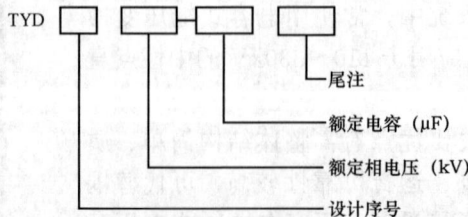

TYD □　□□　□□　□

尾注

额定电容（μF）

额定相电压（kV）

设计序号

其中，T 为成套装置，YD 为电容式电压互感器。尾注字母表示：H 为防污型；TH 为湿热带型；G 为高原型；F 为中性点非有效接地系统用（无此字母为中性点有效接地系统用）。

四、电容式电压变换器的端子标志

国家标准 GB/T 4703《电容式电压互感器》对电容式电压变换器的端子做出规定，其具体内容，如图 4-31 所示。

电压变换器的一次端子分别用大写字母 U 和 N 表示，二次端子分别用小写字母 u 和 n 表示。辅助电压绕组的端子分别用复合字母 du 和 dn 表示，互感器中压端用 U' 表示。在实际运用中，具有多个二次绕组时，用 u1、n1 和 u2、n2 表示。

五、电容式电压变换器的误差及其影响因素

1. 误差

电容分压器误差包括比值误差和相位误差。

电容式电压变换器的误差，主要由电容分压器、电磁单元形成的基本

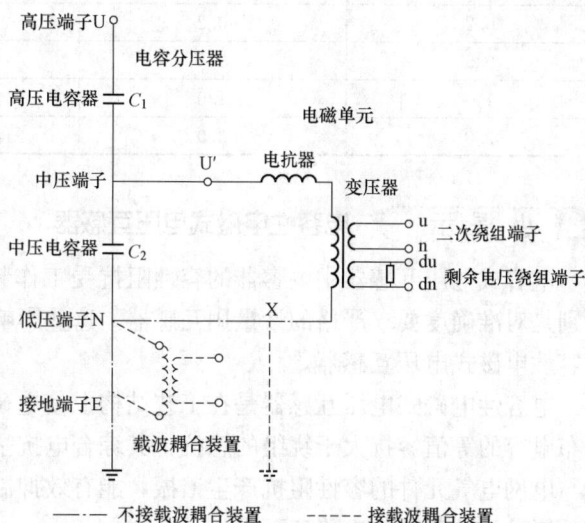

图 4-31 电容式电压变换器的各接线端子

误差和电源频率变化、运行温度变化产生的附加误差组成。电磁单元误差包括空载误差和负荷误差。

在电源频率变化时，会产生频率变化误差；在运行温度变化时，会产生温度变化误差。温度误差一般大于频率误差。

2. 影响误差的因素

电容量的增大和中间电压的增高，均可以减小电容式电压互感器的误差。频率升高，表现为负误差；频率降低，表现为正误差。温度升高，表现为正误差；温度降低，表现为负误差。负荷阻抗增加，负荷误差减小。

六、电容式电压互感器的基本参数

1. 准确度的定义

测量用电容式电压互感器的准确度，是以该准确等级所规定的最大允许的比值误差百分数来表示，它是额定电压和额定负荷下的相对误差。

2. 频率的标准参考范围

对于测量用电容式电压互感器，其频率的标准参考范围为额定频率的 99%～101%。

3. 电压的标准参考范围

对于测量用电容式电压互感器，其电压的标准参考范围为额定电压的 80%～120%。

4. 标准准确度等级

对于单相测量用电容式电压互感器，其标准准确等级为 0.2、0.5、1.0、3.0 级。

5. 比值误差和相位误差的限值

温度和频率在其参考范围内的任一数值下，功率因数为 0.8L、负荷为 25%～100% 额定值时，相应准确等级的比值误差和相位误差，不应超过表 4-7 所列值。

表 4 - 7　　　　　　　　测量用电容式电压互感器的比值误差和相位误差的限值

准确级	比值误差 f_U(±%)	相位误差 δ_U	
		(±′)	(±crad)
0.2	0.2	10	0.3
0.5	0.5	20	0.6
1.0	1.0	40	1.2
3.0	3.0	不规定	不规定

👥 小 提 示　　**电容性电磁式电压互感器**

　　电容式电压互感器中电容器的容性阻抗受工作频率和环境温度的影响，其准确度下降，特别是对准确度要求严格的计量用互感器，这些影响是不能忽视的。于是，人们又研制出呈电容性电磁式电压互感器。

　　电容性电磁式电压互感器是在工艺结构上使电磁式电压互感器的一次绕组的杂散电容、分布电容的等值容抗大于绕组的感抗，其综合电抗呈容性电抗。采用这种电压互感器，既不会与电网电气元件的容性阻抗产生谐振，能有效抑制谐振过电压，也不受工作频率和环境温度的影响而使测量的准确度下降。

第六节　组 合 式 互 感 器

　　组合式互感器，通常是由电压互感器和电流互感器组成并装于同一外壳箱柜内的互感器。组合式互感器有油浸式和环氧树脂浇注式两种，油浸式的装在户外使用，环氧树脂浇注式的装在户内使用。组合式互感器的电压等级一般有 10kV 和 35kV 两种，其高压侧用高压绝缘子进线，低压侧用低压绝缘子出线。组合式互感器通常与测量、计量仪表一起使用，构成成套高压电能计量装置。组合式互感器在供配电系统中应用十分广泛。

　　组合式互感器的主要优点：接线方便、安装美观、整体性能好，节省安装时间和费用；其缺点：电压互感器和电流互感器在故障时可能相互影响。

　　组合式互感器的一般技术要求如下：

　　在组合式互感器中，电流互感器计量专用二次绕组准确度选用 0.2S 级，电压互感器计量二次绕组准确度选用 0.2 级。二次绕组额定容量的选择应根据二次回路实际负荷确定，保证二次回路实际负荷在互感器二次额定负荷与其下限负荷的范围内：电流额定负荷容量不大于 10VA，电压额定负荷容量不大于 10VA，额定功率因数为 0.8（滞后）。一次额定电流的确定，应保证其在正常运行中的实际负荷电流达到额定值的 60% 左右，至少应不小于 30%。

　　三相三线电能计量组合式互感器的接线原理，如图 4 - 32 所示。

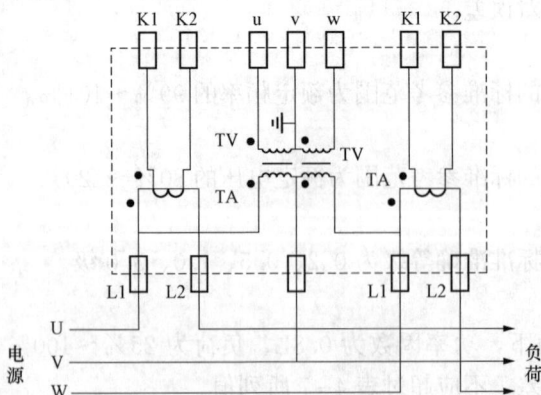

图 4 - 32　三相三线电能计量组合式互感器的接线原理图

小提示 组合式互感器应满足 GB 1207、GB 1208 和 GB 17201—2007《组合互感器》的要求。

一、JLSJW‑10 型组合式互感器

JLSJW‑10 型组合式互感器的型号含义是：J 为电压互感器，L 为电流互感器，S 为三相，J 为油浸式，W 为户外，10 为一次额定电压为 10kV。

用途及特点：该组合式互感器为三相三线制高压电能计量装置，户外油浸式结构。由两台单相电压互感器组成三相 Vv 接线，两台电流互感器分别串接在 U、V 两相上。电流互感器通过一次抽头可获得两种电流变比，可根据用户实际负荷大小选用。该产品可装为组合和分体两种形式，适用于 10kV 及以下的电力线路作电流、电压测量及电能计量用。适用场所：农村户外变电站和工矿企业小型变配电所。

二、JLSJW‑10Ⅲ型组合式互感器

JLSJW‑10Ⅲ型组合式互感器为户外油浸式结构。在三相四线制电力系统中作电能计量之用。组合式互感器由 3 台电压互感器和 3 台电流互感器组成，电压互感器 Yy 连接。与计量仪表配套使用，可实现多种计量，单相分相计量时二次额定电压输出为 $400/\sqrt{3}V$ 或 $100/\sqrt{3}V$，三相计量时二次额定电压输出为 400V 或 100V。

三、JLSG3‑10 型组合式互感器

JLSG3‑10 型组合式互感器为干式户外结构，与计量仪表配套使用，可装为组合和分体两种，作为三相系统的电能计量之用。其最大特点是能避免油浸式计量箱长期使用后的漏油问题，属于免维护设备。其电流互感器一次侧通过抽头可形成两种电流变比，供用户选择使用。

常见组合式互感器和互感器柜体外形，如图 4‑33 所示。

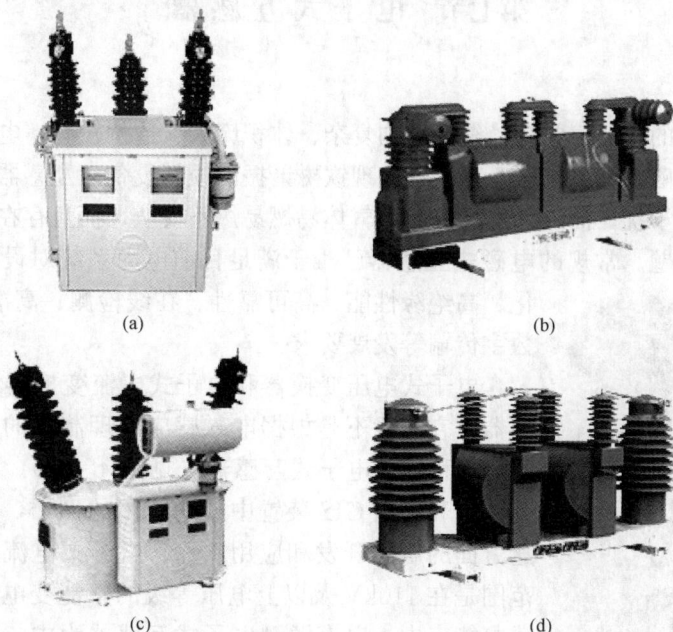

图 4‑33　常见组合式互感器和互感器柜体外形

(a) 10kV 油浸式高压电能计量箱；(b) 新型 10kV 干式分体防窃电高压计量箱；(c) 35kV 油浸式高压电能计量箱；
(d) 新型 35kV 户外干式防窃电高压计量箱

四、SF₆ 绝缘组合式互感器

SF₆绝缘组合式互感器有倒立式和正立式两种，集电流、电压互感器于同一器身内，其中电流互感器的结构与普通倒立式电流互感器相同，电压互感器的器身安装在电流互感器铁芯外壳上。电压互感器的二次绕组引出线与电流互感器二次绕组引出线，一起经引线管接到互感器底座接线盒内的二次套管上。

SF₆气体绝缘结构的35kV组合式互感器结构示意图，如图4-34所示。

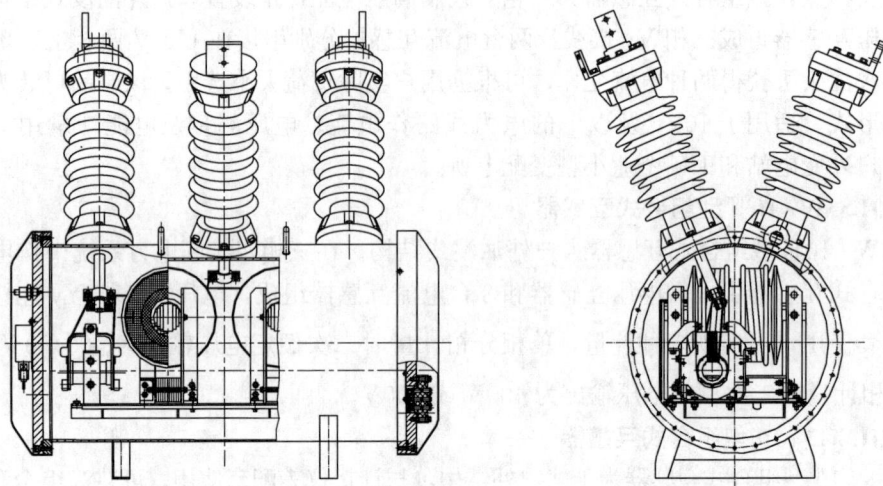

图4-34 SF₆气体绝缘结构的35kV组合式互感器结构示意图

第七节 电子式互感器

一、概述

电磁式互感器的缺点主要有：绝缘结构复杂、体积庞大、造价较高，电流互感器的铁芯在短路时容易形成磁饱和，电压互感器易出现铁磁谐振而损坏设备，互感器至二次测量仪表的线缆易产生电磁干扰，油浸纸绝缘或SF₆气体易燃易爆不安全，而且存在动态范围小，使用的频带狭窄等问题。常规的电磁式互感器已难于满足目前电力系统对设备小型化、自动化、高绝缘性能、高可靠性、在线检测、高准确度故障诊断、数字传输等发展要求。

图4-35 电子式互感器的外形

电子式电压变换器和电子式电流变换器统称为电子式变换器，它一般不是根据电磁感应原理制成的，但现场人员依然习称之为电子式互感器（见图4-35）。国外已有在中压开关柜和高压GIS装置中成功应用的例子，我国也正在进行这方面的研究开发和应用工作。电子式电流互感器主要应用范围是在110kV及以上电压等级的智能变电站及其智能数字式电能表中，以有源型电子式互感器为主，无源型互感器技术门槛高、制造成本高于有源型互感器，目前应用较少。低压系统采用电子式电流互感器无综合优势。

电子式互感器与电磁式互感器相比，具有如下优点：测量准确度高；造价较低；体积小，质量轻；无过电流的"磁饱和"和"铁磁谐振"问题；对电力系统故障的响应速度快；运行时二次回路开路不会产生过电压；频率响应范围宽；动态范围大；抗电磁干扰能力强；具有良好的绝缘性能；易于数字信号传输。

二、电子式互感器的结构和参数

1. 一般结构

电子式互感器的一般结构包括一次传感器及一次转换器、传输系统、二次转换器及合并单元。电子式互感器的基本结构框图，如图 4-36 所示。图中有些单元并不是必需的，如光传感器并不需要一次电源。数字量输出一般是经将多个传感器的采样量合并变为数字量输出。一个合并单元最多可输入 7 个电流传感器和 5 个电压传感器的采样量。供给数字测量仪表和继电保护装置的数字量一般分别通过光纤输出。

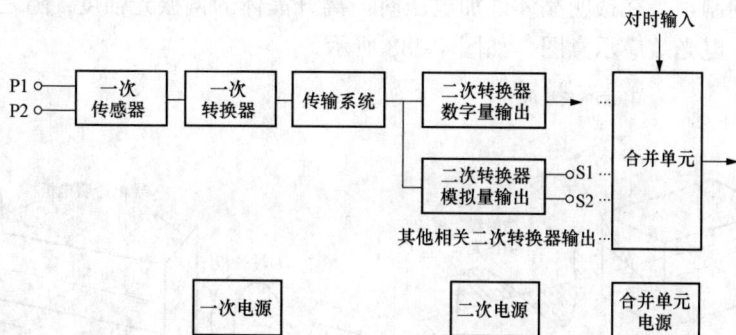

图 4-36 电子式互感器的基本结构框图

小 提 示　合并单元

用以对来自二次转换器的电流和/或电压数据进行时间相关组合的物理单元，合并单元可以完成二次转换器的部分或全部功能。合并单元有发展成为一个独立组件的趋势。

一般地，数字量的信号直接由电子式互感器通过光纤输入对应合并单元。如果合并单元是与传统互感器相连，必须是具有模/数转换功能的合并单元。合并单元已经成为数字化变电站的核心设备之一。

2. 主要参数

电子式互感器的一次回路参数与电磁式互感器基本相同，但二次输出参数差异很大。二次输出分模拟量和数字量两类。

电子式电流互感器模拟量输出为二次电压，其额定值的标准值以方均根值表示为：22.5、150、200、225mV，4V。其中，4V 仅用于测量目的；电子式电压互感器模拟量输出二次电压额定值的标准值以方均根值表示为：1.625、3.25、6.5、100V。

电子式互感器的数字量输出由串行、单向、一发多收、点对点链路送出。发信的是合并单元，收信的可能有保护装置、测量仪表、监控单元及过程总线等。

三、转换器

电子式变换器组成部分中的变换器有两类：一类是利用磁光或电光效应制成的光传感器；另一类是在常规基础上发展起来的半常规变换器。如独立式空心线圈变换器、低功率电流变换器、电阻或阻容分压型变换器等，就属于半常规传感器。

光传感器的基本原理：将被测电信号转换为光信号，光信号沿光通道传输，经光电转换再变换为电信号，从而实现被测电信号的测量。

1. 光电流传感器

光电流传感器，通常采用法拉第 Faraday 磁光效应（磁致旋光效应原理），该效应为磁场对透明光介质影响的磁光效应。当一束线偏振光穿过介质时，若在沿光波传播方向加一外磁场，则其偏振面将旋转一定角度 θ。同时，其旋转角度正比于被测电流。磁光效应示意图，如图 4 - 37 所示。

2. 光电压传感器

光电压传感器，通常采用普克尔斯 Pockels 电光效应原理，该效应为外电场对透明晶体影响的电光效应。由一个 1/4 波长板和两个偏振器组成的偏振检测系统将普克尔斯偏振调制转化为光强度调制，当在透明晶体外加电压时，离开晶体的偏振光强度 i 随之按一定的函数关系发生变化。电光效应示意图，如图 4 - 38 所示。

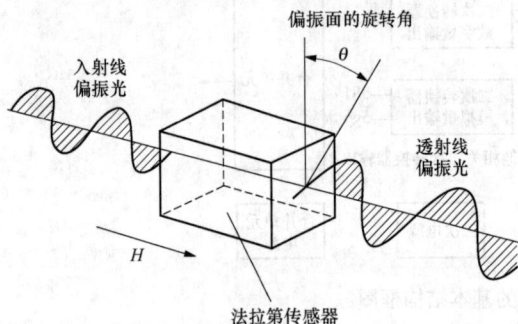

图 4 - 37　磁光效应示意图　　　　　　　　图 4 - 38　电光效应示意图

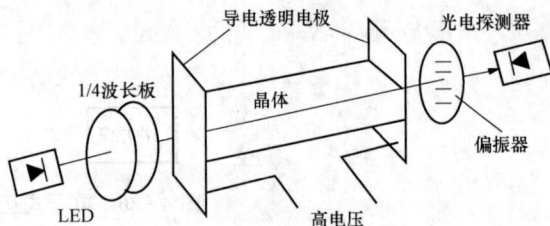

传感器分为：有源（active）型传感器，即无需另加电源即可工作的传感器；无源（passive）型传感器，即需要另加电源才可工作的传感器，光电压传感器和光电流传感器均是无源型传感器。光电压传感器可与光电流传感器组合在一起，成为电流－电压复合变送器或组合式光电传感器。

3. 半常规变换器

（1）独立式空心线圈变换器。利用一次母线穿过非磁性骨架的空心线圈（相当于电流传感器），对被测一次电流信号进行采样，空心线圈输出的感应电压与一次电流的变化率成正比，这个信号再经过 A/D 转换装置转换成为数字信号，并进行运算后，换算出与一次电流成正比的量。其中利用了光纤很好的绝缘性能，将光纤作为高压端和低压端的信号传输媒介。全光纤传感器对环境噪声具有较低的敏感性，不需要光纤耦合器件而具有较低的复杂性、绝缘性能很好、成本较低，而且不易受干扰，传输距离较远。

独立式空心线圈即 Rogowski 线圈，属于有源型传感器。其结构示意图，如图 4 - 39 所示。

Rogowski 线圈的优点有：测量的准确度高、测量范围宽、通频带宽、无饱和和磁滞现象、制造成本低。

（2）其他半常规变换器。带铁芯的低功率电流变换器、电阻或阻容分压型电压变换器等，是电磁式互感器的发展，它们克服了电磁式互感器的一些缺点，突出了部分重要性能，得到一定范围应用。

目前，我国有多家开关厂生产的开关柜中已开始使用空心线圈电流变换器和电阻分压型电压变换器，它们配合微机保护和电子仪表的应用，对于减小体积、提高性能、降低成本均起到重要作用。

🔒 **问题思考**　传感器离我们的工作和生活越来越近，能利用以上传感器做一点发明吗？

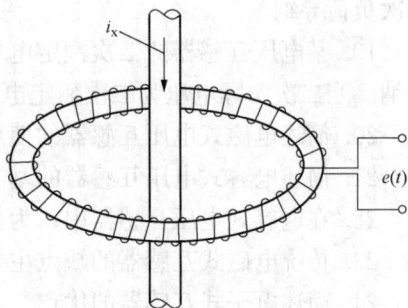

图 4 - 39　空心线圈的结构示意图

练习与思考题 📖

1. 简述互感器的作用。

2. 分别说明型号 LMZ - 0.5 和 JDJ - 35 的具体含义。

3. 已知某电能表的抄见电量为 1.62kWh，电流互感器配用 500A/5A、电压互感器配用 10kV/100V，求电能表的实际结算电量。

4. 说明电流互感器的基本工作原理。

5. 画出电流互感器的端子标志图，并标明一、二次绕组的接线端子。

6. 什么是减极性？什么是加极性？

7. 一台 600/5A 的母线型互感器，其一次绕组就是通过的母线，也就是 1 匝，如果要当 150/5A 用，一次绕组要穿几匝？

8. 一台二次额定电流为 5A 的电流互感器，一次绕组 25 匝，二次绕组 150 匝，求它的电流比。

9. 额定负荷为 0.2Ω 的电流互感器，其额定电容量是多大？

10. 有人认为经检定合格的电流互感器，其准确度为 0.2 级，那么在任何情况下，其最大误差均不会超过 0.2%。这种观点正确吗？

11. 简述出电流互感器的使用注意事项。

12. 对于二次多抽头式电流互感器，其二次非工作抽头是短接还是不短接？若短接其二次非工作抽头，会导致多计量还是少计量？

13. 说明电磁式电压互感器的基本工作原理。

14. 画出电压互感器的端子标志图，并标明一、二次绕组的接线端子。

15. 什么是电压互感器的辅助绕组，它有什么作用？

16. 一电压互感器的一次绕组匝数为 50000，二次绕组匝数为 500，二次电压为 100V。试求该互感器的变比和一次电压。

17. 某电压互感器的额定二次负荷导纳 $Y_n = 150 \times 10^{-4}\,S$，额定二次电压为 $100/\sqrt{3}\,V$，求其二次额定容量。如果二次额定电压为 100V，其额定二次容量是多大？

18. 被检电压互感器的二次电压为 $100/\sqrt{3}$，二次负荷为 10VA，功率因数为 1.0，求其

二次负荷导纳 Y。

19. 某电压互感器的二次额定电压为 100V，额定负荷容量为 200VA，求出其额定负荷导纳。当二次实际电压为二次额定电压的 80％时，该电压互感器的实际负荷容量是多少？

20. 简述电磁式电压互感器的使用注意事项。

21. 简述电容式电压互感器的基本结构，说明其基本测量原理。

22. 在电容式电压互感器中，为什么要装设阻尼器？

23. 传统电磁式互感器的缺点主要有哪些？

24. 简述电子式互感器的优点。

25. 电子式互感器的一般结构中包括哪些元器件？

26. 画出电子式互感器的基本结构框图。

27. 请举出至少三个使用到传感器的实例。

第五章　电能计量二次回路

第一节　计量二次回路的组成及作用

电气设备一般分为一次设备和二次设备两大类。一次设备是指用于传输、分配、控制电能的电气设备，如母线、变压器、开关电器等；二次设备是指主要用于对一次设备进行控制、操作、测量、保护的电气设备，包括各种信号控制设备、操作电源装置、测量仪器仪表、继电保护装置等。

利用导线或电缆将二次设备连接在一起，用于操作控制、参数测量、继电保护等的全部低压回路，称为二次回路。

一、电能计量二次回路的组成

利用导线或电缆，将电能表及其他设备与计量互感器的二次侧连接在一起，主要用于电能计量的小电流或低电压回路，称为电能计量二次回路。

严格地讲，电能计量二次回路由互感器的计量二次绕组、电能表的测量元件和计量二次线缆三大部件组成。

电能计量二次回路包括：计量电流二次回路和计量电压二次回路。电能计量二次回路影响着电能计量装置的安全可靠运行和正确准确计量。

二、电能计量二次回路的作用

在电能计量工作中，如果计量二次回路有缺陷，可能造成电流互感器二次侧开路或电压互感器二次侧短路，危及电能计量装置安全或计量人员安全。为了保证计量二次回路的安全可靠运行，应特别重视计量二次回路的安装、运行和维护工作。为了保证计量二次回路经常处于良好的运行状态，首先要确保安装接线正确，而且保证安装质量可靠；其次应进行定期检查，发现问题及时处理。

计量电流互感器和电压互感器的二次负荷容量过大，均会导致计量不准确。计量互感器的二次负荷包括：电能表测量元件的阻抗、二次连接线缆的导线电阻和二次线缆与接线端钮的接触电阻。计量互感器的二次负荷容量超过一定数值，会导致计量误差增加。

同时，计量电压二次回路在二次连接线缆的导线电阻和二次线缆与接线端钮的接触电阻上产生的电压降，将使电能表电压测量元件的电压减少，从而导致计量少计。根据 DL/T 448—2016《电能计量装置技术管理规程》，电压互感器二次回路电压降应不大于其二次额定电压的 0.2%。

第二节　试验接线盒

试验接线盒，是用于进行电能表现场试验及换表时，不致影响电力用户正常工作的专用部件。利用试验接线盒，可以实现对计量二次回路进行通断控制操作，完成计量及测量任务，防止计量二次回路开路或短路。因此，经互感器接入式电能表必须安装试验接线盒。经互感器接入式电能表的接线示意图,如图 5-1 所示。

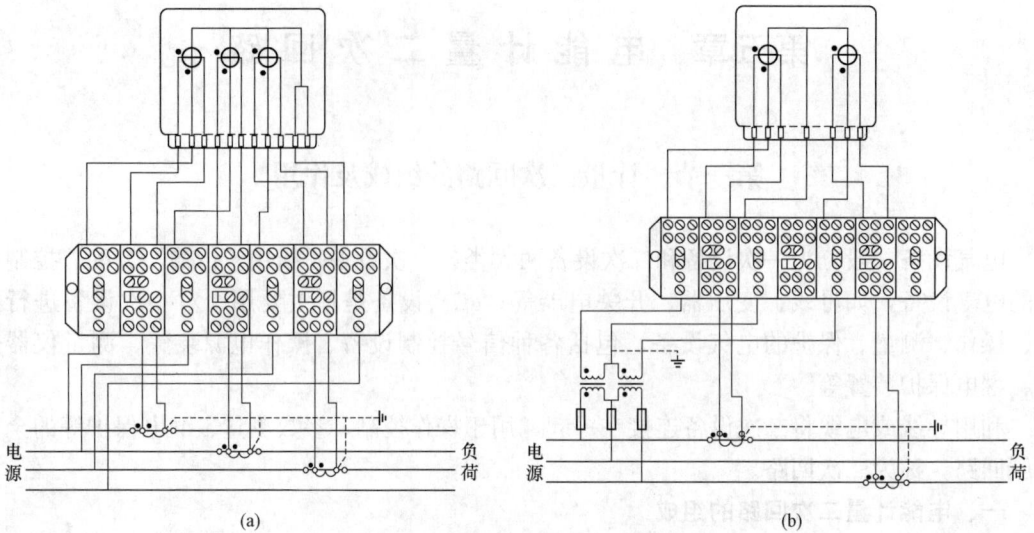

图 5-1 经互感器接入式电能表的接线示意图
(a) 三相四线电能表;(b) 三相三线电能表

常用试验接线盒的盒体外观,如图 5-2 所示。

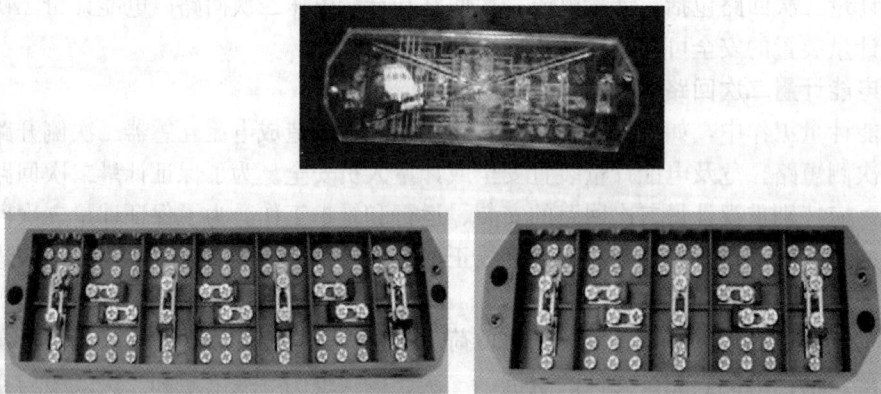

图 5-2 接线盒的盒体

一、主要功能

试验接线盒的主要功能有:(安全方便地进行)不停电换表;(带实负荷地进行)现场校表;(不漏计电量地进行)现场试验及带电换表。

二、常用类型

试验接线盒按接线方式可分为:接线式(PJ 型)接线盒和插接式(FY 型)接线盒。

试验接线盒按接入电路的种类可分为:三相四线式接线盒和三相三线式接线盒。

三、接线端子

常用试验接线盒的接线端子,如图 5-3 所示。

接线式接线盒,包括电流接线端子和电压接线端子。

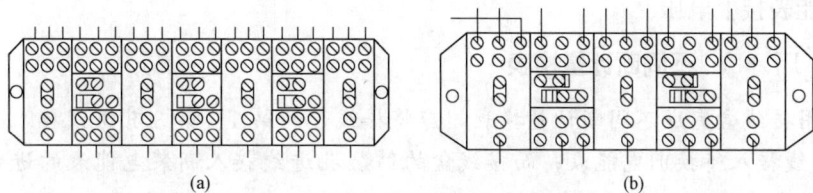

图 5 - 3　试验接线盒的接线端子

（a）三相四线专用；（b）三相三线专用

三相四线试验接线盒一般由 7 组端子组成。其中，有 U、V、W 三相电流回路专用的 3 组端子，每一相（组）的上、下各有 3 个接线端子孔，其上、下端子孔是一个整体，左、右端子间是断开的，利用连接片进行连通或断开。其中，有 U、V、W 三相电压回路专用的 3 组端子和中性线 N 专用的 1 组端子，每一相（组）的上、下各有 1～3 个接线端子孔，左、右端子孔是一个整体，上、下端子间是断开的，利用连接片进行连通或断开。

三相三线专用试验接线盒一般由 5 组端子组成。其中，有 U、W 两相电流回路专用的 2 组端子，每一相（组）的上、下各有 3 个接线端子孔，其上、下端子孔是一个整体，左、右端子间是断开的，利用连接片进行连通或断开。其中，有 U、V、W 三相电压回路专用的 3 组端子，每一相（组）的上、下各有 1～3 个接线端子孔，左、右端子孔是一个整体，上、下端子间是断开的，利用连接片进行连通或断开。试验接线盒内部结构，如图 5 - 4 所示。

三相四线接线盒可以用于三相三线，只是接线时要按三相三线电能计量的要求进行。插接式接线盒，由插头和插座组成，电流接

图 5 - 4　试验接线盒的内部结构

线盒和电压接线盒相互独立，现场试验或换表时将插头分别插入相应的插座即可。

小 提 示　接线式接线盒使用较为广泛。

四、安装接线要求

试验接线盒正确安装接线的七点要求：不能安装倒置；不可倾斜大于 2°；不准电流直通；不准电压短路；不可电压开路；不准电流开路；不可电流短路。

试验接线盒的推荐安装接线方式为：水平正装，且电流线从接线盒下方的电流接线端子（从左至右）的第 2、第 3 孔接入，对应的电流线从接线盒上方的电流接线端子（从左至右）的第 1、第 3 孔接出。

问题思考　为了实现不停电换表，除了以上接线方式外，还有其他的接线方式吗？

在计量二次回路中的具体接线方式为：试验接线盒若为水平放置时，其下端（进线端）接线由电压、电流互感器的二次侧接入（低压电压线由电流互感器一次线支接接入），其上端（出线端）接线到电能表侧，其中接线盒的电压连接片向上为电能表接上电压；试验接线盒若为竖直放置时，其左端（进线端）接线由电压、电流互感器二次侧接入（低压电压线由电流互感器一次线支接接入），其右端（出线端）接线到电能表侧，其中接线盒的电压连接

片向右为电能表接上电压。

🔶 **小 技 巧**　　**不间断计量换表**

　　为了利用接线盒完成不间断计量换表，应将接线盒的第 1、第 3 孔进线接入互感器，第 1、第 2 孔出线接入待换旧电能表；而接线盒的第 2 孔进线接入新装电能表的进电流端，接线盒的第 3 孔出线接入新装电能表的出电流端。

　　换表时，只需将第 1、第 2 孔间连接片合上，第 2、第 3 孔间连接片断开，即可实现不间断计量，然后再拆除旧电能表。

　　注意事项：新装电能表的电流接入方向正确；旧表的短接可靠；接入新表时先接电压线，拆除旧表时先拆电流线。

第三节　计量二次回路的识图

一、二次回路图的有关规定

　　电气回路图按用途的不同可分为原理接线图、展开接线图、屏面布置图、安装接线图、电气原理图。

　　对二次回路图中电气设备的图形符号、文字符号和回路标号的要求如下。

　　1. 二次回路图中电气设备的图形符号

　　在二次接线图中，需要采用规定的图形来表示各种设备，详见国标 GB/T 4728 有关部分。

　　2. 二次回路图中电气设备的文字符号

　　在绘制二次接线图时，二次回路的设备不是以它的名称或型号来表示，而是以代表它的文字符号来表示，如电能计量用电能表在接线图中以文字符号 PJ 表示。

　　3. 二次回路图中的回路标号

　　在绘制二次回路展开接线图时，在各个回路上进行标号的目的是为了确定回路的用途、性质、种类等，以便于维护、检查、调试和检修等工作。一般回路标号由二位或三位数字组成，当需要标明回路的相别或某些主要特征时，可在数字标号的前面或后面增注文字标号。

　　回路标号按"等电位"原则编号，即在回路中连接于一点上的所有导线须标以相同的回路标号。如遇线圈、触点、电阻等元（部）件，其所间隔的线段，即视为不同的线段，须标以不同的回路标号。

　　数字标号应采用阿拉伯数字。文字符号采用汉语拼音字母，与数字标号并列的字母用大写印刷体，角注的字母用小写印刷体。

二、电流互感器二次回路

　　1. 电流互感器二次回路的数字标号

　　电流互感器二次回路的回路标号采用三位数字表示，在数字标号前面加上电流相别文字符号 U（A）、V（B）、W（C）、N（中性线）、L（零序）。每台电流互感器每相为一组，可编 9 个回路标号。以 U（A）相为例，TA 为 U401～U409；1TA 为 U411～U419；2TA 为 U421～U429；10TA 为 U501～U509，直到 U591～U599。V（B）、W（C）相及 N、L 等的编号同于 U（A）相。

电流互感器二次回路的数字标号，见表 5-1。

表 5-1 电流互感器二次回路的数字标号

回路名称	互感器的文字符号	回路标号组				
		U 相	V 相	W 相	中性线	零序
测量表计电流回路	TA	U401～U409	V401～V409	W401～W409	N401～N409	L401～L409
	1TA	U411～U419	V411～V419	W411～W419	N411～N419	L411～L419
	2TA	U421～U429	V421～V429	W421～W429	N421～N429	U421～U429
	…	…	…	…	…	…
	9TA	U491～U499	V491～V499	W491～W499	N491～N499	L491～L499
	10TA	U501～U509	V501～V509	W501～W509	N501～N509	L501～L509
	19TA	U591～U599	V591～V599	W591～W599	N591～N599	L591～L599

U、V、W 分别为新国标中规定的交流电相序的第一相、第二相、第三相的相别符号，原使用的 A、B、C 分别用括号标在其后。

例如，符号 1TAU 代表第一组电流互感器 U 相，它应同时标在电流互感器 U 相二次引出线导线的端头、电能表 U 相引出线的端头以及接线盒的接线端头上。

2. 电流互感器二次回路图

电流互感器二次回路图，是指电能表的电流测量元件以及其他电器的电流元件，通过导线或电缆与电流互感器的二次绕组相连接的全部电路图。

电流互感器二次回路图一般是按展开接线图的格式和规定绘制的。三相三线计量方式二相四线连接的电流二次回路的二次接线图，如图 5-5 所示。

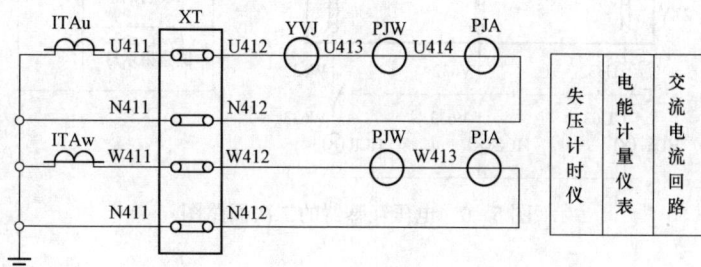

图 5-5 电流互感器的二次回路图

三、电压互感器二次回路

1. 电压互感器二次回路的数字标号

电压互感器二次回路的回路标号采用 3 位数字表示，在数字标号前面加上电压相别文字符号 U（A）、V（B）、W（C）、N（中性线）、L（零序）。每台电压互感器每相为一组，可编 9 个回路标号。现以 U（A）相为例，TV 为 U601～U609；1TV 为 U611～U619；2TV 为 U621～U629，直到 U791～U799。V（B）、W（C）相及 N、L 等的编号同 U（A）相。

电压互感器二次回路的数字标号，见表 5-2。

表 5-2　　　　　　　　　　　　电压互感器二次回路的数字标号

回路名称	互感器的文字符号	回路标号组				
		U	V	W	N	L
测量表计电压回路	TV	U601~U609	V601~V609	W601~W609	N601~N609	L601~L609
	1TV	U611~U619	V611~V619	W611~W619	N611~N619	L611~L619
	2TV	U621~U629	V621~V629	W621~W629	N621~N629	U621~U629
	…	…	…	…	…	…
	9TV	U691~U699	V691~V699	W691~W699	N691~N699	L691~L699
	10TV	U701~U709	V701~V709	W701~W709	N701~N709	L701~L709
	19TV	U791~U799	V791~V799	W791~W799	N791~N799	L791~L799

2. 电压互感器二次回路图

电压互感器二次回路图，是指电能表的电压测量元件以及其他电器的电压元件，通过导线或电缆与电压互感器的二次绕组相连接的全部电路图。

电压互感器二次回路图一般也是按展开接线图的格式和规定绘制的。三相三线计量方式的交流电压回路二次接线图，如图 5-6 所示。

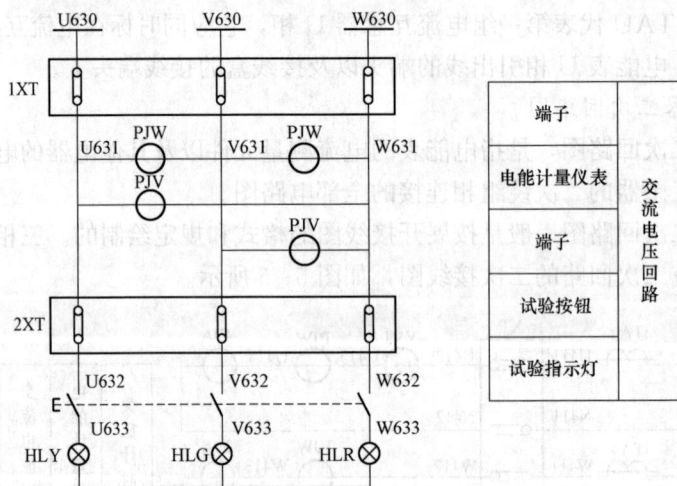

图 5-6　电压互感器的二次回路图

第四节　计量二次回路导线截面的计算

二次回路线缆的选择常与它所使用的回路种类有关。一般按机械强度要求选择其截面，其最小截面积为：当使用在交流电流回路时，最小截面积应不小于 2.5mm^2；当使用在交流电压回路或直流控制及信号回路时，不应小于 1.5mm^2。也可按电气性能要求选择：一般应按表计准确度等级或电流互感器 10％误差曲线（当比值误差 10％时一次电流与二次负荷关系曲线）选择；在交流电压回路中，应按允许电压降选择。

对于直通式电能表，其接入导线截面积应根据经常性负荷电流或计算负荷电流选择，见表 5-3。

表 5 - 3   直通式电能表的导线截面积

经常性负荷或计算负荷电流 I_c(A)	0～20	20～40	40～60	60～80	80～100
铜芯绝缘导线截面积 S(mm²)	4.0	6.0	10.0 或 7×1.5	7×2.5	7×4.0

计量二次回路导线截面选择的总体原则是：导线阻抗与互感器所接的二次负荷的合成负荷容量，不应超过互感器准确度等级所允许的容量范围，但是实际二次负荷也不应小于额定二次负荷容量的 25%。

一、电流互感器二次导线截面

1. 二次导线截面的确定原则

电流二次导线截面的确定原则为：电流互感器二次连接导线的截面积应按其额定二次负荷要求计算确定，计量用电流互感器的二次导线截面积至少应不小于 4mm²。

2. 实际二次负荷

电流互感器的实际二次负荷包括三部分：电流二次回路中所有仪表及设备的电流回路的总阻抗 Z_M，连接导线的接线电阻 R_L，所有接点的接触电阻 R_K。

电流互感器的实际二次容量是指实际二次负荷形成的总视在功率（VA）。

由于电流二次回路的功率因数比较高，故一般用总电阻 R 代替 Z，而 R 应包括二次回路接头的接触电阻 R_K，一般为 0.05～0.1Ω，通常取 0.1Ω。

例如：有一只 0.2 级、35kV、100/5A 的电流互感器，额定二次负荷容量为 30VA，则该电流互感器的额定二次负荷总阻抗是 1.2Ω。

3. 注意事项

（1）计算时只要对最大负荷容量的一只电流互感器计算。

（2）感应式电能表每个电流线圈的负荷约为 2VA；电子式或多功能电能表每个电流回路的负荷约为 1VA。

（3）感应式电能表电流回路的负荷功率因数近似为 0.8；电子式电能表电流回路的负荷功率因数近似为 1.0。

🔧 小 提 示   **电阻定律**

在环境温度一定时，对于一段金属导线，其电阻的大小与该导线的长度成正比，与该导线的横截面积成反比，同时与导线的材料有关，即

$$R = \rho \frac{L}{S} \tag{5-1}$$

式中 R——金属导线的电阻，Ω；

L——金属导线的长度，m；

S——金属导线的截面积，mm²；

ρ——金属导线的电阻率，铜线的电阻率 $\rho = 0.018$ Ω · mm²/m $= 1.8 \times 10^{-8}$ Ω · m。

【例 5 - 1】 某用户计量电流互感器的额定负荷容量 $S_n = 15$（VA），至电能表连接线距离 25m，每只电流互感器用 2 根导线接表，U 相电流互感器所接仪表的总负荷最大，U 相总负荷容量 $\sum S = 9$（VA），求其二次导线的截面积。（铜线的电阻率 $\rho = 0.018$ Ω · mm²/m $= 1.8 \times 10^{-8}$ Ω · m）

解 根据 $S_n = \sum S + I_{2n}^2 Z \approx \sum S + I_{2n}^2 R$

$$R = S_n - \sum S / I_{2n}^2$$
$$R = (15-9)/5^2 = 0.24(\Omega)$$

若忽略连接处的接触电阻，则

$$S = \rho \frac{L}{R} = 0.018 \times 50 / 0.24 = 3.75 (mm^2)$$

故选用 $4.0mm^2$ 导线。

【例 5-2】　某电力用户计量电流互感器接有三相两元件有功电能表和无功电能表各一只。其中，有功电能表的电流回路阻抗为 $0.04 + j0.01\Omega$，无功电能表的电流回路阻抗为 $0.1 + j0.02\Omega$。电流互感器的二次额定负荷容量 $S_{2n} = 20VA$，它与电能表的连接线长度是 $60m$，每只电流互感器用 2 根导线接至电能表，每相电流回路的接触电阻是 0.1Ω，求二次导线的最小截面。（铜线的电阻率 $\rho = 0.018\Omega \cdot mm^2/m = 1.8 \times 10^{-8}\Omega \cdot m$）

解　设单根导线的电阻为 R_L，每相电流回路中的负荷阻抗为

$$Z = 0.04 + j0.01 + 0.1 + j0.02 + 0.1 + 2R_L = 0.24 + j0.03 + 2R_L \approx 0.24 + 2R_L$$

由于 $S_n = I_{2n}^2 Z$

因此 $20 = 25 \ (0.24 + 2R_L)$

故导线的最大电阻为 $R_L = 0.28 \ (\Omega)$

又由于 $R = \rho \dfrac{L}{S}$

因此 $0.28 = 0.018 \dfrac{60}{S}$

$S = 3.86 \ (mm^2)$

故电流二次导线的最小截面积为 $4.0mm^2$。

小提示　户外安装的高压电流互感器，当互感器到电能表距离较长时，宜采用二次额定电流为 1A 的电流互感器，以适应二次回路阻抗较大的实际情况。

二、电压互感器二次导线截面

1. 二次导线截面的确定原则

二次导线截面的确定原则为：电压互感器连接导线的截面积，除应与电压互感器的额定负荷容量相配合外，还应满足电压互感器二次端钮到电能表接线端钮间允许电压降的要求，即电压互感器二次回路电压降应不大于其二次额定电压的 0.2%。$(0.2V)$，但最小截面积不得小于 $2.5mm^2$。

此处的允许电压降 ΔU_{2N} 包括比差和角差，即

$$\Delta U_{2N} = 100 \sqrt{f^2 + \delta^2} \tag{5-2}$$

式中　f——电压二次回路导线引起的比差，如 $f = -0.3\%$；

　　　δ——电压二次回路导线引起的角差，rad，如果以分（′）为单位的角差是 θ，那么 $\delta = 2.9 \times 10^{-4} \times \theta$。

小提示　凡仅考虑比值误差的计算方法均不可采用。

应注意的是，三相互感器的额定负荷即为三相的额定总负荷。三台单相互感器的额定总负荷为三台单相互感器的额定负荷相加；两台单相互感器 V 形接线的二次额定总负荷是一

台互感器额定负荷的 $\sqrt{3}$ 倍，要比两台二次额定负荷相加值小。

2. 实际二次负荷

电压互感器的实际二次负荷在不同接线方式下，有不同的计算方法。可参考 DL/T 825—2002《电能计量装置安装接线规则》。

3. 注意事项

（1）感应式电能表每只电压线圈的负荷功率为 1.75VA，0.5～1.2W，感应式有功电能表每只电压线圈的负荷功率因数约 0.38；电子式电能表电压线圈的负荷功率因数较高，有些甚至还呈现容性负荷。

（2）电子式电能表每个电压回路的负荷功率为 2VA、1W；其极限功率为 10VA、2W，多功能电能表每个电压回路的负荷功率可取 3VA、1.2W，其极限功率为 15VA、6W。

小提示 电压互感器二次长度 L(km)、二次负荷 S_2(VA) 和导线截面积 S(mm^2) 的关系。

（1）对于 Vv 接线的电压互感器

$$S_2 \frac{L}{S} = 2\Delta U$$

（2）对于 YNyn 接线的电压互感器

$$S_2 \frac{L}{S} = 5\Delta U$$

式中 ΔU——电压互感器二次回路的电压降，额定值为 0.2V。

练习与思考题

1. 简述电能计量二次回路的组成及作用。

2. 试验接线盒的主要功能有哪些？

3. 已知某接线盒电流连接片的连接情况如图所示，该如何安装接线盒的进、出电流二次线，才能实现在计量二次回路中不停电地接入标准电能表？

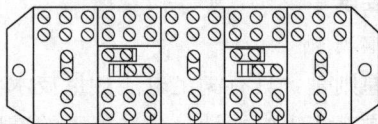

4. 试验接线盒的安装接线要求有哪些？

5. 二次导线截面的确定原则是什么？

6. 电流互感器的额定负荷容量为 15VA，最大负荷的一只电流互感器接正、反向感应系有功电能表各一只，接无功电能表一只，双线接表，每根线长 15m，截面积为 10mm^2，试估算实际负荷是否在额定负荷范围内。（铜线的电阻率是 0.018Ω·mm^2/m）

7. 已知某电流互感器二次侧所接测量仪表的总容量为 6VA，二次导线的总长度为 100m，截面积为 4.0mm^2，二次回路的接触电阻按 0.05Ω 计算，应选择多大容量的二次额定电流为 5A 的电流互感器？（铜线的电阻率是 0.018Ω·mm^2/m）

第六章 电能计量装置的配置

第一节 电能计量装置

一、电能计量装置的组成

电能计量装置是用于计量电能的成套装置。电能计量装置的主要部件有电能表、计量互感器（或计量专用二次绕组）和计量二次回路导线，以及电能计量箱、柜、屏。各种类型的电能表，是电能计量装置的核心组成部件。

二、电能计量装置的分类

根据 DL/T 448—2016《电能计量装置技术管理规程》，运行中的计量装置按计量对象重要程度和管理需要分五类（Ⅰ、Ⅱ、Ⅲ、Ⅳ、Ⅴ）。

1. Ⅰ类计量装置

220kV 及以上贸易结算用电能计量装置，500kV 及以上考核用电能计量装置，计量单机容量 300MW 及以上发电机发电量的电能计量装置。

2. Ⅱ类计量装置

110（66）～220kV 贸易结算用电能计量装置，220～500kV 考核用电能计量装置，计量单机容量 100～300MW 发电机发电量的电能计量装置。

3. Ⅲ类计量装置

10～110（66）kV 贸易结算用电能计量装置，10～220kV 考核用电能计量装置，计量单机容量 100MW 以下发电机发电量、发电企业厂站用电量的电能计量装置。

4. Ⅳ类计量装置

380V～10kV 的电能计量装置。

5. Ⅴ类计量装置

220V 的单相电能计量装置。

三、电能计量装置的配置要求

1. 电能计量装置配置的总体原则

电能计量装置配置的总体原则是：具有满足电能计量技术要求的正确性；具有保证完成电能计量工作任务的可靠性；具有实现电能计量公平公正的准确性；具有在线连续测量的不间断性；具有适应电能计量管理需要各种功能的多样性。

另外，电能计量装置还应具有可靠的封闭性能和防窃电性能以及安全性能，保证计量装置本身的安全可靠运行，便于工作人员进行现场检查和带电工作。

2. 电能计量装置配置的具体原则

（1）贸易结算用的电能计量装置原则上应设置在供用电设施产权分界处。在发电企业上网线路、电网企业间的联络线路和专线供电线路的另一端应设置考核用电能计量装置。分布式电源的出口应配置电能计量装置，其安装位置应便于维护和监督管理。

（2）经互感器接入的贸易结算用计量装置应按计量点配置电能计量专用电压、电流互感器或者专用二次绕组，并不得接入与电能计量无关的设备。

（3）电能计量专用电压、电流互感器或专用二次绕组及其二次回路应有计量专用二次接线盒及试验接线盒。电能表与试验接线盒应按一对一原则配置。

（4）对于Ⅰ类电能计量装置、计量单机容量100MW及以上发电机组上网贸易结算电量的电能计量装置和电网企业之间购销电量的110kV及以上电能计量装置，宜配置型号、准确度相同的计量有功电量的主副两只电能表。当采用准确度等级不同的电能表时，主表原则上应为准确度等级高的电能表，并应以合同形式明确。

（5）35kV以上贸易结算用电能计量装置的电压互感器二次回路，不应装设隔离开关辅助接点，但可装设快速自动空气开关。35kV及以下贸易结算用计量装置的电压互感器二次回路，计量点在电力用户侧的应不装设隔离开关辅助触点和快速自动空气开关等；计量点在电力企业变电站侧的可装设快速自动空气开关。

（6）安装在电力用户处的贸易结算用电能计量装置，10kV及以下电压供电的用户，应配置符合GB/T 16934—2013《电能计量柜》规定的电能计量柜或电能计量箱；35kV电压供电的用户，宜配置符合GB/T 16934规定的电能计量柜或电能计量箱。未配置电能计量箱柜的，其互感器二次回路的所有接线端子、试验端子应能实施封印。

（7）安装在电力系统和用户变电站的电能表屏，其外形及安装尺寸应符合GB/T 7267—2015的规定，屏内应设置交流试验电源回路以及电能表专用的交流或直流电源回路。电力用户侧的电能表屏内应有安装电能信息采集终端的空间，以及二次控制、遥信和报警回路的端子。

（8）贸易结算用高压计量装置应具有符合DL/T 566—1995《电压失压计时器技术条件》要求的电压失压计时功能。

（9）互感器二次回路的连接导线应采用铜质单芯绝缘导线。对电流二次回路，连接导线截面积应按电流互感器的额定二次负荷计算确定，至少应不小于4.0mm^2。对于电压二次回路，连接导线截面积应按允许的电压降计算确定，至少应不小于2.5mm^2。

（10）互感器额定二次负荷的选择应保证接入其二次回路的实际负荷在$25\%\sim100\%$额定二次负荷范围内。二次回路接入静止式电能表时，电压互感器额定二次负荷不宜超过10VA，额定二次电流为5A的电流互感器额定二次负荷不宜超过15VA，额定二次电流为1A的电流互感器额定二次负荷不宜超过5VA。电流互感器额定二次负荷的功率因数应为$0.8\sim1.0$；电压互感器额定二次负荷的功率因数应与实际二次负荷的功率因数接近。

（11）电流互感器额定一次电流的确定，应保证其在正常运行中的实际负荷电流，达到一次额定电流的60%左右，至少应不小于30%；否则，应选用高动热稳定电流互感器，以减小变比。

（12）为提高低负荷计量的准确性，应选用过载4倍及以上的电能表。

（13）经电流互感器接入的电能表，其标定电流宜不超过电流互感器二次额定电流的30%，其最大电流宜为电流互感器二次额定电流的120%。

（14）执行功率因数调整电费的电力用户，应配置计量有功电量、感性和容性无功电量的电能表。按最大需量计收基本电费的电力用户，应配置具有最大需量计量功能的电能表。实行分时电价的电力用户，应配置具有多费率功能的电能表。具有正、反向送电的计量点应配置计量正向和反向有功电量以及四象限无功电量的电能表。

（15）交流电能表外形尺寸应符合 GB/Z 21192—2007《电能表外形和安装尺寸》的相关规定。

（16）计量直流系统电能的计量点应装设直流电能计量装置。

（17）带有数据通信接口的电能表，其通信规约应符合 DL/T 645—2007《多功能电能表通信协议》及其备案文件的要求。

（18）Ⅰ、Ⅱ类电能计量装置宜根据互感器及其二次回路的组合误差优化选配电能表；其他互感器接入的电能计量装置宜进行互感器和电能表的优化配置。

（19）电能计量装置应能接入电能信息采集与管理系统。

四、电能计量器具的选型与订货

电能计量器具选型与订货的基本要求如下。

1. 计量器具的选型

电力企业应不定期开展电能计量器具选型。选型依据为相关电能计量器具的国家或国际标准和/或电力行业标准，以及本企业特殊要求和以往现场运行监督情况等。

2. 计量器具的订货

电能计量技术机构应根据电力建设工程、用户业扩及专项工程和正常更换的需要编制常用电能器具的需求或订货计划；电力建设工程中电能计量器具的订货，应根据审查通过的电能计量装置设计所确定的功能、规格、准确度等级等技术要求招标订货；订货合同中电能计量器具的技术要求应符合国家或国际标准、电力行业相关标准的规定。

3. 计量器具的验收与试用

订购的电能计量器具应取得符合相关规定的型式批准（许可），具有型式试验报告、订货方所提出的其他资质证明和出厂检验合格证等；电网企业或供电企业首次选用的电能计量器具宜小批量试用，并应加强订货验收和现场运行监督。

第二节　电能计量方式

电能计量方式，是根据电力用户用电容量和类别的不同而确定的不同计量装置类型、安装位置和接线方式。常用的电能计量方式有高供高计、高供低计和低供低计等。

确定电能计量方式时，应考虑电力用户的供电方式、隶属关系和管理方式等因素。

电能计量方案，是电能计量方式的具体化和条文化，是根据电力用户的实际电能计量方式而确定的具体实施方案。

如图 6-1 所示，A、B、C 处分别为计量装置的安装点。图中，A 点处是高供高计计量方式，具有专用变压器的用户一般采用这种计量方式；B 点处是高供低计计量方式，高供低计用户的计量点到变压器低压侧的电气距离不宜超过 20m；C 点处是低供低计计量方式，居民用户一般采用这种计量方式。

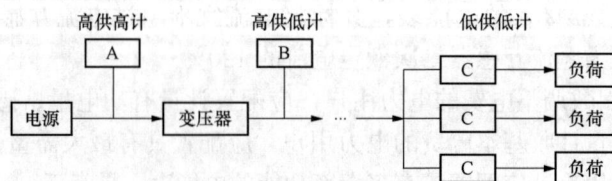

图 6-1　电能计量方式示意图

此外，还有一类就是总、分表计量方式，如 A 与 C 或 B 与 C 的计量方式。

一、计量方式的选择原则

1. 不同受电点、不同电价类别的用电负荷应分别安装电能计量装置

供电单位应在每一个受电点内按不同电价类别，分别安装计量装置，一个受电点即是一个计量点或计费单位。在用户受电点内难以按电价类别分别装设计量装置时，可装设总计量装置，然后按不同电价类别的用电设备容量的比例或实际可能的用电量进行分算。

小提示　用户的每一个受电点内若有不同电价类别的用电负荷时，应分别装设计费计量装置。

2. 电能计量点的确定原则

贸易结算用电能计量装置，原则上应安装在供电设施与受电设施的产权分界处。如果产权分界处不适合装设电能计量装置的，或为了管理方便将电能计量装置设置在其他合适位置的，对专线供电的高压用户，可在变电站的出线断路器或供电变压器的出口装表计量；对公网线路供电的高压用户，可在用户受电装置的低压侧计量。

小提示　当计量装置不安装在产权分界处时，所在线路与变压器损耗的有功和无功电量均由产权所有者承担。在计算用户基本电费（按最大需量计收时）、电度电费及功率因数调整电费时，应将上述电量计算在内。

3. 城镇居民用电一般应实行一户一表计量

因特殊原因不能实行一户一表时，供电企业可根据其容量按门牌或楼门、单元、楼层安装公用的电能表，居民不得拒绝合用。

4. 临时用电的用户，应安装电能计量装置

（略）

5. 任何一个供电点或受电点，都应装设计量装置计量其供电量或用电量

对有供、受电量的地方电网和有自备电厂的企业与电力系统联网者，应在并网点上设置送、受电计量装置计量送、受电量。

小提示　有两路及以上线路分别来自两个及以上的供电点或有两个及以上的受电点的用户，应分别装设电能计量装置。

6. 计量方式的技术要求

居民用户，根据用电负荷大小和实际情况装设专用或公用单相 220V 电能表或 380V/220V 三相电能表。

高压供电的用户，应采用高压侧计量方式，即采用高供高计方式。

对于 35kV 公用配电网供电、配电变压器容量在 500kVA 及以下的或者 10kV 供电、容量在 315kVA 以下的，若高压计量条件不具备，也可以采用在低压侧计量方式，即采用高供低计的方式。但应加计配电变压器损耗，并应逐渐取消高压供电低压计量的方式。

小提示　实际上，315kVA 及以上专变用户采用高供高计；315kVA 以下专用变压器用户采用高供低计。

二、供电方式与计量方式

1. 低压单相供电

用户单相用电设备总容量不足 10kW 的可采用低压单相 220V 供电，其计量方式采用单相计量方式；用电设备总容量超过 10kW 的可采用三相供电。但有单台设备容量超过 1kW 的单相电焊机或换流设备时，用户必须采取有效技术措施以消除对电能质量的影响，否则改为其他方式供电。

对于永久性单相设备，其计算负荷电流在 25A 及以下时、其申请容量在 30A 及以下、申请临时容量为 50A 及以下时，均应采用单相进户和单相计量方式；若其计算负荷电流在 25A 以上、申请容量在 30A 以上时、申请临时容量为 50A 以上时，均应采用三相四线进户和三相四线计量方式。

小 提 示　由地区公共低压电网供电的 220V 照明负荷，线路电流大于 60A 时，宜采用三相四线制供电。

2. 低压三相供电

（1）用户用电设备容量在 100kW 及以下或需用变压器容量在 50kVA 及以下者，一般采用低压三相四线供电，其计量方式采用低供低计。

（2）当用户用电在负荷密度较高的地区，且用户用电容量在 100kW 以上或需用变压器容量在 50kVA 以上者，经过技术经济比较，采用低压供电的技术经济性明显优于高压供电时，可采用低压三相四线制供电，其计量方式采用低供低计。

若仅有低压三相设备的用户，应以低压三相四线供电并采用三相四线电能表；若既有三相设备又有单相设备的用户，应以低压三相四线供电并采用三相四线电能表。

3. 高压供电

用户用电设备容量在 100kW 以上或需用变压器容量在 50kVA 以上者，宜采用高压供电。高压供电原则上应在高压侧计量，10～35kV 供电用户应采用三相三线电能计量装置，10kV 电压互感器宜采用 Vv 方式接线，35kV 电压互感器宜采用 Yyn 方式接线；110kV 及以上供电用户应采用高压三相四线电能计量装置，电压互感器宜采用 YNyn 方式接线。如果在低压侧计量时，那么采用低压三相四线电能计量装置，但其变压器的铁损、铜损应由用户承担。

三、电能计量装置的接线方式

1. 电压互感器的接线方式

接入中性点绝缘系统的电压互感器，35kV 及以上的宜采用 Yyn 方式接线；35kV 以下的宜采用 Vv 方式接线。接入非中性点绝缘系统的电压互感器，宜采用 YNyn 方式接线，其一次侧接地方式与系统接地方式相一致。

2. 电流互感器的接线方式

对三相三线制接线的电能计量装置，其 2 台电流互感受器二次绕组与电能表之间应采用四线连接。对三相四线制接线的电能计量装置，其 3 台电流互感器二次绕组与电能表之间应采用六线连接。

3. 电能表的接线方式

计算负荷电流为 60A 及以下且最大负荷电流为 100A 以下时，宜采用直接接入式电能表的接线方式；计算负荷电流为 60A 以上且最大负荷电流为 100A 以上时，宜采用经电流互感器接入电能表的接线方式。

⚙ 小 提 示　　参与"和相"电流互感器的接线要求

在 3/2 断路器接线方式下，参与"和相"的 2 台电流互感器，其准确度等级、型号和规格应相同，二次回路在电能计量屏端子排处并联，在并联处一点接地（一般用于 330kV 及以上电压等级的两个电流互感器二次侧并联，其一次侧接于同相的两个支路断路器中）。

第三节　电能表的选择与配置

对于电能表，至少应根据额定电压、电流量程、准确度等级等参数进行选择。

用于贸易结算的电能表，必须经过法定电能计量技术机构检定合格后，才能安装使用；用于用户内部考核的电能表，可由用户选送计量技术机构检定合格后使用。严禁安装使用未经检定的电能表。

一、根据电能计量方式，选择电能表的种类和型式

电能计量方式与电力系统的工作接地方式直接相关。一般地，380V/220V 系统通常采用中性点直接接地的接线方式，应采用低压三相四线电能计量方式或单相电能计量方式；10～66kV 系统则多为中性点绝缘系统（不接地系统），应采用高压三相三线电能计量方式；110kV 及以上的电力系统均为非中性点绝缘系统（直接接地系统），应采用高压三相四线电能计量方式。但实际情况比较复杂，应根据电网的实际工作接地方式配置不同种类的电能计量装置。

具体地，计量单相电能时选择安装单相电能表；计量低压三相四线电能时，计算负荷电流 60A 及以下则选择安装直接接入式三相四线电能表，计算负荷电流 60A 以上则选择安装经低压电流互感器接入式三相四线电能表；计量高压三相三线电能时选择安装经高压电流、电压互感器接入式三相三线电能表；计量高压三相四线电能时选择安装经高压电流、电压互感器接入式三相四线电能表。

⚙ 小 提 示　　10kV 系统大多采用中性点不接地的运行方式，35kV 系统采取中性点经消弧线圈接地的运行方式。

二、根据电能计量的技术和管理要求，选择电能表的基本功能

（1）需要考核无功电量或功率因数的用户，应选择安装具有感性和容性无功电能计量功能的电能表；按最大需量计收基本电费的用户，应选择安装具有最大需量计量功能的电能表；实行分时电价的用户，应选择安装具有复费率功能的电能表；实行阶梯电价的用户，应选择安装具有阶梯电价功能的电能表；实行预付费的用户，应选择安装具有预付费功能的电能表。

（2）具有正、反向送电的计量点应选择安装具有计量正向和反向有功电量以及四象限无功电量功能的电能表。

带有数据通信接口的电能表，其通信规约应符合 DL/T 645—2007 的要求。

三、根据计量线路的额定电压，选择电能表的参比电压

电能表的参比电压即额定电压，应与计量线路的额定电压相符。

低压单相表的参比电压为 220V，低压三相四线电能表的参比电压为 220V/380V。高压三相三线电能表的参比电压为 100V，高压三相四线电能表的参比电压为 57.7V/100V。

四、根据计量的电流大小，选择电能表的标定电流和最大电流

低压供电，计算负荷电流为 60A 及以下时，宜安装直通式电能表；单相计算负荷电流或三相中任一相计算负荷电流为 60A 以上时，宜安装经电流互感器接入式电能表，即非直通式电能表。

小 提 示　智能电能表的负荷控制开关分为内置和外置两种，当最大负荷电流超过 60A 时应选择外置开关。

小 提 示　**直通式电能表的最大负荷电流不宜超过 100A**

当最大负荷电流超过 100A 时，直通式电能表的表尾接线端子易过热受损并增大计量误差，甚至可能烧表。

1. 对于直接接入式

对于直接接入式电能表，其标定电流应按计算负荷电流的 30％左右（至少 20％）进行选择，其最大电流不应小于最大负荷电流。

为提高低负荷计量的准确性，应选用最大电流不小于基本电流 4 倍（且为整数倍）的电能表。

三相电流不平衡电路，以最大一相的计算负荷电流为计算依据。

$$I_b \approx 30\%\text{ 的计算负荷电流 且 } I_m \geqslant \text{最大负荷电流} \tag{6-1}$$

小 技 巧　**电能表电流量程的确定**

在实际计量工作中，根据 $I_b \approx 30\% I_c$ 且 $I_m \geqslant 4I_b$ 的要求确定电能表的电流量程，其中 I_c 是计算负荷电流或长时负荷电流 I_{rep}。例如，用户申请报装负荷的计算负荷电流 I_c。

计算负荷电流或长时负荷电流等概念，详见本书第十二章第一节。

2. 对于间接接入式

经电流互感器接入的电能表，其标定电流宜不超过电流互感器二次额定电流的 30％，其最大电流宜为电流互感器二次额定电流的 120％，即

$$I_b \leqslant 30\%\text{ 的二次额定电流 且 } I_m = 120\%\text{ 的二次额定电流} \tag{6-2}$$

如果电流互感器的二次额定电流为 5A，那么电能表的电流量程采用 1.5（6）A；如果电流互感器的二次额定电流为 1A，那么电能表的电流量程采用 0.3（1.2）A。

小 提 示　用于 330kV 及以上电压等级的电能计量时，电流量程常为 0.3（1.2）A。

小 提 示　**S 级电能表**

S 级与非 S 级电能表的主要区别在于对轻负荷计量的准确度要求不同。非 S 级电能表在 5％I_b 以下没有误差要求，而 S 级电能表在 1％I_b 即有误差要求，从而提高了电能表轻负荷时计量的准确性。

小 提 示　**熔体和熔断器的配置要求**

（1）在电能表的负荷侧，熔体的额定电流为电能表最大电流的 1.0 倍左右；熔体的熔断电流为电能表最大电流的 1.3 倍左右（以保证正常工作时不致误熔）。

（2）电能表的电源侧一般不装熔断器；如果安装熔断器，熔体的额定电流为电能表最大电流的 1.2 倍左右；熔体的熔断电流为电能表最大电流的 1.5 倍左右。

（3）熔断器的额定电压大于等于被保护电路的额定电压；熔断器的额定电流大于等于熔体的额定电流。

（4）熔断器的极限分断电流必须大于等于电路可能出现的最大短路电流（有效值）。

小 提 示　　断路器的配置要求

低压断路器的额定电压、电流，应分别不低于线路额定电压、计算负荷电流或经常性负荷电流；额定电流应约等于电流互感器一次额定电流的 1.2 倍。

五、根据计量装置技术管理规程，选择电能表的准确度等级

根据 DL/T 448—2016《电能计量装置技术管理规程》，配置电能表的准确度等级。

1. 对于 Ⅰ 类计量装置

配置电能表的准确度等级不低于：有功 0.2S；无功 2.0。

2. 对于 Ⅱ、Ⅲ 类计量装置

配置电能表的准确度等级不低于：有功 0.5S；无功 2.0。

3. 对于 Ⅳ 类计量装置

配置电能表的准确度等级不低于：有功 1.0；无功 2.0。

4. 对于 Ⅴ 类计量装置

配置电能表的准确度等级不低于：有功 2.0。

六、根据相关规程、规范、规定，选购电能表

电能计量器具应具有制造计量器具许可证（CMC 标志）和出厂检验合格证。电能计量器具的技术性能应满足 DL/T 448—2016《电能计量装置技术管理规程》及电力行业相关技术标准的要求。电能量远方终端应满足 DL/T 743—2001《电能量远方终端》及电力行业有关标准的要求。

【例 6-1】　一居民村，共有 100 家住户，每户的平均功率为 220W，应配多大电流容量的总电能表？（需要系数取 0.4）

解　计算负荷

$$P_C = K_{DF} \sum P_N = 0.4 \times 100 \times 220 = 8800(\text{W})$$

计算负荷电流

$$I_C = \frac{P_C}{U\cos\varphi} = \frac{8800}{220 \times 1} = 40(\text{A})$$

根据 $I_b \approx 30\%$ 的计算负荷电流且 $I_m \geq$ 最大负荷电流的要求，所以

$$I_b \approx 30\% \text{ 的计算负荷电流} = 30\% \times 40 = 12(\text{A})$$

其最大负荷电流不超过 60A。

因此，可配置 220V、10（60）A 的单相有功电能表。

【例 6-2】　某电力用户申报动力负荷为 10kW，功率因数为 0.86，其三相负荷基本平衡，应配置多大电流容量的电能表？

解　计算负荷电流

$$I_c = \frac{p}{\sqrt{3}U\cos\varphi} = \frac{10000}{1.732 \times 380 \times 0.86} = 17.7(\text{A})$$

根据 $I_b \approx 30\%$ 的计算负荷电流且 $I_m \geq$ 最大负荷电流的要求，所以

$$I_b \approx 30\% \text{ 的计算负荷电流} = 30\% \times 17.7 = 5.3(\text{A})$$

其最大负荷电流不超过 30A。

因此，可配置 5（30）A 或 5（60）A 的低压直通式三相四线有功电能表。

第四节　计量互感器的选择与配置

对计量互感器，应根据以下几个参数进行选择：额定电压、额定电流、额定负荷（容量）、准确度等级，必要时还应考虑动稳定和热稳定参数，等等。

互感器必须经过法定计量检定机构检定合格才能使用，严禁安装使用未经检定的互感器。

一、根据测量线路的额定电压，选择互感器的额定电压

1. 对于电流互感器

电流互感器的额定电压应与被测线路的额定相电压相对应。

2. 对于电压互感器

电压互感器的一次额定电压应被测线路电压相对应；二次额定电压通常为 100V。

通常，三相电压互感器和接于线电压的单相电压互感器的一次额定电压与系统的线电压相同，二次额定电压为 100V。单相电压互感器接于相电压的，如利用三台单相互感器 Y 形接线组成的三相互感器组，则其一次额定电压应为系统线电压的 $\frac{1}{\sqrt{3}}$。

例如：对于 110kV，电压互感器的一次额定电压应为 $110\text{kV}/\sqrt{3}$，二次基本绕组电压为 $100\text{V}/\sqrt{3}$，二次辅助绕组电压为 100V（中性点有效接地系统中）或 100V/3（中性点非有效接地系统中）。

> **小提示**　电压互感器的额定电压应大于被测电压的 0.9 倍而小于其 1.1 倍。

二、根据测量电流的大小，选择电流互感器的额定电流

1. 一次额定电流的确定

电流互感器在正常运行中的实际负荷电流，应该达到一次额定电流的 60% 左右，至少不应小于 30%；否则，应选用二次多抽头互感器，或应选用高热、动稳定电流互感器，以减小变比。

$$\text{一次额定电流 } I_{1n} \leqslant \text{正常负荷电流 }/60\% \qquad (6-3)$$

> **问题思考**　有人认为，在选择电流互感器的一次额定电流时，只要正常负荷电流在 60% 的一次额定电流附近就是最佳选择。你同意这种看法吗？

> **小提示**　**热、动稳定电流**
>
> 热、动稳定电流是衡量电流互感器承受线路故障电流能力的重要参数，应能满足所在一次回路的最大负荷电流和短路电流的要求且应考虑系统的发展情况，额定动稳定电流一般为额定短时热电流的 2.5 倍。
>
> 电流互感器的额定短时热电流：在二次绕组短路的情况下，电流互感器在 1s 内能承受热力作用而无损伤的最大一次电流方均根值（有效值）；额定连续热电流：在二次绕组

接有额定负荷的情况下，电流互感器允许连续流过而温升不超过规定限值的一次电流值（有效值）。

额定动稳定电流是指，在二次绕组短路的情况下，电流互感器能承受电磁力作用而无电气或机械损伤的最大一次电流峰值（最大值）。

小技巧   电流互感器一次额定电流 I_{1n} 的确定

（1）在实际计量工作中，确定一次额定电流的经验公式为

$$I_{max} \leqslant I_{1n} \leqslant 1.6I_c$$

式中 I_{max}——最大负荷电流；

        I_c——计算负荷电流（常以计算负荷电流 I_c 或长时负荷电流 I_{rep} 代替正常负荷电流）。

（2）对于 S 级电流互感器，一次工作电流应为额定电流的 $20\% \sim 100\%$。

（3）对于（$3 \sim 35kV$）变压器

$$I_{1n} = 1.5I_n$$

式中 I_n——变压器的额定电流。

一般来说，当电流互感器的一次电流在额定电流的 $30\% \sim 120\%$，其励磁电流所占比重较小，计量比较准确，误差小而稳定。

小提示   长期通过电流互感器的最大工作电流应小于等于其额定一次电流；尽量使电流互感器在额定电流附近运行。

2. 二次额定电流的确定

二次额定电流为 5A 或 1A。一般弱电系统用 1A，强电系统用 5A。当配电装置距离控制室较远时，为能使电流互感器多带二次负荷或减少二次电缆截面，提高计量的准确性，应尽量采用 1A，如用于 330kV 及以上电网时二次额定电流为 1A。对于新建的发电厂站和变电站，有条件时电流互感器二次额定电流宜选用 1A。

小提示   35kV 以上电压等级的，由于线路较短，一般采用 5A 的电流互感器；35kV 以下电压等级的，由于线路较长，一般采用 1A 的电流互感器。

小提示   季节性用电的电力用户可采用一种新型的复式变比电流互感器自动转换计量装置，这种计量装置具有在线检测电流大小，自动转换变比的大小，从而有效地解决低负荷和超负荷中的漏计或窃电问题，从而降低线损。

三、根据互感器的实际二次负荷，选择互感器的额定负荷容量

互感器的实际二次负荷应在 $25\% \sim 100\%$ 的额定二次负荷范围内。

互感器的额定二次负荷容量一般按略大小实际二次负荷容量的大小选择。

由于互感器每相二次负荷并不一定相等，因此，各相的额定容量均应按二次负荷最大的一相选择。

小技巧   通常计量专用电压互感器的额定二次容量取为实际二次容量的 1.5 倍左右，计量专用电流互感器额定二次容量取为实际二次容量的 2 倍左右。

四、根据计量装置技术管理规程，选择互感器的准确度等级

根据 DL/T 448—2016《电能计量装置技术管理规程》，配置电力互感器的准确度等级

1. Ⅰ、Ⅱ类电能计量装置

配置电力互感器的准确度等级不低于：TA为0.2S级；TV为0.2级。

2. Ⅲ、Ⅳ类电能计量装置

配置电力互感器的准确度等级不低于：TA为0.5S级；TV为0.5级。

3. Ⅴ类电能计量装置

配置电力互感器的准确度等级不低于：TA为0.5S级。

小 提 示　发电机出口电能计量装置中可选配0.2非S级的电流互感器，因为发电机出口等计量点的负荷较为平均。

小 提 示　0.2S级和0.5S级电能表只适用于经TA和TV接入式有功电能计量。

值得注意的是，对负荷电流小、额定一次电流大的互感器，为提高计量的准确性可选用S级电流互感器。S级电流互感器在1‰～120％电流范围内都能准确计量，用于一次电流变化范围是额定一次电流的1‰～120％的电路中。

五、根据互感器的实际二次负荷功率因数，选择互感器的额定功率因数

1. 对于电流互感器

计量用电流互感器额定二次负荷的功率因数为0.8～1.0。

2. 对于电压互感器

计量用电压互感器额定二次功率因数，应与实际二次负荷的功率因数接近。

对于电流互感器而言，电子式电能表电流回路的功率因数近似为1.0。而对于110kV及以上电压等级的电能计量装置而言，当电流互感器二次回路距离较长时，其功率因数一般为0.95以上，有的甚至近似为1.0。因此，应根据二次实际功率因数选用电流互感器的额定功率因数，或选用额定功率因数为0.8～1.0的电流互感器。

对于电压互感器而言，一般电子电能表作为电压互感器二次负荷呈现出高功率因数，有些甚至还呈现容性，一般选用额定功率因数为0.8～1.0的电压互感器。

六、根据互感器的使用场所，选择互感器的种类和型式

1. 电流互感器的选择

选择电流互感器时，应根据安装地点（如户内、户外）和安装方式（如穿墙式、支持式、装入式等）选择其型式。选用母线型时应注意校核窗口尺寸。在工作电流范围较大情况下，应选择S类电流互感器；为保证二次电流在合适范围内，应选择变比可选的电流互感器。

2. 电压互感器的选择

选择电压互感器时，应根据装设地点和使用条件进行选择。在6～35kV户内配电装置中，一般采用油浸式或浇注式，户外采用油浸式；6～35kV供电电压等级优先选用两台单相双绕组互感器Vv0接线。在110kV配电装置中，通常采用串级式电磁式电压互感器；当容量和准确度满足要求时，也可采用电容式电压互感器；220kV及以上电压等级采用电容式互感器；110kV及以上中性点大接地系统中，应选用三台单相三绕组互感器，一次绕组和二次基本绕组接成YNyn0接线组，辅助绕组接成开口三角形。

小 提 示　气体绝缘金属封闭开关设备内，宜选择电磁式电压互感器。

3. 互感器的匹配

在三相电路中，同一组的电流（电压）互感器应采用制造厂、型号、额定电流（电压）变比、准确度等级、二次容量均相同的互感器。

小 提 示　**电流互感器一次侧绕组匝数的确定方法**

在使用穿芯式电流互感器时，电流互感器一次侧匝数的确定方法如下。

（1）根据电流互感器铭牌上一次安培数和一次匝数算出该电流互感器设计安匝数（是不变的）。

（2）用所算出的设计安匝数除以所需一次电流数，即为一次侧匝数（取整数）：

$$一次匝数＝设计安匝数/所需一次安培数$$

（3）一次线穿过电流互感器中间孔的次数，即为电流互感器一次侧的匝数。

问题思考　有一电流互感器，铭牌标明穿 2 匝时变比为 150/5A。试求将该电流互感器变比改为 100/5A 时，一次侧应穿多少匝？

【例 6 - 3】　某电力用户使用 100kVA、10/0.4kV 的变压器一台，在低压侧应配置多大变比的电流互感器？

解
$$I = \frac{S}{\sqrt{3}U} = \frac{100}{\sqrt{3} \times 0.4} = 144.5(\text{A})$$

根据一次额定电流≤正常负荷电流/60％的要求，电流互感器的一次额定电流为 150A 或 200A。

因此，可配置 0.5S 级及以上、额定变比为 150/5A 或 200/5A 的低压电流互感器。

【例 6 - 4】　某照明用户的正常负荷为 40kW，平均功率因数为 0.86，供电电压为 220/380V，该用户准备安装一只 10（40）A 的三相四线有功电能表，其三相负荷基本平衡，请分析计算一下，是否合适？如果不合适，应如何配置该用户的电能计量装置？

解　计算该用户的正常负荷电流

$$I_c = \frac{p}{\sqrt{3}U\cos\varphi} = \frac{40000}{1.732 \times 380 \times 0.86} = 71(\text{A})$$

用户准备的电能表的最大电流为 40A，不能满足要求，不能装用。

根据以上计算，该用户正常负荷的单相电流为 71A，根据有关规定，应装设电流互感器，并安装带低压电流互感器的电能表。

根据一次额定电流≤正常负荷电流/60％的要求，电流互感器的一次额定电流为 75A 或 100A。

因此，可配置 0.5S 级及以上、额定变比为 75/5A 或 100/5A 的三台低压电流互感器。同时，配置一块 1.0 级及以上、3×220/380V、3×1.5（6）A 的三相四线有功电能表。

【例 6 - 5】　某 10kV 高供低计工厂，其低压计算负荷为 170kW，综合功率因数为 0.83，其三相负荷基本平衡，求出其计算负荷电流，应装多大容量的电能表和电流互感器？

解　计算负荷电流 I_c。

$$I_c = \frac{170000}{\sqrt{3} \times 380 \cos\varphi} = \frac{170000}{\sqrt{3} \times 380 \times 0.83} = 311.2(A)$$

根据一次额定电流≤正常负荷电流/60%的要求，电流互感器的一次额定电流为300A或400A。

因此，可配置0.5S级及以上、额定变比为300/5A或400/5A的三台低压电流互感器。同时，配置一块1.0级、3×220/380V、3×1.5（6）A的三相四线有功电能表。

注意，配装400A/5A电流互感器时，更能适应负荷增加的需要。

【例6-6】 某食品厂为10kV专线电力用户，电力负荷报装容量为630kVA，采用三相三线10kV高供高计的计量方式，在用户配电房安装10kV高压计量柜，试选择配置其计量器具。已知平均功率因数为0.92。

解 根据DL/T 448—2016，该装置属于Ⅲ类电能计量装置。

（1）电能表的选择。

电能表种类：三相三线电能表。

电流容量规格：3×100V，3×1.5（6）A。

准确度等级：有功0.5S级及以上；无功2.0级及以上。

（2）互感器的选择。

1）TA的选择。

$$I = \frac{S}{\sqrt{3}U} = 630/(1.732 \times 10) = 36.4(A)$$

根据一次额定电流≤正常负荷电流/60%的要求，一次额定电流取40A或50A。

TA计量绕组的变比：40/5A或50/5A。

TA计量绕组的准确度等级：0.5S级及以上

2）TV的选择。

TV的变比：10000/100V。

TV的准确度等级：0.5级及以上。

第五节　电能计量柜

一、分类

对计费电力用户用电计量和管理的专用柜型式的电能计量装置称为电能计量柜。计量柜可分为整体式和分体式两大系列。常见电能计量柜的外形，如图6-2所示。

1. 整体式电能计量柜

整体式电能计量柜是将计量单元及辅助单元所有的电气设备及部件装设于一个或几个并列构成一体的电气、机械结构组合的金属封闭柜体内的计量柜。整体式电能计量柜又可分为固定式和可移开式两种结构形式。

图6-2　常见电能计量柜的外形

（1）固定式电能计量柜是整体式电能计量柜的一种类型，其特点是将所有电气设备及部件装设在不可移出的固定安装的金属封闭柜体内。

（2）可移开式电能计量柜是整体式电能计量柜的另一种类型，其特点是将部分电气设备及部件装设在可移开的小车上或可抽出的抽屉中，当检修或试验时，可将小车或抽屉抽出或脱离柜体。

2. 分体式电能计量柜

分体式电能计量柜是有别于整体式电能计量柜的又一种类型的电能计量柜。分体式电能计量柜的结构特点是，将计量用互感器与电能表分别装设在单独的柜体内，或将计量用互感器布置在户外或户内的电气间隔内，而仅将电能表装设在单独的柜体内。

分体式电能计量柜由计量互感器柜（或户外互感器）和计量仪表柜组合而成，两者之间用电缆连接。计量互感器柜内只安装计量电流互感器、电压互感器、主电路电气设备及部件；计量仪表柜内只安装电能表、试验接线盒、电能信息采集终端等。

二、型号

电能计量柜型号的含义如下：

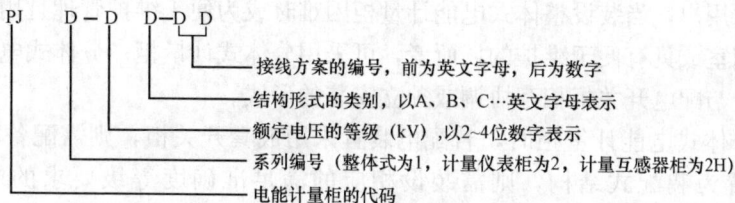

```
PJ  D-D  D-D D
        │   │  │  └── 接线方案的编号，前为英文字母，后为数字
        │   │  └───── 结构形式的类别，以A、B、C…英文字母表示
        │   └──────── 额定电压的等级（kV），以2~4位数字表示
        └──────────── 系列编号（整体式为1，计量仪表柜为2，计量互感器柜为2H）
    └──────────────── 电能计量柜的代码
```

注：电压等级如 35，代表 35kV；038，代表 0.38kV；010，代表 0.10kV。

三、计量方式

计量柜的计量方式主要有以下六种。

（1）实行两部制电价，功率因数考核，分时计量的低压计量大用户。

（2）实行两部制电价，功率因数考核，互馈小发电的低压计量大用户。

（3）实行两部制电价，功率因数考核，计量需量的低压计量大用户。

（4）实行单一制电价，功率因数考核的低压计量大用户。

（5）实行单一制电价，不实行功率因数考核的低压计量用户（经互感器接入式电能表）。

（6）实行单一制电价，不实行功率因数考核的低压计量用户（不经互感器接入式电能表）。

四、接线方案编号

电能计量柜的方案编号用 J1、J2、J3 等符号表示，分别表示一次回路不同的接线方式。

例如，PJ1 - 10A - J1 与 PJ1 - 10A - J2 都表示 10kV 整体式电能计量柜，与 GG - 1A（F）开关柜配合，上（下）进线，下（上）出线，但是 J1 型计量柜内的两组隔离开关，分别位于靠近顶部主母线与主母线相连接处和位于电压互感器高压熔断器电源侧，而 J2 型计量柜内的两组隔离开关则分别位于电流互感器下部出线处和电压互感器高压侧熔断器的电源侧。

五、配置原则

按配电装置进出线方式和方向选择一次接线方案，按全国电能计量柜联合设计组编写的

《电能计量柜设计安装手册》确定计量柜的型号。

对 6～35kV 用户配电室，当采用屋内配电装置，且为成套开关柜时，应采用相同电压等级的整体式电能计量柜，并布置在进线开关柜之后（第二柜）；对个别 6～10kV 不设进线断路器，而采用屋外跌开式熔断器的配电室，计量柜可布置在第一柜。

（1）当用户配电室采用双电源供电时，在每个电源回路均应设置计量柜。

（2）已建成的用户配电室，在计量改造时，或新建用户配电室因场地狭小装设困难时，可以采用电能计量装置和普通的测量保护用电压互感器合一的 PJ1 - 10D 型整体式电能计量柜。

（3）0.38kV 低压整体式电能计量柜的装设位置可分为三种方式：当用户负荷较大、设有单独的低压开关柜时，计量柜应布置在进线柜之后，即第二柜；当用户负荷较小，没有单独的进线开关柜，可采用内设进线的电能计量柜，此时，电能计量柜布置在第一柜；当用户负荷很小，可以采用带有进线开关和馈线开关的计量柜，而不再设置其他配电柜，此时电能计量柜独立安装。

（4）下列情况可以装分体式电能计量柜：35kV 以上电压等级的电力用户；0.38～35kV 电压等级的电力用户，当装设整体式电能计量柜困难时或为便于维护管理且用户处设有专人值班的集中控制室或具有便于维护的场所者，可采用分体式计量柜；分体式电能计量柜应根据安装位置选择与配电开关柜相互协调或独立安装的形式。

（5）采用分体式电能计量柜时，若配电装置采用成套开关柜，则需配备相应的互感器柜；若配电装置为装配式结构，则需装设相应的满足准确度等级要求的电流、电压互感器。

（6）居民用电计量装置应配置于符合要求的计量箱内。

六、配置要求

（1）新建电源、电网工程的电能计量装置应采用专用电压、电流互感器的配置方式，35kV 及以上电压等级，应采用专用计量二次绕组。对于在用电能计量装置有条件时也应逐步改造，使其满足现行技术管理要求。

（2）10kV 及以下的电能计量柜应采用整体式电能计量柜。

（3）10kV 以上、110kV 以下的电能计量装置宜采用分体式电能计量柜。配置专用的电流、电压互感器、二次回路以及专用计量屏，以二次电缆与电能计量电压、电流互感器柜相连接。

（4）110kV 及以上的电能计量装置应配专用的电流、电压互感器或专用计量绕组，具有专用二次回路及专用计量屏，以电缆与电流、电压互感器相连接。

（5）35kV 电能计量装置采用专用电能计量柜时，柜中安装电能表和互感器；采用线路开关柜式时，电能表、电流互感器、高压开关设备安装在同一面柜中，电压互感器安装在另一面柜中；采用户外电能计量箱时，箱中安装电能表；10kV 电能计量柜中集中安装电能表、互感器、高压开关时，采用固定结构的整体柜。

（6）380V 电能计量装置采用计量柜、配电柜、计量箱形式时，柜、箱中安装进线开关、电流互感器、电能表；采用箱式变电站结构时，电流互感器、电能表分别安装在互感器室、电能表室。220V 电能计量装置采用箱式结构时，应满足单只或多只单相电能表的安装要求。

七、技术要求

1. 电能计量柜的额定电压及额定电流

（1）整体式电能计量柜和计量互感器柜，额定电压以其主电路的额定电压标示，有 0.38、6、10、20、35kV。额定电流以其主电路的额定电流标示，分为 630、800、1000A 三挡。

（2）计量仪表柜，额定电压以电压互感器的额定二次电压（100V）标示；额定电流以计量电流互感器的额定二次电流标示，1A 或 5A。

（3）辅助单元控制、信号额定电压：交流为 220V，直流为 48、110、220V。

2. 计量电流互感器

（1）额定二次电流优先选用 1A。

（2）计量绕组准确度等级为 0.2S 级或 0.5S 级。

（3）额定二次负荷不宜大于实际负荷 2 倍。

（4）误差特性检测时，二次额定电流为 1A 的下限负荷取值 1VA；二次额定电流为 5A 的下限负荷取值 3.75VA。

（5）整体式电能计量柜或计量互感器柜采用的电流互感器，其额定一次电流标准值为 10、20、30、40、50、60、75、100、150、200、300、400、500、600、750、800A 或 1000A。

3. 计量电压互感器

（1）额定二次电压标准值为 100V 或 $100/\sqrt{3}$V。

（2）额定二次负荷不宜大于实际负荷 2 倍。

（3）计量绕组准确度等级为 0.2 级或 0.5 级。

（4）误差特性检测时，最小下限负荷值为 2.5VA。

（5）整体式电能计量柜，电压互感器的额定一次电压标准值为：0.38、6、10、20kV 或 35 kV；分体式电能计量柜，电压互器的额定一次电压标准值为：0.38、6、10、20、35、66、110、220、330、500、750kV。

> 🔧 小 提 示　　对于大电力用户的计量柜，除电能表由供电部门提供以外，其他所有电气设备及器件，如互感器、失压计时器、采集终端、试验接线盒等，均应随计量柜一同设计配置。这些电气设备及器件必须符合计量技术标准，并经计量管理部门检定、确认合格。

> 🔧 小 提 示　　低压计量箱的种类和型号

低压计量箱型号每一位字母表示计量箱的材质；第二位表示其种类。低压计量箱可分两大类：直接接入式和经 TA 接入式。直接接入式可分为单相单表位（D1）箱、单相多表位（D2）箱、三相单表位（S1）箱、三相多表位（S2）箱；经电流互感器接入式可分为一表位箱和两表位箱，均用 S3 表示。计量箱的材质有热镀锌金属型 RX、不锈钢金属型 EX、PC＋ABS 型 PX、SMC 非金属型 SX。

第六节　关口电能计量的技术要求

所谓关口就是电网联络线中售购双方确认的电量计量点。关口是电能量交换的节点，常指发电公司出口，高压变电站联络线以及带有自备电厂的大工业用户。用于关口电能计量的电能表称为关口电能表。关口电量交换的形式可以是有功电量，也可以是无功电量或是视在电量。由于关口计量的特殊性，诸如电量大、负荷动态变化范围宽、负荷变化频繁、气候环境和电磁干扰恶劣等，因此对关口电能表的设计、制造和工艺比普通计费的电能表有更高的要求。

一、关口的分类

关口可分为如下所示三种类型。

1. 上网关口

上网关口，包括上网关口备用，指各发电公司、独资合资电厂等上网的电能计量装置及对侧的备用电能计量装置。

2. 输电关口

输电关口，指区域、省际企业间用于贸易结算的电能计量装置。

3. 下网关口

下网关口，各省与区域电网用于贸易结算的电能计量装置。

> **小 提 示**　下网关口一般设置在各关口变电站的主变中压侧。

> **小 提 示**　**新电力营销应用系统中关口的分类**

在新电力营销应用系统中，将关口分为四类。一般关口（非台区、非变电站、非电厂）、台区关口、变电站关口、发电厂站关口。

二、关口电能计量点和关口电能计量装置

1. 关口电能计量点

关口电能量计量点是电网企业之间、电网企业与发电或供电企业之间进行电能量结算、考核的计量点，简称关口计量点。

这类用户的特点是：需要测量有功正反向、无功四象限，功率潮流变化大，负荷动态范围宽，信息采集频率高、数据传输量大，具有多费率分时计量和功率因数考核功能。

2. 关口电能计量装置

关口电能计量装置是衡量关口分界处电能量的流向及其大小的装置，它记录的电能量作为技术经济指标统计、核算的基础数据，是保证电力市场能否正常运行的关键，其计量的准确性直接关系到发供电企业的经济效益和社会效益。

三、关口电能计量点的设置原则

根据 DL/T 5202—2004《电能量计量系统设计技术规程》，关口计量点设置原则如下：

（1）供用电设施产权分界处或合同协议中规定的贸易结算点。

（2）发电企业上网线路的出线侧。

（3）跨国、跨大区、跨省以及电网经营企业间联络线和输电线电源侧。

（4）直流输电线路设置在交流电源侧。因为国内、外生产的直流电能量计量表计尚未过关。

（5）发电厂的启动/备用变压器高压侧和变电站用电引入线高压侧。

（6）省级电网经营企业与其供电企业的供电关口，即降压变电站主变压器的高、中、低压侧。

（7）厂站主接线为双母线带旁路接线方式时，旁路断路器处应设置关口计量点。因为旁

路断路器具有线路替代功能。

（8）按发电机确定产权的发电厂，关口计量点可设置在发电机—变压器高压侧。

（9）电网中联络线、输电线路一侧确定为关口计量点时，另一侧可设关口计量的备用点。

四、关口电能计量装置的配置要求

1. 关口计量装置的设置

关口计量装置一般设置、安装在变电站所内。

2. 关口电能表和互感器的配置

一般关口计量点宜配置计量表计为有功 0.5S 级（无功 2.0 级）准确度等级的双方向高准确度电能量计量表计，此时电压互感器准确度应选为 0.2 级、电流互感器准确度应选为 0.2S 级。

特别重要的关口计量点亦可配置有功 0.2S 级（无功 1.0 级）准确度等级的双方向高准确度电能量计量表计，此时电压互感器准确度应选为 0.2 级、电流互感器准确度应选为 0.2S 级。

变电站所用关口计量点的电能量表计可配置有功 1.0 级（无功 2.0 级）准确度等级的电能量计量表计，此时电压互感器准确度应选为 0.5 级、电流互感器准确度应选为 0.5S 级。

接入中性点绝缘系统的电能计量装置，应采用三相三线有功、无功电能表。接入非中性点绝缘系统的电能计量装置，应采用三相四线有功、无功电能表。

当线路两侧均设置为电能量计量点时，宜选用相同的电能量计量表计；重要关口计量点的电能量计量表计可采用双表配置。

发电厂站的上网关口计量点，依据需要配置相同的两块表计；按主/副方式运行。

计量单机容量在 100MW 及以上发电机组上网贸易结算电量的电能计量装置和电网经营企业之间购销电量的电能计量装置，宜配置准确度等级相同的主副两套有功电能表，电能表下端加有回路名称标签（如母联 600）。

具有正、反向送电的计量点应装设计量正反向有功电量以及四象限无功电量的电能表。

同一个关口计量点的电能量信息需向多个计量系统主站传送时，应杜绝计量表计重复设置，以确保计量信息的唯一性。

当电能计量点与关口计量点同为一点时，电能计量表计应合二为一。

当现场电能量计量表不能满足电能量计量系统的要求时，应单独装设电能量计量表，并设置专用的电能量关口计量装置屏体。

应配置复费率、复时段、宽量程、具备数据传输功能、多功能电能表。

为随时反映系统的边际供电成本，应具有实时计价功能。

3. 二次回路的配置

互感器的二次回路必须专门配置，不得与保护、测量和远动设备共用。

电压互感器二次回路的连接导线应采用铜质单芯绝缘线，导线截面积应按允许的电压降计算确定；对电流、电压二次回路，导线截面积至少不应小于 4.0mm^2。

电能量计量表计输入回路电缆宜采用屏蔽电缆；电缆的屏蔽层一侧应接地。

小提示 当专用电压互感器二次回路必须接入开关设备触点时，接入的开关设备触点应采用多接点并联，以减少接触电阻。

4. 电能计量柜的配置

电量关口的电能计量系统应由全网统一配置电能计量柜。在以双母线方式运行的发电厂和变电站，为确保二次回路的切换，应配置统一的继电器屏，其中需含有电压互感器二次回路失压报警功能装置。

五、关口电能表的技术特性要求

不是 0.2S 级的电能表都可用作关口电能表的。一些厂商出于不同的目的，往往混淆了关口电能表和工商业用户计费多功能电能表的区别。在国外，关口电能表称为 GT & D（Generation Transmission & Distribution Application）电能表，采用专门设计而成；而工商业用户计费的多功能电能表称为 C & I（Commercial & Industrial Application）电能表，通常采用 1.0、0.5S、0.2S 级电能表的通用电路。

1. 更高级别的准确度和负荷曲线的一致性

由于关口计量的电量值巨大，对计量的准确度提出了更高的要求。按照计量规程和新的售电合同，发电厂和关口计量表计的准确度应为 0.2S 或 0.5S 级，但在具体电力市场交易中，以一台 300MW 发电机组为例，即使电能表有 $\pm 0.1\%$ 的误差，一天 24h 就会带来 ± 7200kWh 的发电量计算偏差，一个月 30 天将是 ± 216000kWh，其结果将直接影响售购双方的经济效益。

在试验室中，单块电能表测试时很容易通过 0.2S 级表的误差要求；但在实际使用中为了做到公正计量，在售、购双方都要安装计量表计，加之主表和备表，一个计量点有时要装 4 块电能表。在测试和运行实践中要求这 4 块表在不同负荷，不同功率因数和外部物理条件变化时，具有平坦一致的计量负荷特性和误差要求，且随运行时间和外部物理条件变化的影响要小。由此对计量表计的准确性，稳定性和一致性提出了很高的要求，对实际误差要求需控制在 $\pm 0.05\%$ 范围内，以避免交易结算时引起售、购双方的数据偏差。

为了达到高准确度的电能计量以及必要的准确度储备，关口电能表应采用 14～16 位模拟数字转换的有源变换技术，DSP 电路采用每周波 128 点或更高的采样速度以及运算速度快的一个或多个 32 位高速 CPU，分别用作信号处理、测量、数据处理、存储和通信。

事实上，对关口电能表的准确度和稳定度的要求已经超过了 0.1 级标准表。

2. 高度的可靠性和重复性

计量表计的测试数据是整个电力交易市场交易的依据，因此，电表数据的稳定性和可靠性，安全性和完整性对系统的正常运行至关重要。关口电能表所处的关口运行环境往往温差大，电磁干扰强，雷击、闪变和浪涌多。因此，对电路的抗干扰设计，所用元器件的参数和质量要求以及制造工艺更为严格，以获得产品计量特性的高可靠性和一致性，而制造厂的经验，先进的电子产品制造厂房，装备和生产线是保证产品质量的重要前提。

为进一步保证产品可靠性，一些厂家根据各自条件还采取了比 IEC 和 ANSI 标准更为严格的测试，如电压变化影响、电压中断影响、高压冲击影响、环境温度变化影响、无线电频率干扰影响、工作温升影响、相对湿度影响、机械冲击测试、机械振动测试、无线电频率传导和辐射测试、快速暂态和振荡暂态测试、快速暂态下的电源升降测试，以及 31、154、

454MHz 无线电频率干扰测试，不规则电源循环测试，低电压延续测试，等等。

3. 较宽的动态范围和快速的响应特性

相对用户计费电能表而言，关口计量的电量值巨大且负荷变化快，变化频繁，功率因数变化范围也较宽，有时甚至工作在轻载条件下，这就要求关口电能表的设计不但要具有高的准确度，而且要有宽的动态范围和快速响应特性。尤其是在低负荷轻载条件下，负荷特性仍应平坦，保持高准确度，特性曲线不应上凸或下凹。轻载特性是衡量关口表性能的重要指标。同时，对关口表的温漂和自热特性也比通常计费表要高。

4. 强大灵活的通信功能

关口电能表灵活的输入输出功能和众多的软件选项对用户非常方便实用。关口电能表可通过帧中继、光纤、无线、有线、电话网和微波等多种方式高速通信，强大灵活的通信协议可连接到多种系统，这个灵活性使得与用户现有系统的配合十分方便。

5. 0°～360°范围内有功/无功计量准确，增加临界相位角计量准确度考核

有功计量 90°±0.5°、270°±0.5°考核；无功计量 0°±0.5°、180°±0.5°考核。

【例 6-7】 对某 110kV 电力用户，用电容量为 100000kVA，其内部安装了自备电厂，该用户执行两部制电价。正常情况下自备电厂供电无法满足自身用电需求，需从电网内取用部分容量；用电设备检修时，自备电厂通过电能计量装置上网。试配置其电能计量装置。

解 所配置的电能计量装置的关键技术参数如下：

(1) 计量器具的准确度等级。由于该电力用户的电压等级为 110kV，故该用户电能计量装置属于Ⅱ类，因此计量器具的准确度等级要求不低于：有功电能 0.5S 级、无功电能 2.0级；电压互感器 0.2 级、电流互感器 0.2S 级。

(2) 电能计量的接线方式。110kV 属于中性点非绝缘系统，电能计量应选用三相四线电能表，其规格为 3×57.7/100V，3×1.5 (6) A。

电流互感器的数量为 3 台，其二次绕组与电能表之间宜采用 6 线连接；电压互感器数量为 3 台，采用 YNyn0 方式接线，其一次侧接地方式与系统的接地方式一致。

(3) 电能表的功能。该用户执行两部制电价和实行复费率管理，宜采用全电子式多功能电能表；电能表至少具备电能计量、最大需量计量、复费率、双向计量、四象限无功电量计量等功能，而且应采用主副表计量，故选用两台准确度等级不低于 0.5S 级（有功）、2.0 级（无功）的多功能电能表，以满足最大需量、分时电量以及功率因数调整电费等管理要求。另外，要求电能表具备数据通信功能，其通信规约应符合 DL/T 645—2017 的规定。

(4) 互感器的变比。

1) 电流互感器。如果功率因数按 0.6 计算，那么负荷电流

$$I = \frac{P}{\sqrt{3}U\cos\varphi} = \frac{100000}{1.732 \times 110 \times 0.6} = 875(\text{A})$$

根据一次额定电流≤正常负荷电流/60% 的要求，电流互感器的一次额定电流为 1000A 或 1250A。

因此，可配置额定变比为 1000A/5A 或 1250A/5A 的三台变比相同的高压电流互感器。

实际选择使用时，可根据该电力用户的工作电流变化范围确定其电流互感器的变比。

2）电压互感器。三台电压互感器的变比均为 110kV/100V。

（5）互感器的容量。对于贸易结算用电能计量装置，应按计量点要求配置计量专用电压、电流互感器或者具有计量专用二次绕组的互感器。互感器的额定二次容量应根据实际二次容量进行选择。

（6）二次回路导线的材质和截面积。

1）材质：二次回路的连接导线，应采用铜质单芯绝缘导线。

2）截面积：对于电流二次回路，连接导线截面积应根据电流互感器的额定二次容量计算确定，至少应不小于 4.0mm^2；对于电压二次回路，连接导线截面积应根据允许的电压降计算确定，至少应不小于 2.5mm^2。

练习与思考题

1. 电能计量装置有哪些主要部件？

2. 电能计量装置是如何按计量对象重要程度和管理需要分类的？

3. 电能计量装置配置的总体原则是什么？

4. 计量方式的技术要求有哪些？

5. 一个永久性单相设备用户，如果其计算负荷电流在 25A 及以下时，应采用哪一种供电进户方式和电能计量方式？

6. 对于高压供电的用户，一般应采取哪一种计量方式？

7. 电能计量装置的接线方式是如何规定的？

8. 供电设施的责任分界点应该由供电部门确定。你认为这种说法正确吗？

9. 某室内球场以三相四线供电，U 相接 5kW 日光灯，V 相接 3kW 日光灯、5kW 白炽灯，W 相接 6kW 的日光灯。问应配多大电流量程的电能表？（已知日光灯的功率因数为 0.66）

10. 对计量互感器，应根据哪几个参数进行选择？

11. 有人认为，计量电压互感器的一次额定电压应满足电网电压的要求，二次额定电压应与测量仪表等二次设备的额定电压相一致。这种说法正确吗？

12. 减小二次额定电流，如将额定电流从 5A 换成 1A，有何现实意义？

13. 如何配置 10kV 贸易结算用电能计量装置中互感器的准确度等级？

14. 有一电流互感器，铭牌标明穿 2 匝时变比为 150/5A。试求将该电流互感器变比改为 100/5A 时，一次侧应穿多少匝？

15. 某电力用户使用 315kVA、10/0.38kV 的变压器一台，在低压侧应配置多大变比的低压电流互感器？

16. 某 35kV 电力用户，变压器装接总容量为 5000kVA，并采用 35kV 侧计量方式。问该用户的计量电流互感器及电能表应如何选配？

17. 某工厂的总负荷为 182.5kW，综合功率因数是 0.89，应装多大容量的电能表？如何配置电流互感器？（需要系数取 0.8）

18. 某电力用户新装一台容量为 315kVA 变压器 10kV 供电，采用三相三线高供高计。

试选配电流互感器、电压互感器及电能表的重要参数。

19. 什么是电能计量柜？电能计量柜可分为哪两大类？

20. 指出某型号为 PJ1-10A-J2 的电能计量柜的具体型号含义。

21. 什么是关口电能计量点？什么是关口电能计量装置？

第七章　电能计量装置的安装接线

第一节　计量互感器的接线方式

一、变压器的联结组别

1. 单相变压器的联结组别

在单相双绕组变压器中，一、二次绕组的电压相位只有同相和反相两种。同相用 Ii0 表示，一、二次绕组的首端为同名端；反相用 Ii6 表示，一、二次绕组的首端为异名端。

2. 三相变压器的联结组别

对于三相变压器，一、二次绕组采用不同的接法，可使一、二次绕组的线电压出现不同的相位。按一、二次绕组线电压的相位关系，将绕组的接法分成各种不同的组合，称为绕组的联结组别。联结组别由联结方式和联结组标号两部分组成。

为了区别不同的联结组别，采用时钟序数法表示联结组的标号，即对于有两套绕组的变压器，将高压绕组的线电压相量作为参照相量，用时钟的长针（分针）表示，并将长针指在 0 点（旧标准的 12 点）上，而将低压绕组的线电压相量作为时钟的短针（时针）。若短针指在哪个数字上，则该数字就是联结组的标号，用 0～11 等数字表示。

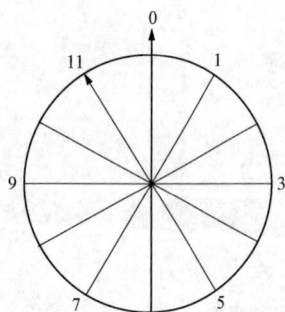

图 7-1　联结组标号的时钟
序数法示意图

联结组别的表示方法为：将高压绕组的联结方式符号（Y 或 D，若引出中性线则为 YN）排在前面，低压绕组的联结方式符号（y 或 d，若引出中性线则为 yn）排在后面，并在低压绕组的联结方式符号后面标出联结组的标号。联结组标号的时钟序数法示意图，如图 7-1 所示。

例如，一台三相变压器的高压绕组为三角形连接，低压绕组为星形并有中性线引出，而且低压绕组上的线电压超前于相应的高压绕组的线电压 30°，则其联结组别为 Dyn11。

注意：在电能计量中，要求一、二次电压的相位差为 0°，即联结组的标号为 0。

二、电流互感器的正确接线

1. 电流互感器的接线方法

利用一台单相电流互感器，串入被测单相电路中可以测量该单相电路的电流。单相电流互感器的接线示意图，如图 7-2 所示。

两台或三台电流互感器在电能测量时的不同接线方式如图 7-3 所示。所有计量电流互感器的二次接线应采用分相接线方式，非计量电流互感器可以采用完全星形（简化四线方式）或不完全星形接线方式（简化三线方式）。

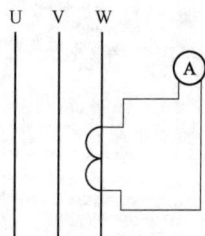

图 7-2　单相电流互感器的接线

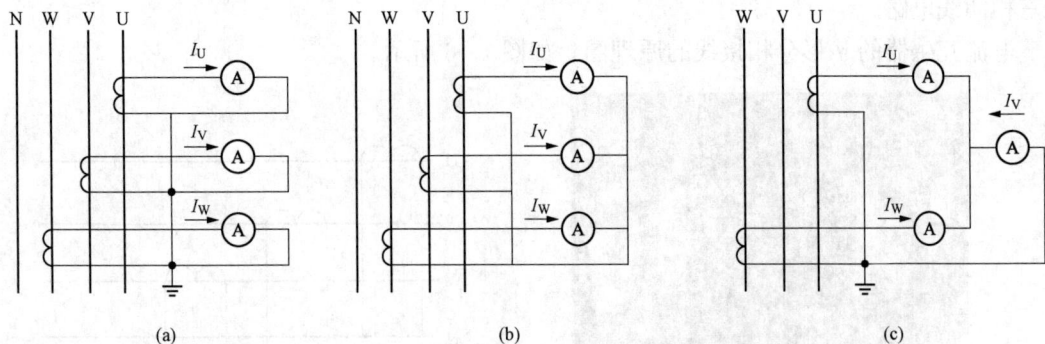

图 7-3　电流互感器的不同接法
(a) 分相接法；(b) Y 形接法；(c) V 形接法

(1) 分相接法。三台电流互感器分别各自独立与电能表对应相的电流测量元件连接。

小 提 示　　**电流互感器分相接线方式的优点**

分相接线的优点主要有错误接线的机会较少；用单相方法校验时，现场校验与实际运行时负荷相同。

(2) 完全星形接法。在三相四线电路中，三台电流互感器的二次回路按 Y 形共相方式连接。

小 提 示　　如果采用完全 Y 形接线时，那么不允许公共线断开，否则会造成较大的计量误差。

(3) 不完全星形接法。在三相三线电路中，两台电流互感器的二次回路按 V 形共相方式连接。

问题思考　　在以上接线中，为什么可以少一个电流互感器？

2. 两台电流互感器的 V 形分相接线

两台电流互感器的 V 形分相接线，适用于中性点不接地或经消弧圈接地的高压三相系统，特别是 10kV 配电中的高压计量电流互感器。

电流互感器的 V 形分相接线的原理图，如图 7-4 所示。

小知识　　电力系统的接地方式与电能计量的接线方式密切相关。电力系统的接地方式可分为中性点有效接地系统和中性点非有效接地系统。中性点有效接地系统，即大电流接地系统，是中性点直接接地系统或经一低值阻抗接地系统；中性点非有效接地系统，即小电流接地系统，是指中性点不接地、经高值阻抗接地、谐振接地系统。谐振接地系统是指中性点经消弧圈接地系统。

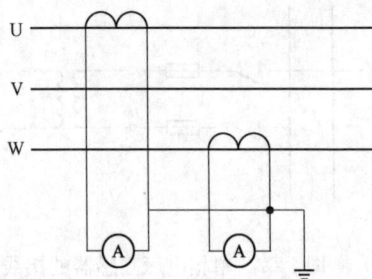

图 7-4　电流互感器 V 形分相接线的原理图

两台电流互感器一、二次 V 形接线的现场实际安装接线图，如图 7-5 所示。

3. 三台电流互感器的 Y 形分相接线

三台电流互感器的 Y 形分相接线，常用于高压大电流接地系统、发电机二次回路及低压三相四线电路。

电流互感器的 Y 形分相接线的原理图，如图 7-6 所示。

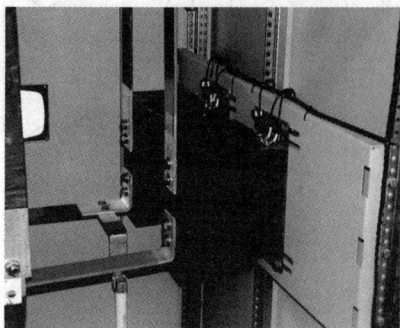

图 7-5　两台电流互感器一、二次 V 形接线的现场
安装接线图

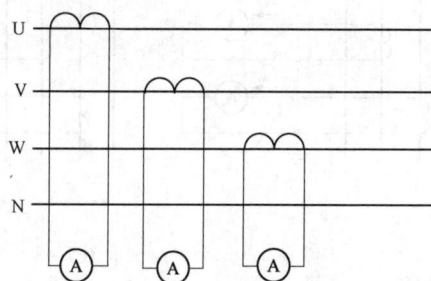

图 7-6　电流互感器 Y 形分相接线的
原理图

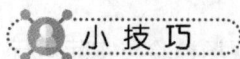

小技巧　为了安全和方便工作，在高压电路中，即使计算负荷电流没有超过 60A，或负荷电流没有超过测量表计的电流量限，电能表或电流表的接入还是按经电流互感器的方式接入。

三、电压互感器的正确接线

1. 单相电压互感器的接线

利用一台单相电压互感器，接入两相相线之间可以测量线电压，或接入相线与地之间可以测量相对地电压。单相电压互感器的接线示意图，如图 7-7 所示。

2. 由两台单相双线组电压互感器 Vv0 接线

Vv0 接线，适用于中性点不接地或经消弧圈接地的 35kV 以下的高压三相三线系统，特别是 10kV 配电中的高压计量电压互感器通常采用这种接线方式。

Vv0 接线的原理图，如图 7-8 所示。

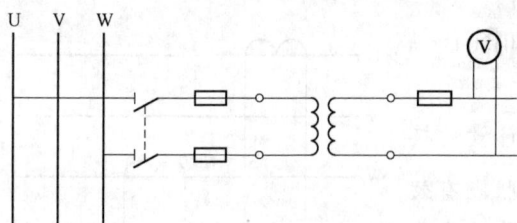

图 7-7　单相电压互感器的接线示意图

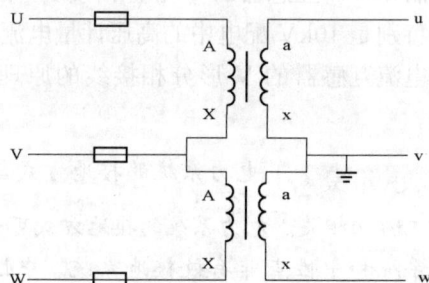

图 7-8　电压互感器 Vv0 接线方式的
原理接线图

Vv0 接线的优点：节省了一台单相电压互感器；能满足三相电能表所需的线电压。

Vv0 接线的缺点：不能测量相电压；不能进行绝缘状况监视；总有效输出容量仅为两台容量之和的 $\sqrt{3}/2$ 倍。

小 提 示 电压互感器一次计量回路中接入高压熔断器，而二次计量回路中不接入熔断器；否则会增加电压二次回路压降，而且若熔体熔断，会使电能表少计，并增加窃电者的窃电机会。

电压互感器 Vv0 接线的内部接线方式，如图 7 - 9 所示。

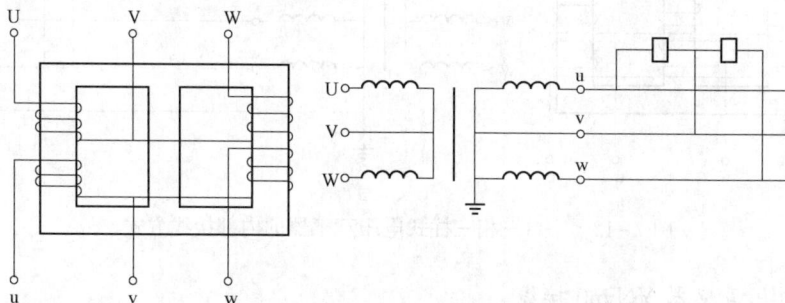

图 7 - 9　电压互感器 Vv0 接线的内部接线方式

两台电压互感器 V 形接线的现场实际安装接线图，如图 7 - 10 所示。

3. 三相电压互感器 Yyn0 接线

Yyn0 接线，适用于中性点绝缘系统的 35kV 及以上的高压三相三线系统，可用一台三相三柱式电压互感器构成，有时采用三台单相电压互感器构成三相电压互感器组。从过电压保护观点出发，要求高压侧不接地以防高压侧单相接地故障，可以防止高压侧单相接地而烧损电压互感器。

Yyn0 接线方式的原理图，如图 7 - 11 所示。

图 7 - 10　两台电压互感器 V 形接线的
　　　　　　现场安装接线图

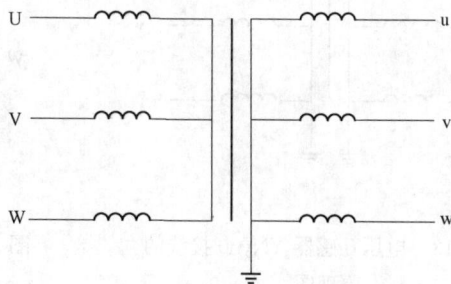

图 7 - 11　电压互感器 Yyn0 接线方式的
　　　　　　原理图

Yyn0 接线的优点是既能测量线电压又能测量相电压；缺点是当二次负荷不平衡时会引起较大的计量误差。

小 提 示 这种接线方式既可测量线电压又可测量相电压，但不能测量对地电压，因为一次绕组接的是相线对中性点的电压，而不是相线对地的电压。当系统发生高压侧单相接地时，接地的一相虽然对地电压为零但对中性点电压仍是相电压，此时加在一次绕组上的电压并未改变，二次电压也未改变，因此绝缘监察反映不出系统的接地故障。

一台三相三柱式电压互感器的内部接线方式，如图 7 - 12 所示。

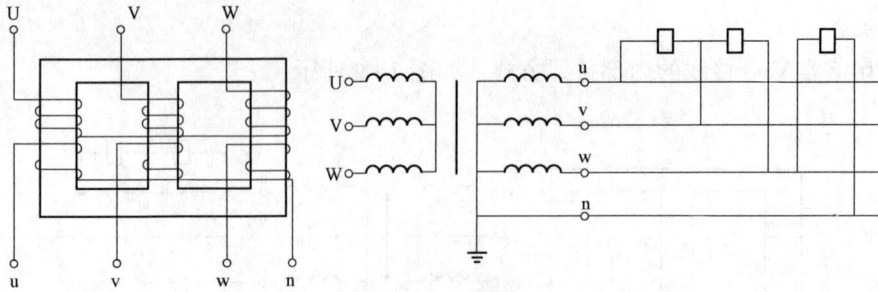

图 7 - 12　一台三相三柱式电压互感器的内部接线方式

4. 三相电压互感器 YNyn0 接线

YNyn0 接线，当用于大电流接地的高压三相系统时，较多采用三台单相电压互感器构成三相电压互感器组。

YNyn0 接线的优点：由于高压中性点接地，可降低线路绝缘水平，使成本下降；电压互感器绕组是按相电压设计的，既可测量线电压又可测量相电压和对地电压。电压互感器 YNyn0 接线的原理图，如图 7 - 13 所示。

YNyn0 接线，当用于小电流接地的高压三相系统时，多采用一台三相五柱式电压互感器构成。二次侧增设开口三角形的辅助绕组可供绝缘监视或继电保护使用，如图 7 - 14 所示。

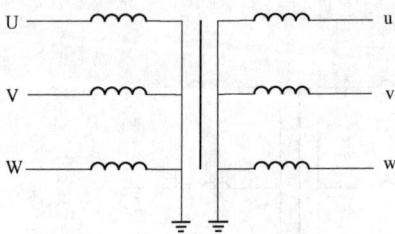

图 7 - 13　电压互感器 YNyn0 接线的
　　　　　　原理图

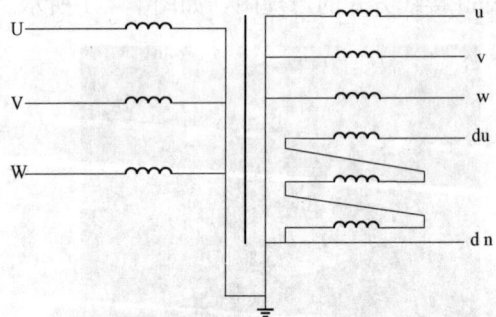

图 7 - 14　一台三相五柱式电压互感器按 YNyn0/
　　　　　　开口三角形接线方式的原理图

小提示　对于 110～500kV 线路，高压侧不装设熔断器。

5. 三相五柱式电压互感器 YNynd 接线

一台三相五柱式电压互感器 YNynd 接线，特别适用于 3～20kV 的高压三相三线电网。

三相电压互感器的二次侧带开口三角形的辅助二次绕组，引出两个接线端子，可构成零序电压过滤器供对地绝缘状况监视。正常时开口三角形两端的电压为零，当一相接地时，开口三角形两端的电压为 100V。此种接法一、二次侧均有中性线引出，既可测量线电压又可测量相电压。

一台三相五柱式电压互感器 YNynd 接线方式的原理图，如图 7-14 所示。

一台三相五柱式电压互感器的内部接线方式，如图 7-15 所示。

图 7-15 一台三相五柱电压互感器的内部接线方式

小 提 示 对于三相五柱式电压互感器，当系统出现一次对地短路时，由于铁芯有两个边柱构成磁通路，故发热少，短路时间不长时不会危害电压互感器的安全运行。

三台单相电压互感器组成三相电压互感器的内部接线方式，如图 7-16 所示。

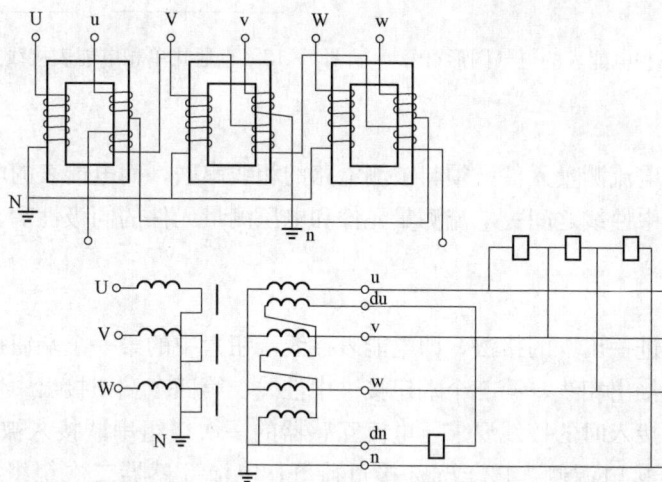

图 7-16 三台单相互感器组成三相电压互感器的内部接线方式

小 提 示 一般来说，在 35～330kV 的三相电网，利用三台单相电压互感器变压；在 3～10kV 的三相电网，利用一台三相五柱式电压互感器变压。

四、注意事项

（1）电压互感器应并联在电流互感器的电源侧。若将电压互感器并联在电流互感器的负荷侧，则电压互感器一次绕组电流必定通过电流互感器的一次绕组，因而使电能表多计了不是负荷所消耗的电能，还容易引起电能表正向潜动。

（2）对于配置 10kV 三相五柱式电压互感器的二次回路，为满足三相三线两元件电能表接入线电压的技术要求，电能表的电压应取至 TV 的线电压 U_{uv} 和 U_{wv}。同时，在电能表二次电压回路中，严禁再次接地。

第二节　单相电能表的接线方式

一、单相电能表

单相电能表用来计量单相电路电能，是应用得最多的一种电能表。有的三相电能表也是由三个单相电能表组合而成的。

单相电能表的电气图形符号，如图 7-17 所示。直通式单相电能表接线方式的原理图，如图 7-18 所示。

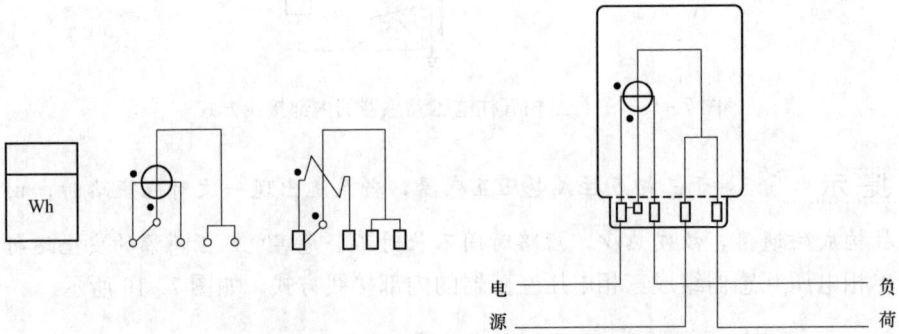

图 7-17　单相电能表的电气图形符号　　　图 7-18　直通式单相电能表接线方式的原理图

1. 接线原理

单相电能表的电流测量元件必须与被测电路的相线串联，而电能表的电压测量元件应并联在电源的相线与中性线之间；电流测量元件和电压测量元件的同极性端，均应与电源的相线相连。

2. 接线要求

通常采用"一进一出"的接法，即电能表接线端钮盒中的第一个端钮接单相电源线的进相线、第二个端钮接出相线、第三个端钮接进中性线、第四个端钮接出中性线。

经电流互感器接入时的接线要求：电流互感器的一次绕组串联接入被测量电流回路中，接线端钮 P1 或 L1 接电源侧、P2 或 L2 接负荷侧；电流互感器二次绕组的接线端钮 S1 或 K1 接入电能表电流测量元件的同极性端钮中，电流互感器二次绕组的接线端钮 S2 或 K2 接入电能表电流测量元件的另一个端钮中；同时，电能表的电压测量元件的同极性端钮接在被测量回路上。

在实际接线时，可参照接线端钮盒盖板内面的接线图进行。

二、单相电能表的正确接线

1. 直接接入式

直接接入式单相电能表接线方式的原理图，如图 7-19 所示。

2. 经电流互感器接入式

间接接入式，即经电流互感器接入式单相电能表的原理接线图，如图 7-20 所示。

值得注意的是，在采用经电流互感器的二次电流线与电压线共用方式接线时，即采用二次电流线带电接法时，电流互感器的二次侧不得接地，并不得安装于金属计量箱中。采用经电流互感器的二次电流线与电压线分开方式接线，又称为二次电流线不带电接法。

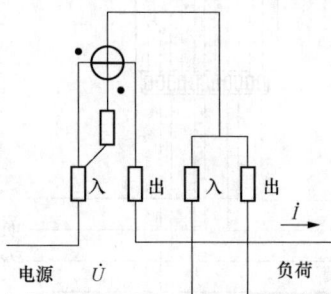

图 7 - 19　直接接入式

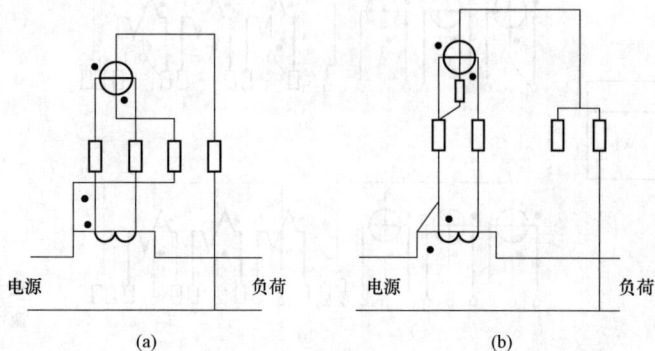

（a）　　　　　　　　　　（b）

图 7 - 20　间接接入式

（a）分开方式；（b）共用方式

三、单相电能计量装置的现场安装接线

单相电能计量装置的现场安装接线，如图 7 - 21 所示。

图 7 - 21　单相电能计量装置的现场安装接线

第三节　三相四线电能表的接线方式

一、三相四线电能表

三相四线电能表用来计量三相四线电路电能，是应用得较多的一种电能表。三相四线电能表分为两种，一种是不经互感器接入式电能表，即直接接入式电能表；另一种是经互感器接入式电能表。通常，三相四线电能表是由三组测量元件组合而成的。

三相四线电能表的电气图形符号，如图 7 - 22 所示。

直接接入式三相四线电能表接线方式的原理图，如图 7 - 23 所示。

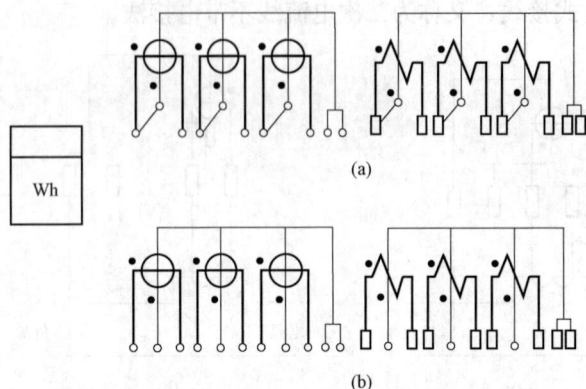

图 7 - 22　三相四线电能表的电气图形符号
(a) 直接接入式；(b) 经互感器接入式

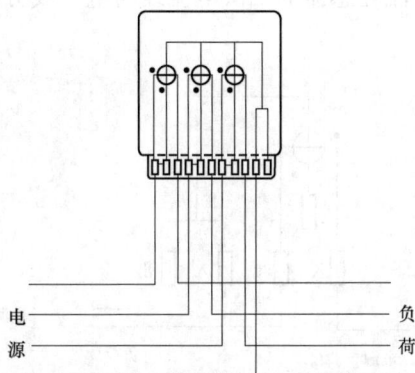

图 7 - 23　直接接入式三相四线电能表
接线方式的原理图

1. 接线原理

三相四线电路可以看成是由三个单相电路构成的，总电能等于三个单相电路电能的总和。三相四线电能的计量，可以采用三只独立的单相电能表或采用三组测量元件组合而成的三相四线电能表进行测量。

三相四线电能表通常采用"三元件共零法"原理构成，无论三相电压、电流是否对称，这种接线方式都不会引起三相四线电能计量的附加误差。三相四线电能表的第一组元件所加的电压为相电压 U_u，而通入的电流为 I_u；第二组元件所加的电压为相电压 U_v，而通入的电流为 I_v；第三组元件所加的电压为相电压 U_w，而通入的电流为 I_w。

三相四线电能表计量的三相总电能为

$$W = (U_u I_u \cos\varphi_u + U_v I_v \cos\varphi_v + U_w I_w \cos\varphi_w)T \tag{7-1}$$

2. 接线要求

对于直接接入式三相四线电能表，若从左向右将电能表的接线端钮按 1、2、…、7、8 编号，则其中接线端钮 1、3、5 分别接三相电源线的进相线，接线端钮 2、4、6 分别接三相电源线的出相线，接线端钮 7、8 接电源线的进中性线或出中性线。如图 2 - 12 所示。

经三个电流互感器接入时的接线要求：三个电流互感器的每相电流互感器的一次绕组均串联接入该相被测量电流回路中，接线端钮 P1 或 L1 接电源侧、P2 或 L2 接负荷侧；该相电流互感器二次绕组的接线端钮 S1 或 K1 接入电能表同相电流测量元件的同极性端钮中，该相电流互感器二次绕组的接线端钮 S2 或 K2 接入电能表同相电流测量元件的另一个端钮中。同时，电能表同相的电压测量元件的同极性端钮接在该相被测量回路上。另两相的接法完全相同。

在实际接线时，可参照接线端钮盒盖板内面的接线图进行。

二、三相四线电能计量的正确接线

1. 直接接入式

直接接入式三相四线电能表的基本接线方式，如图 7 - 24 所示。

2. 经电流互感器接入式

经电流互感器接入低压三相四线电能表的分相接线方式，如图 7 - 25 所示。

3. 经电流互感器和电压互感器接入式

经电流互感器和电压互感器接入高压三相四线电能表的分相接线方式，如图 7 - 26 所示。

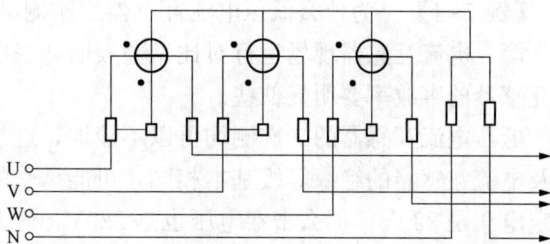

图 7 - 24　直接接入式（三元件）三相四线
电能表的接线方式

下面介绍中性线的"T 接法"。在安装三相四线电能表时，不应将电源中性线剪断，而将电源中性线通过截面积不小于 $2.5mm^2$ 的铜芯绝缘导线按"支线 T接法"接在三相四线电能表的中性线端钮上，以供电能表的电压测量元件使用，这种接线方法称为中性线的"T 接法"。

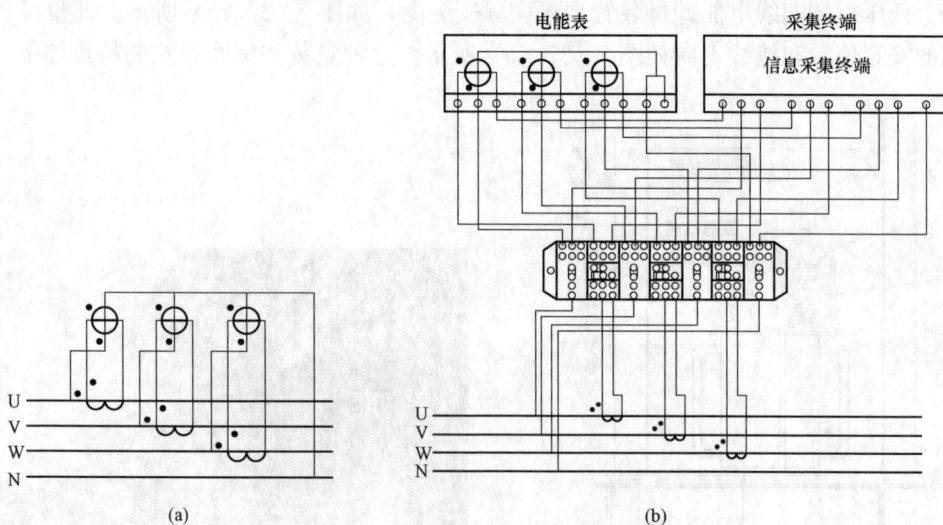

图 7 - 25　经电流互感器接入低压三相四线电能表的分相接线方式
（a）不带采集终端；（b）带采集终端

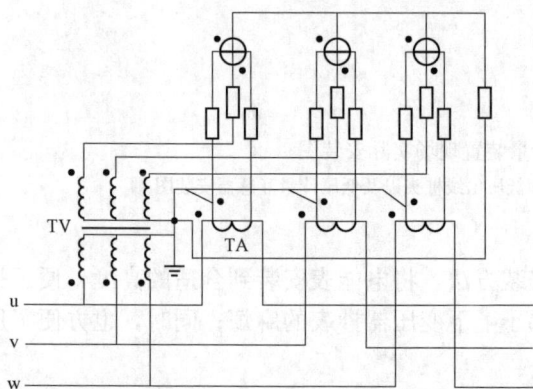

图 7 - 26　经一台三相 TV 和三个 TA 接入式高压
三相四线电能表的分相接线方式

如果将电源线的中性线剪断后接入电能表的接线端钮，那么当中性线接触不良或断线时会造成有的相电压升高，有的相电压降低，严重影响用户设备的正常工作，甚至可能引起事故。但是，很多三相四线电能表的接线图上并没有标明零线的正确接法。

🔒 **问题思考**　电流互感器的二次侧是否接地？二次侧接地后会不会引起电能计量的减少？

值得注意的是，高压电流互感器的二次侧必须正确可靠接地，低压电流互感器二次侧可以不接地。

【例 7 - 1】 为什么低压电流互感器二次侧可以不接地？

解 电流互感器现场运行对比试验表明，二次侧不接地的电流互感器比二次侧接地的电流互感器的事故率要明显低些。

低压电流互感器的二次侧均可以不接地，这是因为低压电能计量装置使用的导线、电能表及电流互感器的绝缘等级基本相同，可能承受的最高电压也基本一样。如果电流互感器的额定电压是 220V，那么击穿电压也是 220V，因此接不接地均起不到保护作用。

二次侧接地后，就极有可能会产生在操作时螺丝刀碰到二次电流回路而产生短路事故。另外，二次侧接地后，整套计量装置的一次回路对地的绝缘水平将要下降，极易使电能表、互感器及其二次回路中有绝缘弱点的部位在过电压作用时（如雷击）损坏。

三、低压三相四线电能计量装置的杆上安装接线

杆上低压三相四线电能计量装置现场实际安装图，如图 7 - 27 (a) 所示。计量设备及相关设备的安装位置和接线走向如图 7 - 27 (b) 所示。这种安装和接线方式的特点如下。

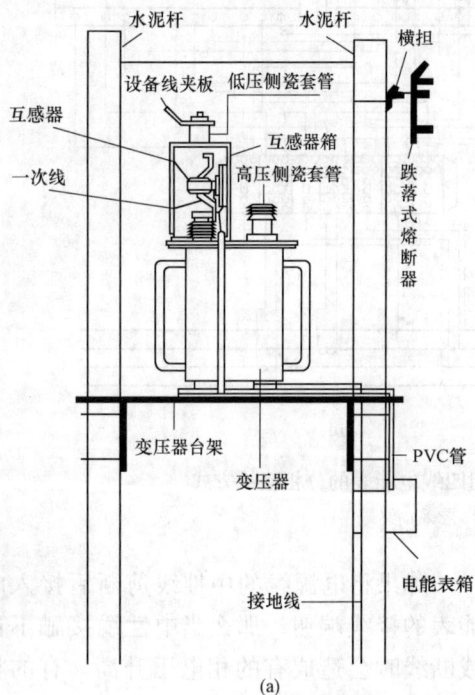

图 7 - 27 低压电能计量装置现场实际安装图
(a) 安装示意图；(b) 完全封闭了高压和低压出线桩头以及低压计量互感器安装图

1. 将互感器与电能表分开安装

改变了传统的将互感器与电能表共箱的安装方法，将电能表安装到合适的高度，便于抄表人员抄表和监视电能表数据，避免了使用梯子上下变压器抄表的麻烦；同时，也方便了用户查看电能表。

2. 采用 PVC 管及多芯电缆安装

由于导线都封装在 PVC 管内部，而且采用了多芯电缆，可有效防止窃电。

3. 使用桩头罩密封计量关键部位

利用阻燃型塑料桩头罩将变压器低压桩头和计量电流互感器密封起来，并将桩头罩固定

在变压器本体上。

4. 计量线路集中穿管走线

计量电压线和电流二次电流线采用电缆线或绝缘导线穿管，从桩头罩直接引到电能表箱内，使计量线路走线集中整齐美观。

四、高压三相四线专用变压器电能计量装置安装接线

高压三相四线专用变压器电能计量装置（带采集终端）的原理接线图及其现场安装图，如图 7 - 28 所示。

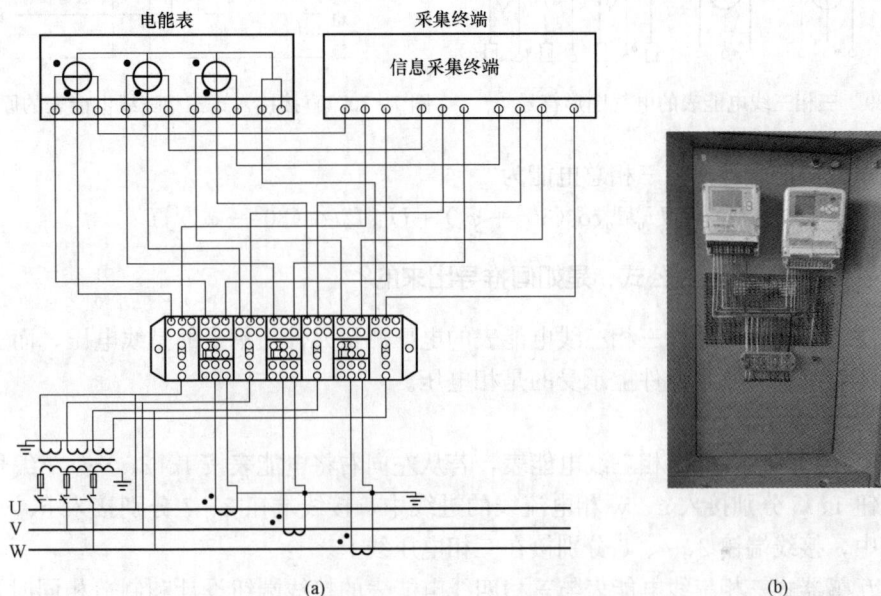

图 7 - 28　高压三相四线电能计量装置（带采集终端）的原理接线图
(a) 原理接线图；(b) 现场安装图

第四节　三相三线电能表的接线方式

一、三相三线电能表

三相三线电能表用来计量三相三线电路电能。三相三线电能表分为两种，一种是直接接入式电能表；另一种是经互感器接入式电能表即间接接入式电能表，这种电能表用得较多。通常，三相三线电能表是由两组测量元件组合而成的。

三相三线电能表的电气图形符号，如图 7 - 29 所示。

经电流互感器接入式三相三线电能表的原理接线图，如图 7 - 30 所示。

1. 接线原理

三相三线电能表通常采用"两元件共 V 相法"原理构成，其中第一组元件所加的电压为线电压 U_{uv}，而通入的电流为 I_u，第二组元件所加的电压为线电压 U_{wv}，而通入的电流为 I_w。

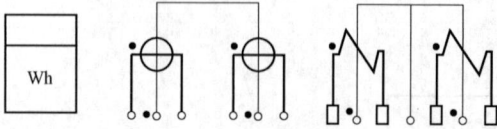

图 7 - 29　三相三线电能表的电气图形符号　　　图 7 - 30　直接接入式三相三线电能表的原理接线图

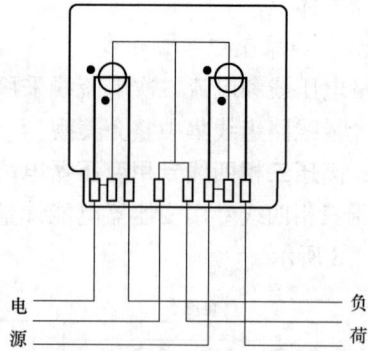

三相三线电能表计量的三相总电能为

$$W = [U_{uv}I_u\cos(30° + \varphi_u) + U_{wv}I_w\cos(30° - \varphi_w)]T \qquad (7 - 2)$$

🔒 **问题思考**　　以上公式，是如何推导出来的?

值得注意的是，两元件三相三线电能表的电压测量元件上承受的是线电压，而三元件三相四线电能表的电压测量元件上承受的是相电压。

2. 接线要求

对于经互感器接入式三相三线电能表，若从左向右将电能表按 1、2、…、7 编号，则其中接线端钮 1、5 分别接入 u、w 相电流线的进线中，接线端钮 3、7 分别接入 u、w 相电流线的出线中，接线端钮 2、4、6 分别接在三相电压线上。

在经互感器式三相三线电能表与三相四线电能表的接线端钮设计和制造相同时，若从左向右将电能表按 1、2、…、10、11 编号，则其中接线端钮 1、7 分别接入 u、w 相电流线的进线中，接线端钮 3、9 分别接入 u、w 相电流线的出线中，接线端钮 2、5、8 分别接在三相电压线上，而接线端钮 10、11 悬空不用。

在实际接线时，可参照接线端钮盒盖板内面的接线图进行。

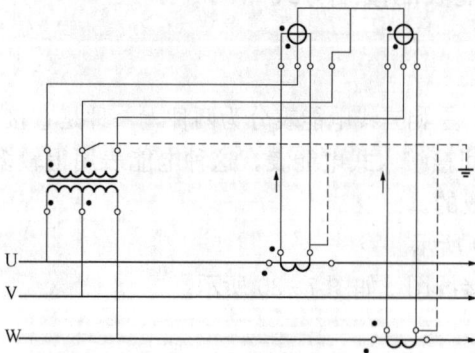

二、三相三线电能表的正确接线

经高压电压互感器和电流互感器分相接线方式三相三线电能表的原理接线图，如图 7 - 31 所示。

图 7 - 31　经高压 TV 和 TA 分相接线方式三相三线电能表的接线原理图

🔒 **问题思考**　三相两元件电能表在计量三相电路的电能时，其接线方式有何特点?

👤 **小　提　示**　两个电压互感器的连接

有人认为，既然三相三线电能表两电压元件的接线通常为 U_{uv} 和 U_{wv}，那么两个电压互感器应该负极与负极相连，这种观点是不正确的。由于它的极性来源于三角形接线，即正极与负极串接，所以 V 相接线是正极与负极相连。因此一次和二绕组的接线都是这样，不能改变；否则必定产生接线错误，使电能表错误计量电量。

三、高压三相三线电能计量装置的杆上安装接线

杆上高压三相三线电能计量装置及相关设备现场安装图，如图 7 - 32 所示。

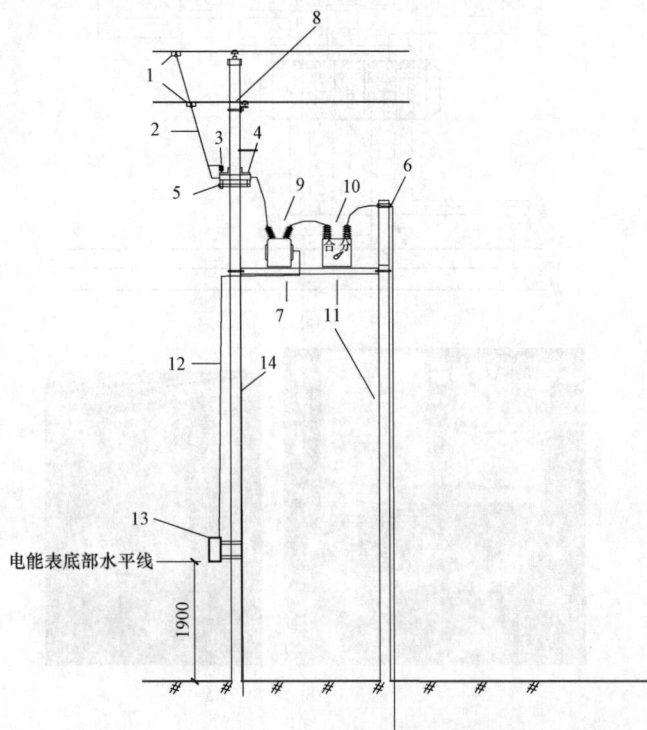

图 7 - 32　杆上高压三相三线电能计量装置及相关设备现场安装图
1—高压带电线环及带电线夹；2—高压绝缘导线；3—氧化锌避雷器；4—主电杆；5—高压隔离开关；
6—高压进户电缆；7—镀锌角钢；8—10kV 线路及绝缘子；9—户外组合互感器；10—户外真空断路器；
11—副电杆；12—二次电缆线；13—电能表箱；14—接地线

计量设备及其相关设备的安装位置和接线走向如图所示。这种安装和接线方式除了具有杆上低压计量装置的优点外，还具有的特点是：利用组合互感器，安装接线方便、节省空间位置和安装费用、整齐美观；将真空断路器安装在避雷器和互感器之后，防止用户发生故障时影响到架空线路；高压电源进线用高压绝缘导线，组合互感器的一次引线与主线路连接处及接线桩头用热塑管加封；二次线应采用电缆线或绝缘导线穿管进入电能表箱，电能表箱安装在户外电杆上或台架上，并可靠接地。一种户外高压三相三线组合互感器，如图 7 - 33 所示。

图 7 - 33　高压三相三线组合互感器

四、高压三相三线专用变压器电能计量装置安装接线

高压三相三线专用变压器电能计量柜（带专变终端）原理接线图及其现场实际安装图，如图 7 - 34 所示。

(a)

(b)

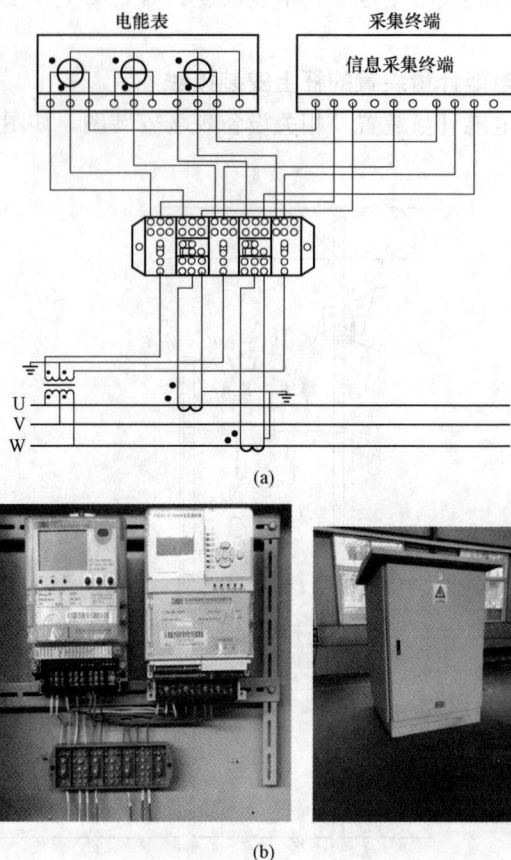

图 7-34　高压三相三线专用变压器电能计量柜（带专变终端）原理接线图及现场安装图
(a) 原理接线图；(b) 现场安装图

第五节　电能计量装置的安装要求

一、安装现场的基本条件

电能计量装置安装现场的基本条件包括以下几个方面。

1. 环境条件

周围环境应安全、干净和明亮，无腐蚀气体、易蒸发液体、振动、高温、阳光直射的影响。

2. 管理条件

安装位置应便于抄表、校验、轮换、检查、防窃电管理。

3. 安装条件

安装场所应便于电能表、互感器等设备的安装与拆卸。

二、电能表的安装要求

(1) 电能表应安装在电能计量箱（柜、屏）上，箱（柜、屏）门应能加封加锁。

(2) 每一回路的电能表应垂直排列或水平排列，电能表下端应有回路名称的标签。

（3）电能表应安装在固定夹具上。

（4）电能表安装必须垂直牢固，每只电能表除挂表螺丝外至少应有一只定位螺丝；感应系电能表中心线向各方向的倾斜度不大于1°，电子式电能表中心线向各方向的倾斜度不大于2°。

（5）室内电能表宜安装在0.8～1.8m的高度（表水平中心线距地面尺寸）。

（6）装于室外的电能表应采用户外式电能表，室外电能表箱下沿高度宜为1.8～2.0m。

（7）居民电能表应集中安装，采用配电屏式电能表安装距地面0.6～1.8m，明装表箱底距地面不应低于1.7m，暗装箱底距地面不应低于1.4m。

（8）电能表与地面的最小垂直距离为600mm；电能表与电能表的最小水平距离为80mm；接线盒、电能表与壳体的最小间距为60mm；电能表与接线盒的最小垂直距离为40mm。

小技巧　电能信息采集终端与电能表的安装要求相同。

小提示　**电能信息采集终端**

电能信息采集终端，是负责各信息采集点的电能信息的采集、数据管理、数据传输以及执行或转发主站下发的控制命令的设备。

小提示　**电能表的尺寸**

单相智能表的尺寸为160mm×112mm；三相智能表的尺寸为290mm×170mm。

三、互感器的安装要求

（1）为了减少三相三线电能计量装置的合成误差，安装互感器时，宜考虑互感器的合理匹配问题。尽量使接到电能表同一元件的电流、电压互感器比差符号相反，数值相近；角差符号相同，数值相近。当利用感应式电能表计量感性负荷时，宜把误差小的电流、电压互感器接到电能表的W相元件。

（2）同一组的电流（电压）互感器应采用制造厂家、型号、额定电流（电压）变比、准确度等级、额定二次容量均相同的互感器。

（3）两台或三台电流（电压）互感器进线端极性符号应一致，以便确认该组电流（电压）互感器一、二次回路电流（电压）的正方向。同一组电流互感器应按同一方向安装，以保证该组电流互感器一、二次回路电流的正方向均一致，并尽可能易于观察铭牌。

（4）计量二次回路应安装试验接线盒，便于实负荷校表或带电换表等工作。

（5）互感器安装必须牢固无倾斜，安装位置应考虑现场检查和拆换工作的方便。

（6）电流互感器二次回路不允许开路，对双二次绕组互感器只用一个二次回路时，另一个二次绕组应可靠短接。电压互感器一次回路和二次回路均不得短路。

（7）低压穿心式电流互感器应采用固定单一的变比，以防发生互感器倍率差错。

（8）互感器的额定二次容量应满足实际要求。一般低压电流互感器二次额定负荷容量不得小于10VA，高压电流互感器二次额定负荷可根据实际安装情况计算确定。对于配置电子式电能表，二次回路较短的装置，也可以采用二次负荷容量为5VA的S级电流互感器。

小技巧　为了监测二次负荷，可以装设专用二次负荷在线测试仪。

(9) 高压互感器的二次回路均应只有一处可靠接地。

(10) 电压互感器的一次绕组应接在电流互感器的电源侧。

(11) 双回路供电时，应分别安装电能计量装置，电压互感器不得切换。

(12) 一次系统为双母线接线时，电压互感二次回路应安装专用自动电压切换装置；一次系统为单母线分段接线时，电压互感器二次回路应安装电压并列装置。

(13) 互感器从输出端子直接接至试验接线盒，中间不得有任何辅助连接点、连接头或其他连接端子。35kV 及以上电压互感器可经端子箱接至试验接线盒。110kV 及以上电压互感器回路中必须加装快速熔断器。

小 提 示　　低压互感器采用穿心式或母线式。

四、二次回路导线及其布线要求

1. 导线的材质

计量二次回路导线采用单股铜质绝缘导线。

2. 导线的截面积

连接导线截面积应按电流互感器的额定二次负荷计算确定，应不小于 $4mm^2$。对于电压二次回路连接导线截面积应按允许的电压降计算确定，应不小于 $2.5mm^2$。辅助单元的控制、信号等导线截面积应不小于 $1.5mm^2$。

小 提 示　　电能计量中的三种线

在电能计量接线时应分清的三种线：一次（电源）线、二次（电流和电压）线。

问 题 思 考　　你能分清电能计量中的三种线吗？

3. 导线的相色

(1) 一般导线的颜色要求。电压、电流回路 u、v、w 各相应分别采用黄、绿、红色导线。

值得注意的是，为防止混淆，在低压配线时应分别给 PE 线涂以黄绿相间的色标，中性线（或零线）涂以淡蓝色的色标，（明敷的）接地线 G 为黄绿相间的色标。

(2) 多芯电缆绝缘线芯的颜色要求。两芯电缆，红、浅蓝；三芯电缆，黄、绿、红；四芯电缆，黄、绿、红、浅蓝。其中，浅蓝用于中性线芯。

在电缆或地埋电网中，三相四线的进出线端部分也要缠上黄、绿、红、浅蓝色带。

(3) 数字标志（颜色应用白色）数字标志要求。两芯电缆，0、1；三芯电缆，1、2、3；四芯电缆，0、1、2、3。其中，0 用于中性线芯。

小 提 示　　直流电路的导体色标

在直流电路中，正、负极导体分别使用棕色、蓝色的色标。

4. 导线的布线

(1) 导线排列顺序应自左向右或自上向下按正相序排列。

(2) 所有计费用电流互感器的二次接线应采用分相接线方式。

(3) 二次回路导线的导线中间不应有接头。

(4) 二次回路导线的长度应留有一定裕度。

五、计量箱（柜、屏）的安装要求

（1）计量箱（柜、屏）应符合国家有关标准、电力行业标准及有关规程的要求。

（2）电能计量装置，应具有可靠的防窃电和封闭措施。

（3）在安装计费电能表、互感器前均应经过国家法定计量单位检定合格，并有合格证；合格证的时间均应在有效期内。

（4）63kV及以上的计费电能表应配有专用的电流、电压互感器或电流互感器专用二次绕组和电压互感器专用二次回路。

（5）35kV电压供电的计费电能表应采用专用的互感器或电能计量柜。

（6）10kV及以下电力用户处的电能计量点应采用全国统一标准的电能计量柜（箱），低压计量柜应紧靠进线处，高压计量柜则可设置在主受电柜后面。

（7）居民用户的计费电能计量装置，必须采用符合要求的计量箱。

（8）电源线进入计量箱应穿管并与出线分开敷设。

（9）箱体与安装面的固定点应不少于三个，且箱体的倾斜度不应大于3°。

（10）箱体的金属外壳应良好接地。

小 提 示　信号灯和按钮的颜色

对于计量箱，合闸为红色，分闸为绿色；对于电能表，跳闸指示灯为黄色，平时熄灭、负荷开关分断时亮起。

小 提 示　低压计量箱柜的进线侧应装隔离开关，出线侧应装断路器；柜式应落地安装，箱式可采用壁挂或嵌墙安装。

第六节　相关设备的安装要求

一、熔断器的安装要求

（1）35kV以上电压互感器一次侧应安装隔离开关以方便检修，二次侧安装快速熔断器或快速开关以免二次短路造成事故。35kV及以下电压互感器一次侧安装熔断器，二次侧不允许装接熔断器。常见高低压熔断器，如图7-35所示。

图7-35　常见高低压熔断器

小 提 示　35kV及以下电压互感器一次侧安装0.5～1A的熔断器。

【例7-2】　为什么110kV及以上电压互感器一次不装熔断器？

解　110kV 以上电压互感器采用单相串级绝缘，裕度大；110kV 引线系硬连接，相间距离较大，引起相间故障的可能性小。另外，110kV 系统为中性点直接接地系统，每相电压互感器不可能长期承受线电压运行，因此 110kV 以上的电压互感器一次侧不装设熔断器。

【例 7 - 3】　35kV 以上贸易结算用计量装置中电压互感器二次回路，应不装设隔离开关辅助接点，但可装设熔断器；35kV 及以下贸易结算用计量装置中电压互感器二次回路，应不装设隔离开关辅助接点和熔断器。试解释其中的理由。

解　因为隔离开关辅助触点的接触电阻大而且不稳定，会严重地影响电能计量装置的计量性能。通常的处理方法是用隔离开关辅助触点控制一个中间继电器，再由中间继电器的主触点控制电能表的电压回路。另外，由于 35kV 以上电网的短路容量大，二次侧必须有熔断器保护，以免造成主设备事故；35kV 以下电网的短路容量小，可以不装熔断器。另外二次回路装设熔断器，仅增加了二次侧压降，而且还增加了用户窃电的可能性。

（2）低压计量电压回路在试验接线盒上不允许加装接熔断器。

（3）在 10kV 电能计量装置中，一次线电源接到隔离开关，电压互感器经熔断器并接在隔离开关出线端，而电流互感器一次正极串接在隔离开关出线端，其负极接负荷一端。

一种低压熔断器专用拔手，如图 7 - 36 所示。

图 7 - 36　一种低压熔断器专用拔手

二、低压断路器的安装要求

常见低压断路器外形，如图 7 - 37 所示。

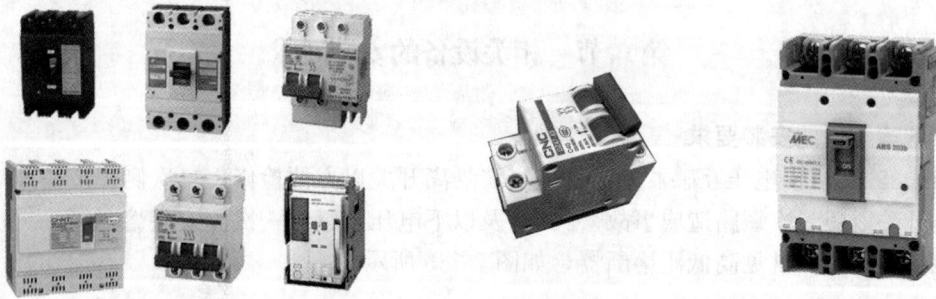

图 7 - 37　常见低压断路器外形

（1）垂直安装，电源侧与负荷侧不得接反。

（2）使用前应将脱扣器电磁铁工作面的防锈油脂抹去，以免影响电磁机构的正常动作。

（3）不应漏装断路器的隔弧板，装上后方可投入运行，以防止切断电路时产生电弧，引起相间短路。

（4）工作时不可将灭弧罩取下。

（5）脱扣器的整定值一经调好不要随意变动。

　**小 提 示**　当用作电源总断路器或电动机的控制开关时，在电源进线侧必须加装刀开关或熔断器，以形成明显的断开点。

三、封印的安装要求

封印及其加封装置，如图 7 - 38 所示。

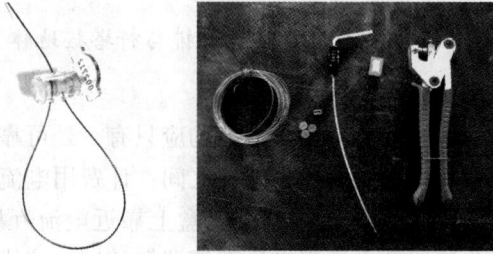

图 7 - 38　封印及其加封装置

（1）施工结束后，电能表的接线端钮盒、试验接线盒及计量箱（柜、屏）等均应加封。

（2）电能计量装置下列部位应加封。

1）电能表两侧表耳。

2）电能表的接线端钮盒。

3）多功能表编程开关。

4）试验接线盒。

5）低压电流互感器的接线端钮。

6）计量箱柜的门锁。

7）互感器二次出线端子盒及快速开关。

8）互感器柜门锁。

9）电压互感器一次刀闸操作把手、熔管室及手车摇柄。

10）进表线的分线盒。

四、接地装置的安装要求

1. 接地的作用

（1）安全保护作用：电压互感器二次接地主要是防止高压窜入二次回路，电流互感器二次接地是防止二次回路开路产生高压，表箱接地主要防止外壳带电。

（2）防误接线作用：防止工作人员接线错误和用户故意接错引起危险电压。

（3）防电磁场干扰作用：电子设备的电场屏蔽和磁场屏蔽及屏蔽接地是为了防止电场干扰和磁场干扰的常用对策。

2. 电能计量装置应接地的项目

（1）互感器。高压电流互感器应将互感器二次 S2 端与外壳直接接地；Y 形接线电压互感器应在中性点处接地，V 形接线电压互感器在二次中相处接地；电压互感器和电流互感器（特别是安装在绝缘板上的互感器）外壳（包括铁芯）的金属部分接地；安装互感器的金属支架接地。

值得注意的是，在使用多个互感器时，所有电流互感器和电压互感器的二次绕组应有一点且仅有一点永久性的、可靠的接地。

（2）电能表。安装电能表的金属盘面；电能表（特别是安装在绝缘板上的电能表）外壳的金属部分或接地端钮接地。

小 提 示　屏蔽电缆屏蔽层的一侧应接地。

（3）计量箱。所有计量箱（特别是金属计量箱）均应可靠接地且接地电阻应满足要求。

小 提 示　现场计量箱应通过扁铁或铜排与杆塔接地体可靠连接。

3. 接地注意事项

（1）电压互感器及高压电流互感器二次回路均应只有一处可靠接地。

（2）接地点应在互感器二端子到试验接线盒之间：计费用电流互感器宜在其二次端钮处直接接地，非计费用电流互感器一般在试验接线盒上靠近电流互感器侧的试验接线盒处接地；电压互感器一般在试验接线盒上靠近电压互感器侧的试验接线盒处接地。

小 技 巧　一般电流互感器二次的接地保护不宜在电流互感器的接线端钮处进行，而应在接线盒的向下（接线盒与互感器间）端子孔处接地，这样方便改变接线并提高了工作的安全性。

（3）保护接地线应采用截面积不小于 $4.0mm^2$ 的铜芯绝缘导线，但有机械保护时采用不小于 $2.5mm^2$ 的铜芯绝缘导线。

小 提 示　单相220V电能表一般不设接地端；三相电能表有的也未设接地端，但对设有接地端的三相电能表应可靠接地或接零。

小 技 巧　接地线的连接点应设在表箱内，接头处应镀锌。

练习与思考题

1. 一台三相变压器的联结组别为 YNyn8，其中的字母和数字分别表示什么含义？
2. 画出电流互感器测量电流时的完全星形接法和不完全星形接法的示意图。
3. 电流互感器的分相接法有什么优点？
4. 指出电流互感器的Y形分相接线的使用场合。
5. 指出两台单相双绕组电压互感器Vv0接线的使用场合。
6. 为什么电压互感器一次计量回路中接入高压熔断器而二次计量回路中不接入熔断器？
7. 画出一台三相三柱式电压互感器的内部接线方式的接线图。
8. 为什么电压互感器应并联在电流互感器的电源侧？
9. 画出单相电能表基本接线方式的原理接线图。
10. 什么是二次电流线的不带电接法，举例画出其原理接线图并加以示意。
11. 分别画出直接接入式三相四线电能表的原理接线图和经电流互感器低压三相四线电能表的分相接线方式的原理接线图。
12. 中性线的"T接法"有何重要现实作用？
13. 画出经电流互感器和电压互感器高压三相三线电能表的分相接线方式的原理接线图。
14. 根据电能表所计量电路的不同，电能表一般分为哪几种？

15. 电流互感器接地会引起电能计量的少计吗？为什么？

16. 在中性点有效接地系统中，应采用什么种类的电能表计量电能？

17. 简述电能计量装置安装现场应具备的基本条件。

18. 说明一般导线的相色要求。

19. 简述计量箱（柜、屏）的安装要求。

20. 说明安装低压断路器的基本要求。

21. 接地的作用有哪些？

第八章　电能计量接线及故障的分析检查

第一节　电能计量的接线原理

交流电能的测量，不仅要反映功率的大小，还要反映出电能量值随时间增长的累积总和。

一、基本接线原理

电能测量的原理接线图和相量图，如图 8-1 所示。

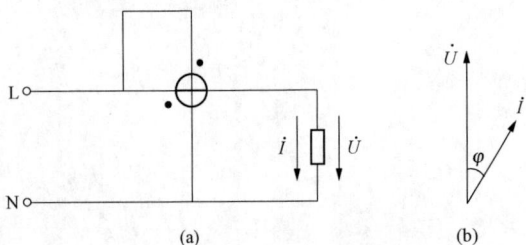

图 8-1　电能测量的原理接线图和相量图
（a）接线原理图；（b）相量图

交流电路负荷的有功电能为

$$W = PT = UI\cos\varphi T \qquad (8-1)$$

式中　U——负荷两端的电压；

I——通过负荷的电流；

φ——$\dot{U}$ 与 $\dot{I}$ 之间的相位差，即负荷的功率因数角；

P——负荷的有功功率；

T——负荷的通电时间。

由图 8-1 可以看出，电能测量正确接线的基本要求是：电流测量元件与电路负荷串联，电压测量元件与电路负荷并联；电流测量元件与电压测量元件的同极性端均应接到电路电源的同一根相线上。

因此，电能测量的基本接线原理是：电流测量元件与电路负荷串联以测得负荷电流，电压测量元件与电路负荷并联以测得负荷电压；电流测量元件与电压测量元件的同极性端均应接到电路电源的同一根相线上以测得负荷输入的功率。

二、三相有功电能计量的接线原理

三相交流电路有功电能测量的接线方式有三种：单元件测量法、两元件共相法和三元件共零法。

1. 单元件测量法

单元件测量法，就是只利用一组电流测量元件和电压测量元件去测量三相负荷电能的测量方法。单元件测量法的原理接线图，如图 8-2 所示。

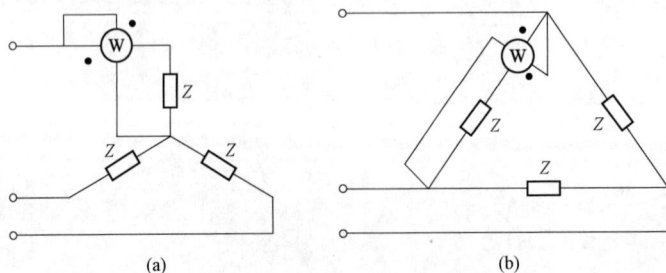

图 8-2　单元件测量法的接线原理图
（a）Y 形连接；（b）△形连接

（1）适用条件。三相电源对称和三相负荷对称的三相交流电路。

（2）三相电能的计算公式为

$$W_\Sigma = 3W_1 \tag{8-2}$$

式中　W_Σ——三相交流电路的总电能；

　　　W_1——单组测量元件测得的电能。

（3）接线形式。单元件测量法共有三种接线方法：

第一种：I_U-U_U。

第二种：I_V-U_V。

第三种：I_W-U_W。

2. 两元件共相法

两元件共相法，就是利用两组电流测量元件和电压测量元件去测量三相负荷电能的测量方法。两元件共相法的原理接线图，如图 8-3 所示。

（1）适用条件。三相三线负荷的三相交流电路。

（2）三相电能。计算公式为

$$W_\Sigma = W_1 + W_2 \tag{8-3}$$

式中　W_Σ——三相交流电路的总电能；

　　　W_1——第一组元件测得的电能；

　　　W_2——第二组元件测得的电能。

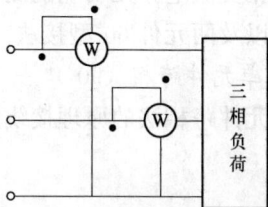

图 8-3　两元件共相法的原理接线图

问题思考　在以上接线中，第一组元件所测得的电能 W_1 在数值上等于第一相电路的电能值吗？

（3）接线形式。两元件共相法也有三种接线方法：

第一种：共 U 相，U_{VU}-I_V，U_{WU}-I_W

第二种：共 V 相，U_{WV}-I_W，U_{UV}-I_U

第三种：共 W 相，U_{UW}-I_U，U_{VW}-I_V

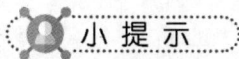

小提示　在实际三相电能的测量过程中，其中第二种方法最为常用，即 U_{UV}-I_U，U_{WV}-I_W。此时两组测量元件计量的功率分别为 $P_1 = U_{uv} I_u \cos(30°+\varphi_u)$，$P_2 = U_{wv} I_w \cos(30°-\varphi_w)$。

在三相对称（共 V 相）交流电路中，两组测量元件计量的功率分别为

$$P_1 = UI\cos(30°+\varphi), \quad P_2 = UI\cos(30°-\varphi) \tag{8-4}$$

在负荷为感性时（$0° < \varphi \leqslant 90°$）$P_2 > P_1$，在负荷为容性时（$-90° \leqslant \varphi < 0°$）$P_2 < P_1$，而且 P_1 和 P_2 均可能小于零；在负荷为阻性时（$\varphi=0°$），$P_2 = P_1$。

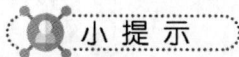

小提示　利用两元件共相法制成的三相电能表一般称为两元件表。

3. 三元件共零法

三元件共零法，就是利用三组电流测量元件和电压测量元件去测量三相负荷电能的测量方法。三表共零法的接线原理图，如图 8-4 所示。

（1）适用条件。三相四线负荷的三相交流电路。

（2）计算公式为

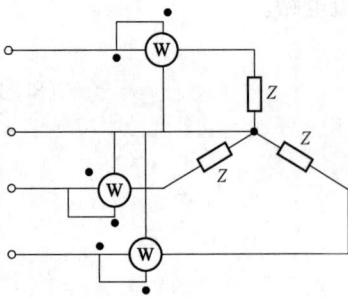

图 8-4　三元件共零法的接线原理图

$$W_\Sigma = W_1 + W_2 + W_3 \qquad (8-5)$$

式中　W_Σ——三相交流电路的总电能；

　　　　W_1——第一组元件测得的电能；

　　　　W_2——第二组元件测得的电能；

　　　　W_3——第三组元件测得的电能。

（3）接线形式。三元件共零法只有一种接线方法，即 $I_U\text{-}U_{UN}$，$I_V\text{-}U_{VN}$，$I_W\text{-}U_{WN}$。

🔧 小 提 示　　利用三元件共零法制成的三相电能表一般称为三元件表。

三、三相无功电能计量的接线原理

三相交流电路无功电能测量的接线方式有四种：单元件跨相法、两元件跨相法和三元件跨相法以及两元件 60°型接法。

1. 单元件跨相（90°）法

单元件跨相法的原理接线图和相量图，如图 8-5 所示。

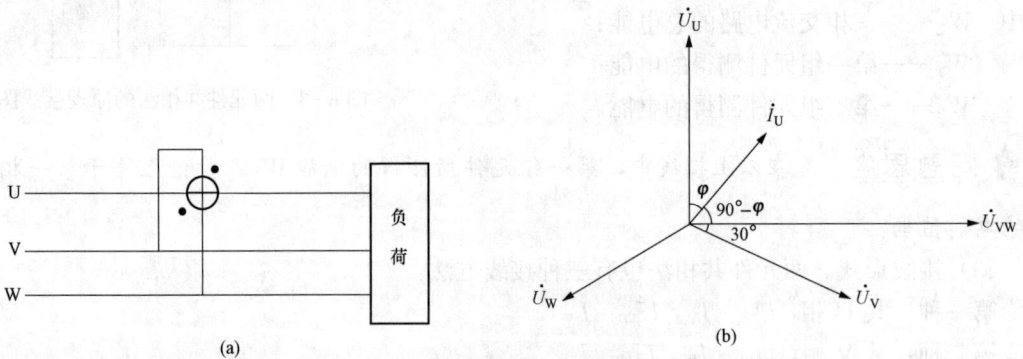

图 8-5　单元件跨相法的接线原理图和相量图
(a) 接线原理图；(b) 相量图

（1）适用条件。三相对称交流电路。

（2）计算公式为

$$W_Q = \sqrt{3} W_1 \qquad (8-6)$$

式中　W_Q——三相交流电路的总电能；

　　　　W_1——单组测量元件测得的电能。

（3）接线形式。单元件跨相法共有三种接线方法。

第一种：跨 U 相 $I_U\text{-}U_{VW}$

第二种：跨 V 相 $I_V\text{-}U_{WU}$

第三种：跨 W 相 $I_W\text{-}U_{UV}$

🔧 小 提 示　　单元件跨相法按正相序接线。

（4）公式推导。由单元件跨相法的原理接线图和相量图可知

$$P_1 = U_{VW} I_U \cos(90° - \varphi) = UI\sin\varphi$$

因此 $$W_Q = \sqrt{3}W_1$$

所以，单组测量元件的电能值乘以$\sqrt{3}$就是三相总无功电能。

2. 两元件跨相（90°）法

两元件跨相法的原理接线图，如图8-6所示。

（1）适用条件。三相对称交流电路。

（2）计算公式为

$$W_Q = \sqrt{3}\frac{W_1 + W_2}{2} \qquad (8 - 7)$$

式中 W_Q——三相交流电路的总电能；

W_1——第一组元件测得的电能；

W_2——第二组元件测得的电能。

图8-6 两元件跨相法的接线原理图

（3）接线形式。每一组测量元件的接线方法均同上。

（4）公式推导。由于

$$P_1 = P_2 = UI\sin\varphi, P_1 + P_2 = 2UI\sin\varphi$$

因此 $$W_Q = \frac{\sqrt{3}}{2}(W_1 + W_2)$$

所以，两组测量元件的电能平均值乘以$\sqrt{3}$就是三相总无功电能。

小 提 示 在电源不完全对称时利用两表跨相法的测量误差较小。

3. 三元件跨相（90°）法

三元件跨相法的接线原理图，如图8-7所示。

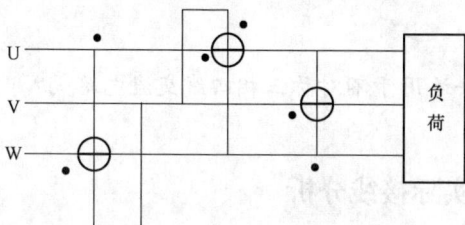

（1）适用条件。三相电压对称电路。

（2）计算公式为

$$W_Q = \sqrt{3}\frac{W_1 + W_2 + W_3}{3} \qquad (8 - 8)$$

式中 W_Q——三相交流电路的总电能；

W_1——第一组元件测得的电能；

W_2——第二组元件测得的电能；

W_3——第三组元件测得的电能。

图8-7 三元件跨相法的接线原理图

（3）接线形式。每一组测量元件的接方法均同上。

由三元件跨相法可知，三组测量元件的电能平均值乘以$\sqrt{3}$就是三相总无功电能。

问题思考

1. 在三相电压和电流对称电路中，能用三元件跨相法测量三相无功电能吗？

2. 如果三相电压对称的三相三线电路，那么能利用三元件跨相法测量三相无功电能吗？

3. 利用三元件跨相法测量三相无功电能，需要接入中性线（或零线）吗？

4. 两元件60°型接法

（1）两元件60°型接法的测量原理。两元件60°型接法的特点：在两个电压测量元件中各串联了一个电阻。

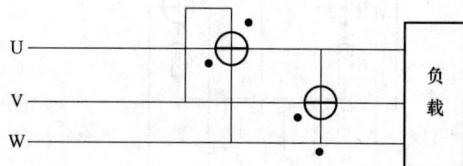

　　未在电压测量元件中串联电阻时，电压测量元件中的电流滞后于其电压 90°；在电压测量元件中串联了一个合适的电阻 R 后，电压测量元件的电流滞后于其电压 60°。因此，这种接线方法称为 60°型接法。

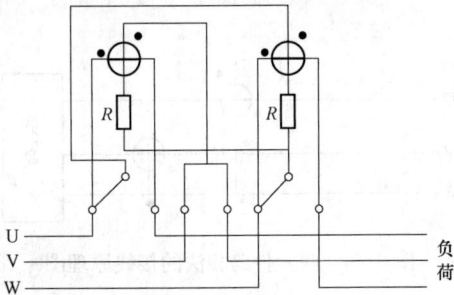

图 8-8　两元件（内相角）60°型接法测量无功电能的原理接线图

　　（2）接线形式。两元件（共 W 相）60°型接法的两组测量元件的接线方法分别为：I_U-U_{VW} 和 I_W-U_{UW}。

　　注意：两元件（共 W 相）60°型接法的外部接线与三相（两元件）有功电能表完全相同。两元件（共 W 相）60°型接法测量无功电能的原理接线图，如图 8-8 所示。

　　由于测量元件所测电能与 $\sin\psi$（ψ 为电流测量元件中电流超前于电压测量元件中电流的角度）成正比。

第一元件计量的功率

$$P_1 = U_{VW}I_U\sin\psi_1 = U_{VW}I_U\sin(150° - \varphi_u) = U_{VW}I_U\sin(30° + \varphi_u)$$

第二元件计量的功率

$$P_2 = U_{UW}I_W\sin\psi_2 = U_{UW}I_W\sin(210° - \varphi_w) = -U_{UW}I_W\sin(30° - \varphi_w)$$

　　（3）使用条件。适用于三相对称电路或三相电压对称的三相三线负荷。

　　（4）在三相对称电路中，两元件计量的功率分别为

$$P_1 = UI\sin(30° + \varphi), P_2 = -UI\sin(30° - \varphi) \qquad (8-9)$$

🔒 **问题思考**　试计算 $P_1 + P_2 =$？

🔒 **问题思考**　两元件（共 W 相）60°型接法适用于不对称三相四线交流电路吗？

第二节　电能计量的实际接线分析

一、单相电能计量的接线分析

1. 常用正确接线

　　单相电能计量的常用正确接线方式有两种：一种是"一进一出"的接线方式；另一种是"二进二出"的接线方式。这两种接线方式各有其特点（见图 8-9），实际中用得最为广泛的是"一进一出"的接线方式。

🔒 **问题思考**　"一进一出"与"二进二出"的接线方式各有什么优点和缺点？

　　目前电焊机作业较为普遍，所使用单相电焊机的额定电压绝大多数为 380V，计量其单相电能的方法如下。

　　在三相四线交流电路中，如果电焊机接在哪两根相线上，那么两只单相电能表的电流测量元件就应分别接在这两根相线上，利用两元件共零法计量，电焊机消耗的电能为两只单相电能表示数的代数和。应该注意的是，一般情况下电焊机的功率因数低于 0.5，此时一个电

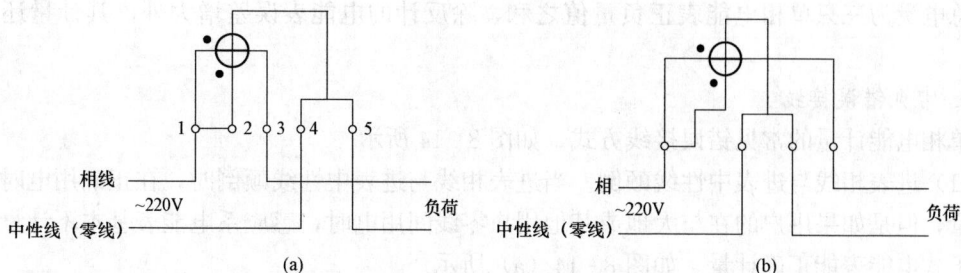

图 8-9　单相电能计量的常用正确接线方式
(a)"一进一出"的接线方式；(b)"二进二出"的接线方式

能表正计，另一个电能表反计，两只单相电能表正负量值之和为真实电量，而采用双向计量时的计量结果就不能反映真实电量，如图 8-10 和图 8-11 所示。

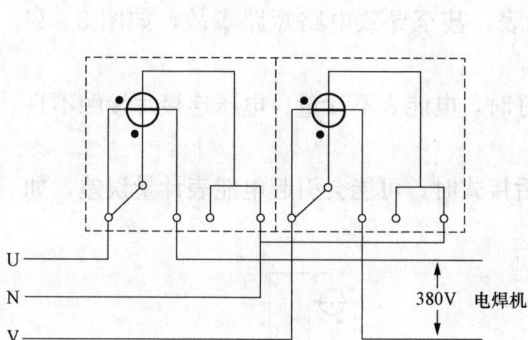

图 8-10　两只单相电能表计量 380V 电焊机等
设备的原理接线图（直接接入式）

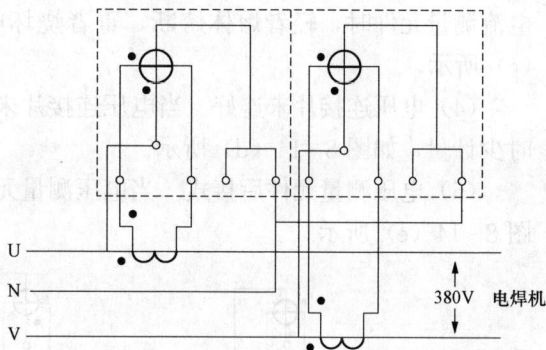

图 8-11　两只单相电能表计量 380V 电焊机等
设备的原理接线图（经 TA 接入）

如图 8-12 和图 8-13 所示，也可以利用一只三相四线电能表，或三只单相电能表采取"三代一"方式的三元件共零（中性线）法，计量单相电焊机类设备的电能。这种计量接线的优点是：单相负荷接在任一线电压或相电压上均能正确计量，不会漏计电量。

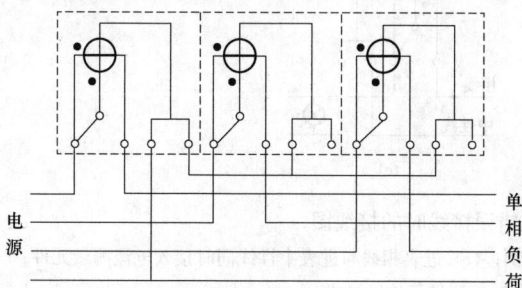

图 8-12　三只单相电能表计量单相电能的
原理接线图（直接接入式）

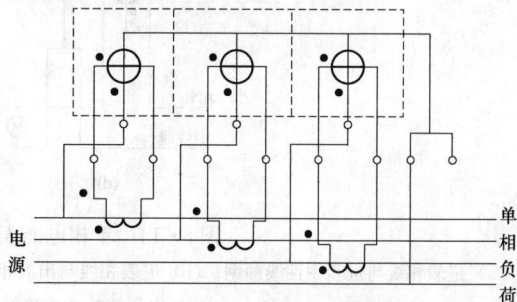

图 8-13　三只单相电能表计量单相电能的
原理接线图（经 TA 接入式）

利用三只单相电能表代替一只三相四线电能表计量单相电能时，由于三相电流不平衡，其中一相电能表可能会反计；当负荷的功率因数很低时，也会导致其中一只电能表反计。此时，总电量为三只单相电能表正负量值之和，除反计的电能表误差增大外，其计量还是正确的。

2. 常见错误接线

单相电能计量的常见错误接线方式，如图 8 - 14 所示。

（1）进表相线与进表中性线颠倒。当进表相线与进表中性线颠倒时，在正确用电时能正确计量，但是如果用户的在与大地或其他用户零线间用电时，感应系电能表基本不计量，很多电子式电能表能正确计量。如图 8 - 14（a）所示。

（2）进表相线与出表相线颠倒。当进表相线与出表相线颠倒时，感应式电能表反转，实际消耗的电量等于电能表减少的电量；对于有些具有防窃电功能的电能表，电能表仍正向计量，而且计量结果为实际用电量的 2 倍。对于电子式电能表，电流进出颠倒，同样输出脉冲信号，绝大多数仍能正确显示电量，如图 8 - 14（b）所示。

（3）进表相线和进表中性线同时接入电流测量元件。当进表相线和进表中性线同时接入电流测量元件时，轻者熔体熔断，重者烧坏电能表，甚至导致电路短路事故，如图 8 - 14（c）所示。

（4）电压连接片未连好。当电压连接片未连好时，电能表不计量；电压连接片接触不良时少计量，如图 8 - 14（d）所示。

（5）电压测量元件后接式。当电压测量元件后接式时，可能会引起电能表计量误差，如图 8 - 14（e）所示。

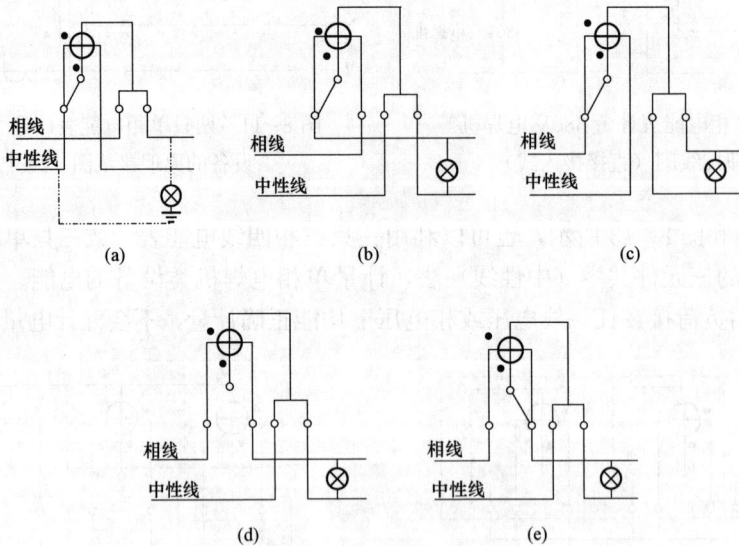

图 8 - 14　单相电能表常见错误接线时的接线图

（a）进表相线与进表中性线颠倒；（b）进表相线与出表相线颠倒；（c）进表相线与进表中性线同时接入电流测量元件；
（d）电压连接片未连好；（e）电压测量元件后接式

二、三相四线电能计量的接线分析

1. 常用正确接线

三相四线电能的计量可利用三元件共零法，如图 8 - 15 所示；或者利用"三代一"的计量方式，如图 8 - 12 和图 8 - 13 所示。

经低压分用电压线和电流线电流互感器接入式三相四线电能表计量三相四线电能的原理接线图，如图 8-16 所示。

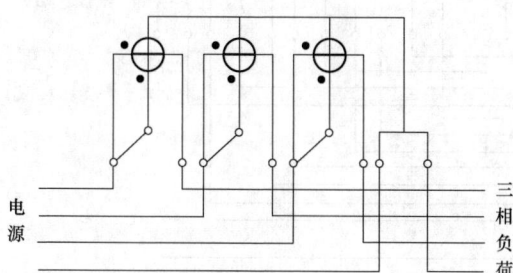

图 8-15　直接接入式三相四线电能表计量
三相四线电能的原理接线图

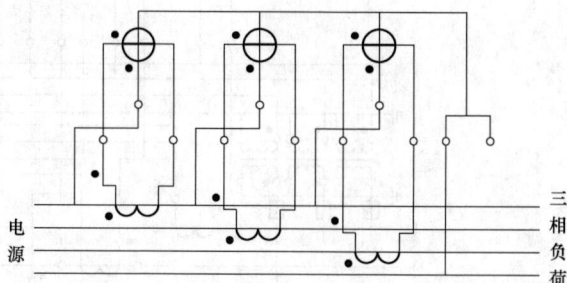

图 8-16　经低压 TA 接入式三相四线电能表计量
三相四线电能的原理接线图

当三相四线交流电路中存在低功率因数时，应优先考虑采用三元件表计量电能，尽量不采用三只单相表计量，以减少计量附加误差。因为如果采用三只单相表计量，那么在负荷较小时或反计时电能表将产生较大的附加误差。

经一台高压三相 TV 和 TA 接入式三相四线电能表计量三相四线电能的原理接线图（带辅助绕组），如图 8-17 所示。

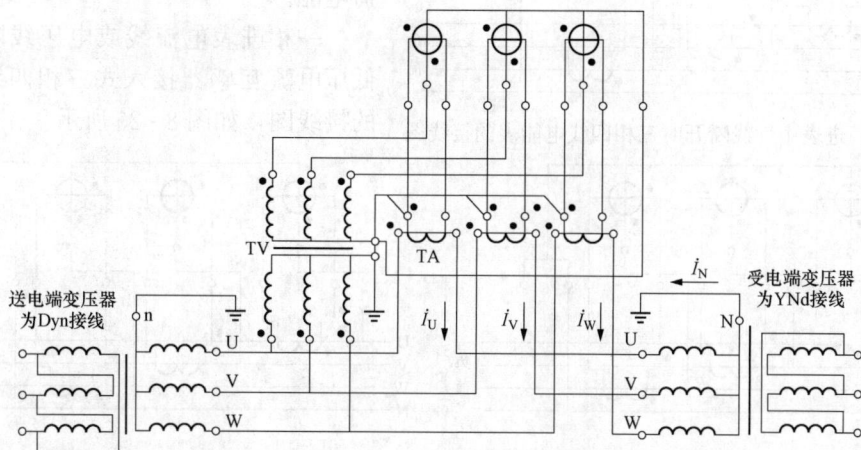

图 8-17　经 TV、TA 接入式三相四线电能表计量三相四线电能的原理接线图（带辅助绕组）

经三台单相电压互感器和三台电流互感器接入式两只三相四线电能表联合接线计量三相电能的原理接线图，如图 8-18 所示。

2. 常见错误接线

三相四线电能计量的常见错误接线方式如下。

（1）进表中性线断开。当进表中性线断线时，一般会产生误差电量，至于是多计还是少计应具体情况具体分析。如果线路的中性线电流为零，当发生中性线断开时，电能表是能够正确计量的。

进表中性线断开时经低压电流互感器接入式三相四线电能表的接线图，如图 8-19

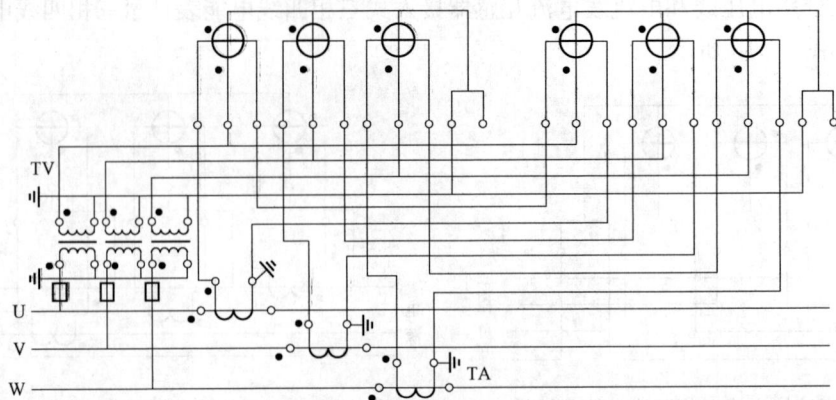

图 8-18 经 TV、TA 接入式两只三相四线电能表计量三相四线电能的原理接线图

所示。

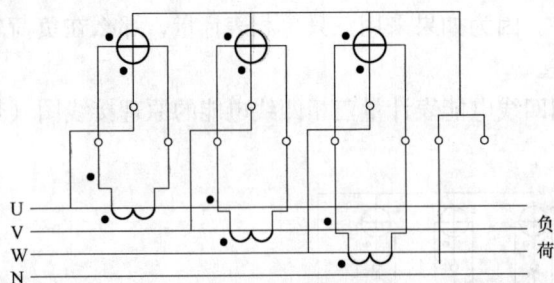

图 8-19 进表中性线断开时三相四线电能表的接线图

（2）进表相线断开。

1）当进表一相电源线或电流线、电压线断开时，在常用情况下电能表将少计，电能表仅计量出了未断相的两相负荷电能。

一相进表电流线或电压线断开时经低压电流互感器接入式三相四线电能表的接线图，如图 8-20 所示。

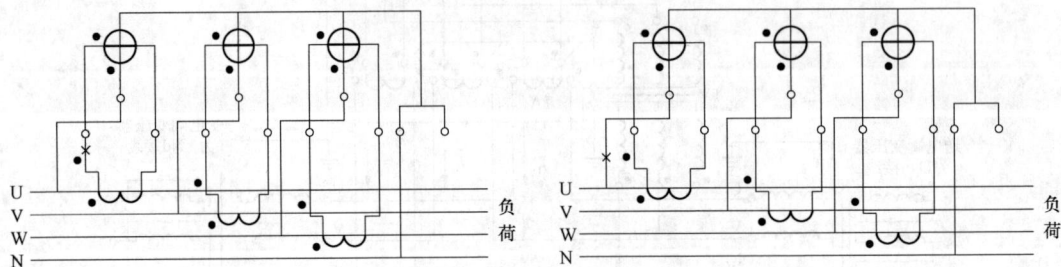

图 8-20 一相进表线断开时三相四线电能表的接线图

2）当进表两相电源线或电流线、电压线断开时，在常用情况下电能表将少计，电能表仅计量出了未断相的一相负荷电能。

两相进表电流线或电压线断开时经低压电流互感器接入式三相四线电能表的接线图，如图 8-21 所示。

3）当进表三相电源线或电流线、电压线断开时，电能表不能计量出负荷电能，即电能表停计。

三相进表电流线或电压线断开时经低压电流互感器接入式三相四线电能表的接线图，如图 8-22 所示。

（3）进表相线短接。

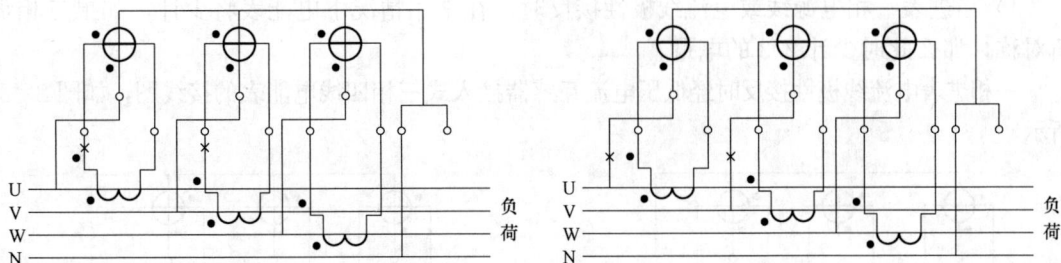

图 8-21　两相进表线断开时三相四线电能表的接线图

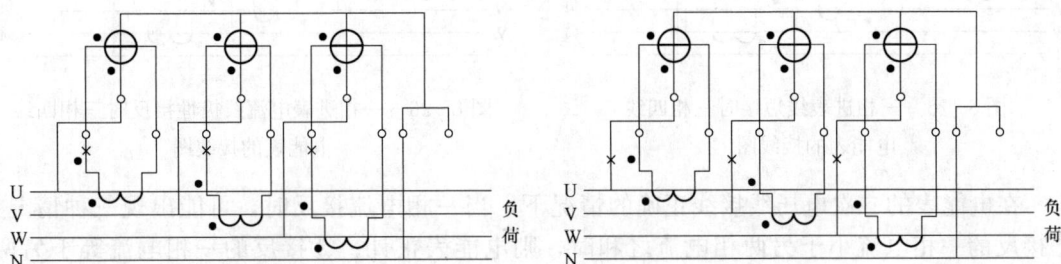

图 8-22　三相进表线断开时三相四线电能表的接线图

　　1）当进表一相电源线或电流线短接时，在常用情况下电能表将少计，电能表仅计量出了未短接的两相负荷电能。

　　一相进表电流线短接时经低压电流互感器接入式三相四线电能表的接线图，如图 8-23 所示。

　　2）当进表两相电源线或电流线短接时，在常用情况下电能表将少计，电能表仅计量出了未短接的一相负荷电能。

　　两相进表电流线短接时经低压电流互感器接入式三相四线电能表的接线图，如图 8-24 所示。

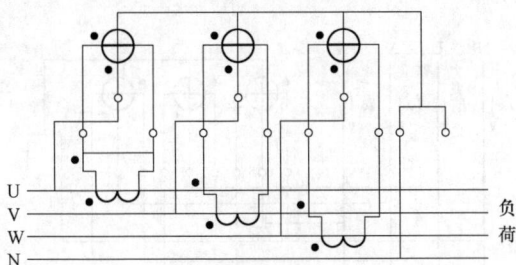

图 8-23　一相进表线短接时三相四线电能表的
接线图

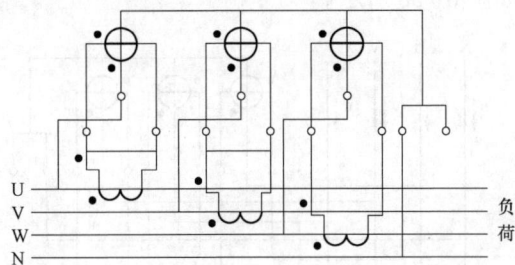

图 8-24　两相进表线短接时三相四线电能表的
接线图

　　3）当进表三相电源线或电流线短接时，电能表不能计量出负荷电能，即电能表停计。

　　三相进表电流线短接时经低压电流互感器接入式三相四线电能表的接线图，如图 8-25 所示。

　　（4）进表相线极性接反。

1）当进表一相电源线或电流线极性接反时，在常用情况下电能表将少计，如果三相负荷对称，那么此时少计 2/3 的电量。

一相进表电流线极性接反时经低压电流互感器接入式三相四线电能表的接线图，如图 8-26 所示。

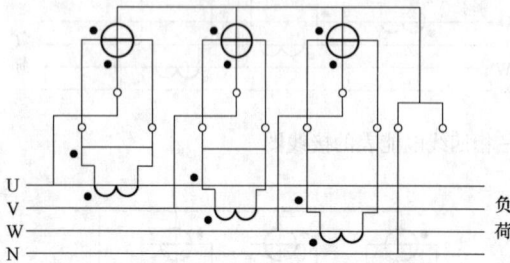

图 8-25　三相进表线短接时三相四线
电能表的接线图

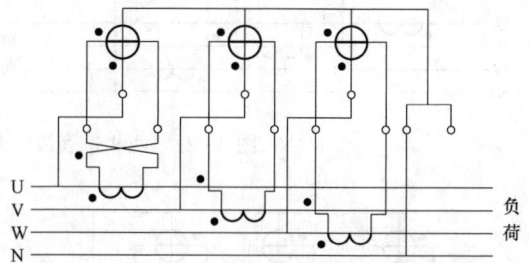

图 8-26　一相进表电流线极性接反时三相四线
电能表的接线图

在电能表的二次电压线接线正确的情况下，当一相电流接反时，可能出现三种情况：①接反的一相电流小于另两相电流之和时，则电能表正计；②接反的一相电流等于另两相电流之和时，则电能表停计；③接反的一相电流大于另两相电流之和时，则电能表反计。

2）当进表两相或三相电源线或电流线极性接反时，电能计量分析方法与以上类似。

（5）有两元件电压与电流未接对应相。当有一元件电压与电流对应而其余两元件电压与电流未接对应相时，电能表将大大少计，在三相负荷基本对称时，电能表基本停计。

两元件电压与电流未接对应相时经低压电流互感器接入式三相四线电能表的接线图，如图 8-27 所示。

（6）三元件电压与电流全未接对应相。当三元件电压与电流全未接对应相时，电能表有可能正计也有可能反计。

三元件电压与电流全未接对应相时经低压电流互感器接入式三相四线电能表的接线图，如图 8-28 所示。

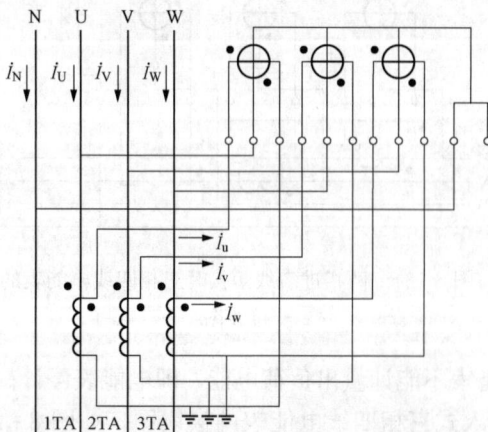

图 8-27　两元件电压与电流未接对应相时
三相四线电能表的接线图

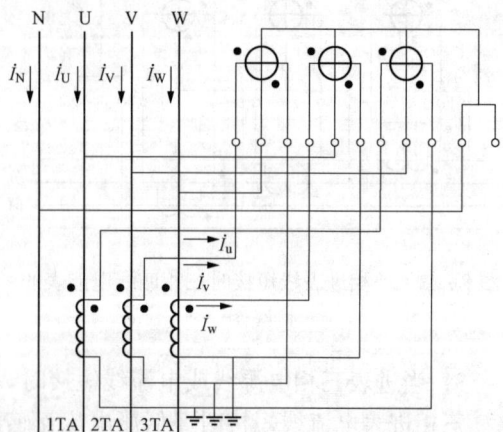

图 8-28　三元件电压与电流全未接对应相时
三相四线电能表的接线图

三、三相三线电能计量的接线分析

1. 常用正确接线

三相三线电能的计量可利用两元件共相法，可采用一只三相三线两元件电能表。几种不同接线方式分别如图 8-29～图 8-34 所示。

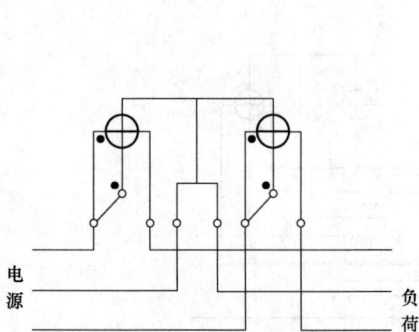

图 8-29　直接接入式三相三线电能表计量三相三线电能的原理接线图

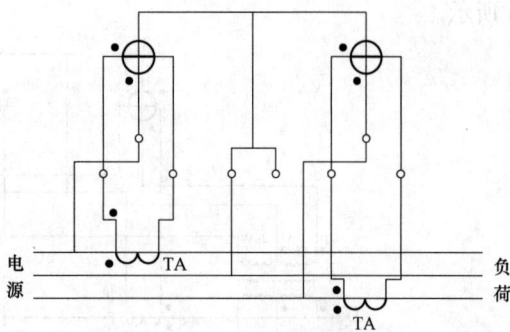

图 8-30　经 TA 分相接入式三相三线电能表计量三相三线电能的原理接线图

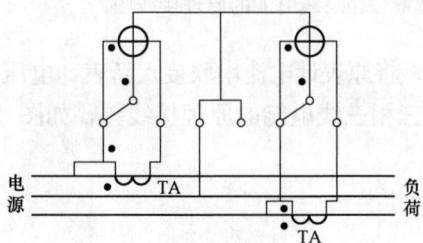

图 8-31　经 TA 二次带电接法三相三线电能表计量三相三线电能的原理接线图

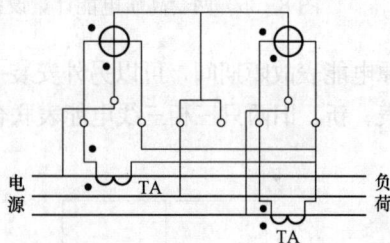

图 8-32　经 TA 简化接线接入式三相三线电能表计量三相三线电能的原理接线图

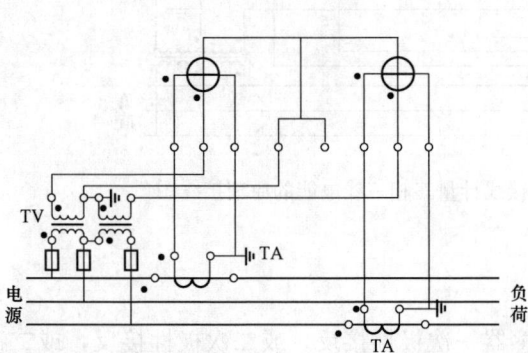

图 8-33　经 V 形高压 TV、TA 接入式三相三线电能表计量三相三线电能的原理接线图

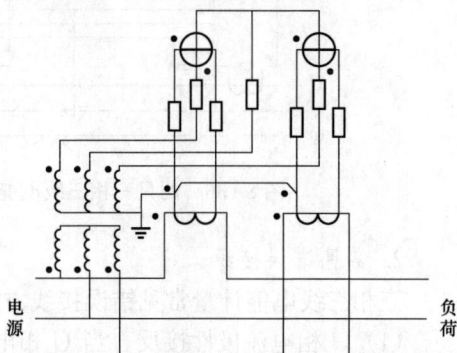

图 8-34　经 Y 形 TV 和 TA 分相接入式三相三线电能表的原理接线图

问题思考　TA 的分相接入式与不带电接法有什么本质的区别？

🔒 **问题思考**　　电压互感器 V 形接线时，其二次 v 相接地的作用是什么？

　　在原电压互感器故障期间，可以另外安装一组电压互感器，再装一只副表，将原表计电流串联接入副表，电压并联接上副表。

　　主、副两套高压三相三线电能计量设备联合接线计量三相三线电能的原理接线图，如图 8 - 35 所示。

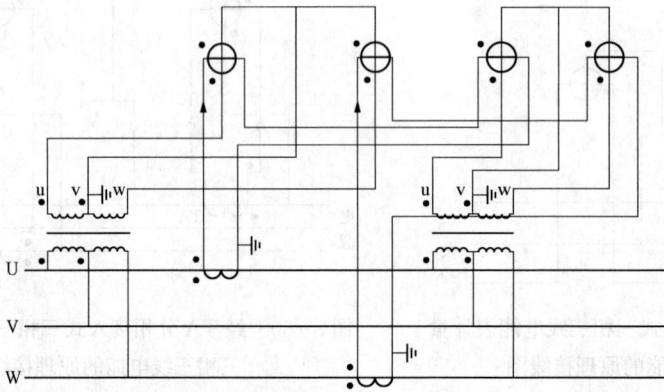

图 8 - 35　两套高压电能计量设备联合接线计量三相三线电能的原理接线图

　　在原电能表故障期间，可以另外安装一只电能表，将原表计电流串联接入新表，电压并联接上新表。新、旧两只三相三线电能表联合接线计量三相三线电能的原理接线图，如图 8 - 36 所示。

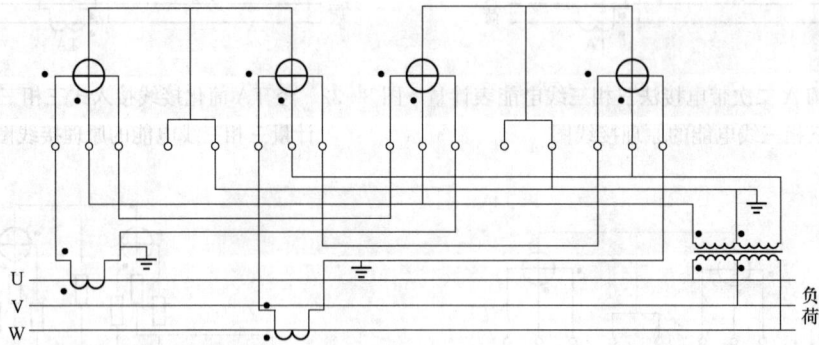

图 8 - 36　两只三相三线电能表联合接线计量三相三线电能的原理接线图

　　2. 常见错误接线

　　三相三线电能计量常见错误接线方式如下。

　　（1）U 相电流极性接反。当 U 相电流互感器一次极性接反，或二次极性接反，或二次电流进表线接反等时，均会导致电能计量错误。

　　U 相电流互感器二次极性接反时经互感器接入式三相三线电能表的接线图，如图 8 - 37 所示。

　　（2）W 相电流极性接反。当 W 相电流互感器一次极性接反，或二次极性接反，或二次电流进表线接反等时，均会导致电能计量错误。

第八章 电能计量接线及故障的分析检查169

W 相电流互感器二次极性接反时经互感器接入式三相三线电能表的接线图，如图 8-38所示。

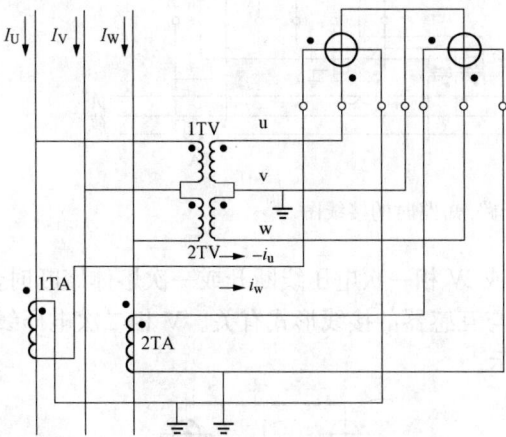

图 8-37 U 相电流互感器二次极性接反三相
三线有功电能表的接线图

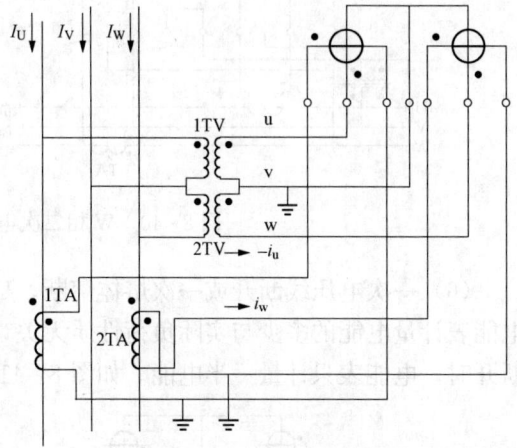

图 8-38 W 相电流互感器极性二次极性接反三相
三线有功电能表的接线图

（3）U 相和 W 相电流极性均接反。当 U 相和 W 相电流极性均接反时，电能表反计，电能表反计的电量与正确计量的电量相同。

（4）二次电压与电流未接对应相。在无 V 相电流情况下，除了只有两种情况是二次电压与电流全接的对应相外，共有 46 种接线情况是二次电压与电流未全接对应相。其中，只有两种情况电能表可以正确计量有功电能，有十二种情况电能表不计，有十二种情况电能表反计，有十种情况电能表正计（但计量的电能是不正确的），还有十二种情况电能表随负荷功率因数的变化有时正计有时反计。

（5）二次电压线或电流线断开/短接。U 相或 W 相二次电压线或电流线断开/短路时，电能表计量电能的多少与实际负荷性质有关。V 相二次电压线断开时，一般电能表只计量一半电能。

当 U 相二次电流开路/短路时，造成少计电量：负荷感性时，少计电量小于一半；负荷阻性时，少计电量等于一半；负荷容性时，少计电量大于一半。如图 8-39 所示。

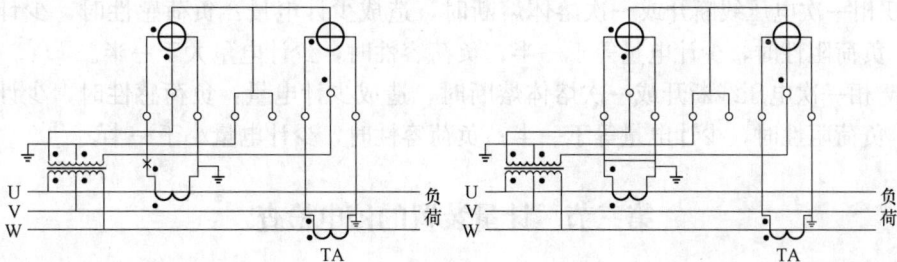

图 8-39 U 相二次电流开路/短路时的接线图

当 W 相二次电流开路/短路时，造成少计电量：负荷感性时，少计电量大于一半；负荷阻性时，少计电量等于一半；负荷容性时，少计电量小于一半。如图 8-40 所示。

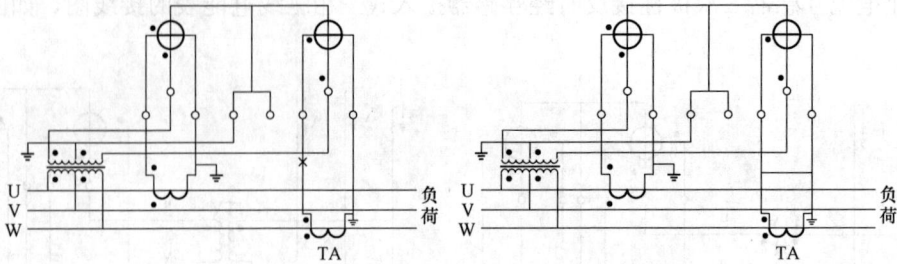

图 8-40　W 相二次电流开路/短路时的接线图

（6）一次电压线断开或一次熔体熔断。U 相或 W 相一次电压线断开或一次熔体熔断时，电能表计量电能的多少与实际负荷性质无关，只与互感器的接线形式有关。V 相二次电压线断开时，电能表只计量一半电能。如图 8-41 所示。

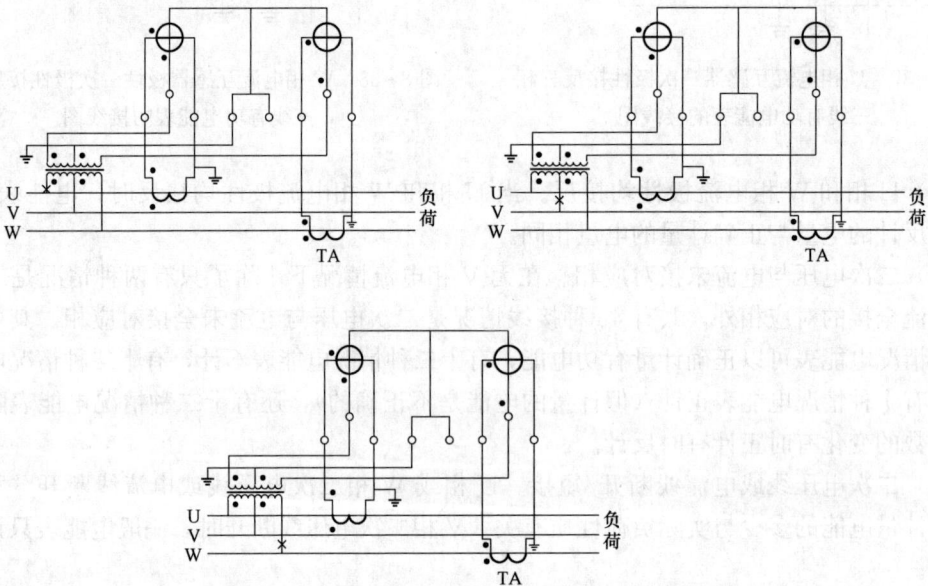

图 8-41　一次电压线断开或一次熔体熔断时的接线图

当 U 相一次电压线断开或一次熔体熔断时，造成少计电量：负荷感性时，少计电量小于一半；负荷阻性时，少计电量等于一半；负荷容性时，少计电量大于一半。

当 W 相一次电压线断开或一次熔体熔断时，造成少计电量：负荷感性时，少计电量大于一半；负荷阻性时，少计电量等于一半；负荷容性时，少计电量小于一半。

第三节　计量装置的停电检查

电能计量装置的检查，总体可分为停电检查和不停电电检查两种方法。

在电能计量装置停电状态下，检查电能表、互感器及其所连接的二次回路导线的安装和接线是否正确和可靠的过程，称为电能计量装置的停电检查。

停电检查是在电能计量装置新安装或互感器更换完毕、投入运行前或在停电检修时对其安装是否可靠和接线是否正确以及防窃电功能是否完善等所进行的检查，以保证其工作的安全性、测量的正确性、运行的可靠性和计量的准确性。对于运行中的电能计量装置，当无法判断接线的正确性或需要进一步核实带电检查结果时，也需要进行停电检查。

停电检查的主要内容有：检查电能表的型号和规格；检查互感器的型号和规格；测试互感器的极性，核对互感器的变比，确认互感器的联结组别；检查二次回路导线的安装与连线，检测二次回路的导通状态，核对接线端子标号。

停电检查前的安全工作要求：按规定办理工作票；确定有无阻止送电或反送电的措施，并在计量装置前后两侧安装接地线、悬挂标示牌，防止计量装置在检查期间突然来电、感应生电或电容设备泄放剩余电荷，确保人身和设备安全。

小 提 示　电压互感器测试前后必须用专用放电棒进行放电。

停电检查前的工器具准备：验电器、万用表、干电池、测试导线、指示灯等。

停电检查前的资料准备：电能计量装置的有关信息资料，便于检查、核对与判断。如安装位置、有关图纸等，电能表号、检验日期、检验人员、安装日期、上次抄表度数等，互感器的编号、检验日期、检验人员、铭牌变比、实际变比、表箱的封号等。

一、直观检查

1. 互感器的直观检查内容

互感器不应有机械损伤；互感器不应有裂纹或破损等缺陷；互感器铭牌参数与台账或用户手册相符，如编号、技术参数（包括变比、准确度等）和极性符号以及互感器的接地等；油浸式互感器应无漏油，油位应正常。

2. 电能表的直观检查内容

检查电能表外壳完好，检定封印、资产标记（条形码）、铭牌标识齐全、清晰；检查端钮盒及接线螺丝牢固、完好，按照端钮盒盒盖上接线图，检查电流回路和电压回路是否完好正常。

二、互感器的极性试验

对于安装前经过互感器误差试验，并有检定合格证的可以不再进行变比试验。但还应进行互感器的实际二次负荷测试和实际二次负荷下的互感器的误差测试。检查核对互感器的极性标志是否正确，一般现场都是采用直流法进行试验。

小 提 示　互感器在工作时，瞬间流过一、二次绕组的电流方向称为互感器的极性。

1. 直流法

直流法检查极性的原理接线图，如图 8-42 所示。

在互感器的一次侧接上一只开关并加上 1.5～9V 的直流电压，在其二次侧只接上一台低量程的直流电压表即可。当合上开关的瞬间，如果电压表正向指示，则上两端为同名端，互感器为减极性；当合上开关的瞬间，如果电压表反向指示，则上两端为异名端，互感器为加极性。

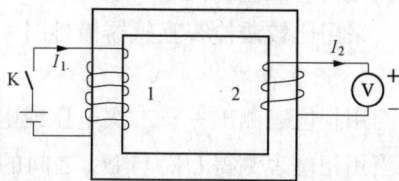

图 8-42　直流法检查互感器极性的原理接线图

⊗ **小提示**　　在使用过直流电源（如直流法检查极性）时，或运行中电流互感器二次开路，或电流互感器大电流工作时突然断电（如强雷电冲击电流、大电流下突然切断电源或过负荷跳闸），均可能在互感器铁芯上产生剩磁。这种无一次电流而铁芯依然存在磁性的现象称为剩磁。为了避免剩磁影响互感器的误差特性，应采取退磁措施。对于精密互感器最好不用直流法。

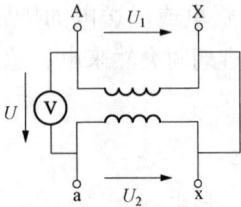

图 8-43　交流法检查
互感器极性的原理接线图

2. 交流法

电压互感器同名端的判断，通常采用交流法。交流法检查极性的原理接线图，如图 8-43 和图 8-44 所示。

将 X、x 点连接起来，在高压绕组中通以低压交流电压，分别测出 A、a 端之间的电压 U 和一、二次绕组的电压 U_1 和 U_2，这时，U 是 U_1 和 U_2 的相量差。若 U 是 U_1 和 U_2 的数值差，则 A 和 a 是同名端，电压互感器为减极性的；若 U 是 U_1 和 U_2 的数值和，则 A 和 a 是异名端，电压互感器为加极性的。

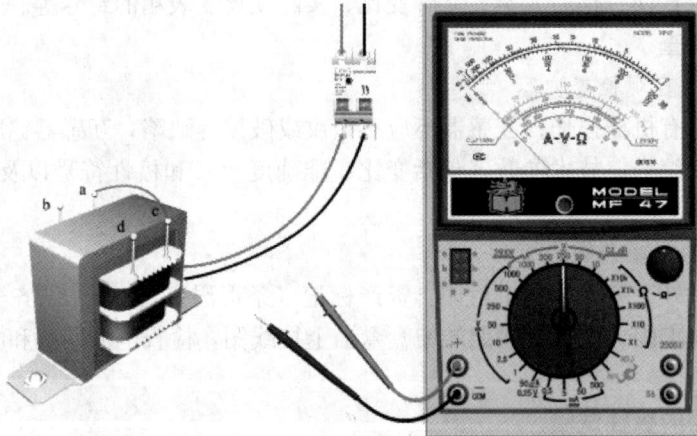

图 8-44　交流法检查互感器极性的实物接线图

3. 极性指示器法（比较法）

极性指示器法的原理是比较法。检查互感器的极性通常与测量互感器误差同时进行。若校验仪极性指示器不转动或者指示灯不亮，则极性一致；若极性指示器动作而又排除是由于变比接错、误差过大等因素所致，则极性不一致。

采用比较法检查互感器极性时，被试互感器与标准互感器的变比必须相同。

4. 相位表法

用相位表测出一、二次电压或电流之间的相位差，从而快速判断互感器的联结组别。如果当用相位表测得 U_{UV} 与 U_{uv} 之间的相位差是 0°或 360°时，那么三相互感器的联结组别为 Yyn0。如果当用相位表测得 U_{uv} 超前于 U_{UV} 的相位角是 30°时，那么三相互感器的联结组别为 Yd11 或 YNd11。

值得注意的是，施加的试验电压应根据相位表允许的电压量程来确定，电流的大小可通过串接一滑动变阻器来调节，注意不要超过相位表的额定电流。

三、相别和标号的核对

1. 核对相别

在电力系统中是以黄绿红三种颜色来区别三相的相别的。在进行电能表的接线时，首先应据此核对互感器一次绕组的相别是否与系统相符，然后根据互感器一次侧接线端子的电源线、负荷线及互感器的极性标志，来确定由互感器到电能表电压和电流接线端子之间的连接导线的相别及其对应的标号。

注意：电源的相别要靠核相试验或线路相位标示牌确定，而相序表是用来带电测量相序的。

2. 核对标号

从互感器二次端子到电能表接线端钮盒间的所有接线端子，都有专门的标号，而且这些符号还要同样标记在二次回路的接线图中，供安装接线或检查接线时核对。

四、二次回路的导通试验和绝缘试验

1. 导通试验

在确保各导线接头处连接可靠后，进行导通试验。二次回路导通试验的主要设备有万用表（电阻挡）、小灯泡、直流电源（如干电池）。

当接于电路的万用表指示电阻较小时或小灯泡发光时，则对应的那个端头为同相（同根）。若灯光闪烁，则接触不良或接线端子松动。

导通试验操作时应有两人，当二次线较长时可将一端接地（见图8-45）或接电缆铅皮（见图8-46）进行测试。当两人距离较远时可利用通信工具进行联系。

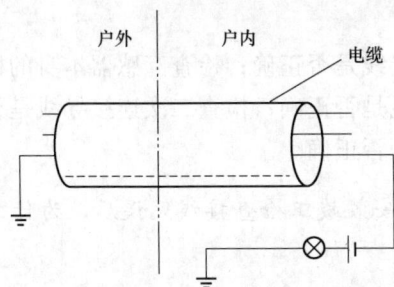

图8-45　利用接地体进行导通试验核对接线端子示意图

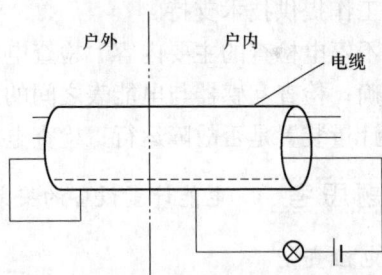

图8-46　利用电缆铅皮进行导通试验核对接线端子示意图

2. 绝缘测试

（1）二次回路的绝缘测试是指绝缘电阻的测量。

（2）绝缘电阻的测量，应采用500V兆欧表进行测量，二次回路的绝缘电阻不应小于5MΩ。试验部位为所有电流、电压回路对地或外壳；各相电压回路之间；电流回路与电压回路之间。否则，应再次仔细检查，排除故障点，直到绝缘电阻检验合格为止。

（3）对于电压互感器二次低压侧，应采用1000V兆欧表进行测量，其绝缘电阻（开路时）不应小于30MΩ。

（4）对于电流互感器，使用2500V兆欧表进行测量：一次绕组对地、各二次绕组间及其对地的绝缘电阻与出厂值及历次数据比较，不应有显著变化，一般不低于出厂值或初始值的70%。

小提示　如果测得的绝缘电阻过大，有可能是二次接线端子松脱。

五、二次回路直流电阻的测量

1. 测量电流二次回路的直流电阻

任意断开电流回路的一点，其回路的电阻应接近于零，若非常大或等于零，则可能是二次线接错、开路或短路；若电阻变化不定，则连接导线接触不良。

小技巧　在测量二次回电阻时，至少应断开一点。

2. 测量电压二次回路的直流电阻

将电压互感器的接线端子处断开，分别测量电阻 R_{uv}、R_{vw}、R_{wu} 的电阻，此值应较大（至少数百欧姆）；若此值接近零或非常大，则可能是短路或开路，就必须分段查找以缩小检查范围；若电阻变化不定，则连接导线接触不良。

第四节　计量装置的不停电检查

不停电检查，就是对于安装接线完毕后正式运行前或正在运行中的电能计量装置，在不停电状态下对其安装接线是否正确和运行状态是否正常所进行的检查。

（1）不停电检查的目的和意义。不停电检查不仅能找到电能计量装置在安装接线中是否存在安装缺陷或接线错误，而且在运行状态下容易发现电能计量装置故障隐患或电源相序错误等问题，甚至能够暴露出运行故障或检查出窃电问题，为电量退补及电量纠纷等电能计量及其管理工作提供技术支持。

（2）不停电检查的主要内容。检查电能表的接线是否正确；检查互感器本身的极性和接线是否正确；检查互感器与电能表之间的二次接线是否正确；检查二次连接导线是否安装可靠；检查计量装置是否故障运行；检查电源相序是否正确。

问题思考　电能计量设备的安装接线经安装竣工检查接线无误后，为什么还要进行"不停电检查"？

（3）不停电检查的安全注意事项。工作前，认真填好用电检查工作单和第二种工作票，并履行工作许可手续。带电检查工作时，应正确着装，并注意电流二次回路不允许开路，电压回路不允许短路。

（4）危险点分析及控制措施。安全工作要求主要遵照《国家电网公司电力安全工作规程》有关规定执行，重点做好以下安全措施。

1）检查前。检查前，检查工作环境是否存在影响安全作业的情况；检查工器具仪表及表棒绝缘是否完好，检查检定合格证日期是否在试验周期内；对计量箱柜外壳进行验电并检查安全是否可靠，以防触电；检查测量仪表的挡位和量程选择是否正确。

2）检查中。检查过程中，应正确着装，站在绝缘台垫上；必须有专人监护，应防止电压回路短路和电流二次回路开路；使用工器具仪表时，防止误碰带电部位造成触电，防止仪表损坏；正确使用梯子等高空作业工具，防止高处坠落和高处坠物；带电更正接线时，应防止短路或触电。

对于三相四线电能计量装置，检查过程中应防止电源中性线断开引起事故。

一、接线正误的判断方法

1. 电压断开法

（1）对于三相三线电能表，在断开电能表中相电压后，电能表少计一半。

如图 8-47 所示，电能表中相断压后计量的功率为

$$P_x = \frac{1}{2}U_{uw}I_u\cos(30°-\varphi) + \frac{1}{2}U_{wu}I_w\cos(30°+\varphi) = \frac{1}{2}\times\sqrt{3}UI\cos\varphi = \frac{1}{2}P_0$$

因此，如果负荷较为稳定，那么在相同时间内电能表计量的电能为正常时的一半。

由于三相电压、特别是三相电流不可能完全对称，也存在波动等原因，使得后来同样脉冲数或圈数的时间不会刚好是原来的 2 倍；只要在 1.6～2.4 倍，就可认为接线正确，否则就认为接线不正确。

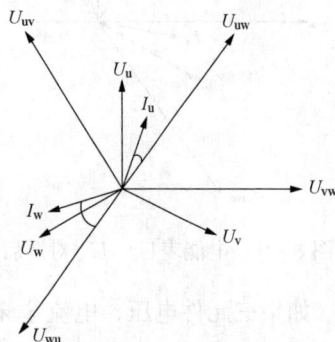

图 8-47　电能表中相断压后的相量图

小提示　测试时间至少保持 5min（要求负荷比较稳定）。

对于 DSSD5 型三相三线多功能电能表，在断开电能表中相电压后，电能表少计一半。备注：试验电能表的规格为 3×100V、3×1.5（6）A。

对于 DSSD22 型三相三线多功能电能表，在断开电能表中相电压后，电能表少计一半。备注：试验电能表的规格为 3×100V、3×1.5（6）A。

对于 DSSD331 型三相三线多功能电能表，在断开电能表中相电压后，电能表少计一半。备注：试验电能表的规格为 3×100V、3×1.5（6）A。

（2）对于三相四线电能表，在三相负荷对称时，若每断开电能表一相电压，则电能表少计 1/3。若某相无电压，则该相电压开路；若电压偏低，则可能是某一相电压开路，同时中线断开。

对于三相四线电能表，若每断开电能表一相电压，则一般电能表少计 1/3，如发现断开某相电压后电能表反而多计了，要查是否有电焊变压器跨接在线电压上。若某相无电压，则该相电压开路；若电压偏低（约为 1/2 线电压），则可能是某一相电压开路，同时中线断开，此时一个元件电压为零，另两个元件的电压均为 1/2 线电压。

对于 DTS516 型三相四线电能表，若每断开电能表一相电压，则电能表少计 1/3。

对于 DTSD341 型三相四线电能表，若每断开电能表一相电压，则电能表少计 1/3。

对于 DTSD925-GW 型三相四线电能表，若每断开电能表一相电压，则电能表少计 1/3。备注：试验电能表的规格为 3×220/380V、3×1.5（6）A。

对于 DTSD72-F 型三相四线电能表，若每断开电能表一相电压，则电能表少计 1/3。备注：试验电能表的规格为 3×220/380V、3×1.5（6）A。

2. 电压对调法

（1）在三相对称电路中，对于两元件电能表，任意两相电压对调后电能表应停计。例如，U_u、U_w 对调后，电能表应停计。

如图 8-48 所示，电能表的 U_u、U_w 对调后的计量功率为

$$P_x = U_{wv}I_u\cos(90°+\varphi) + U_{uv}I_w\cos(90°-\varphi) = 0$$

因此，电能表停计。

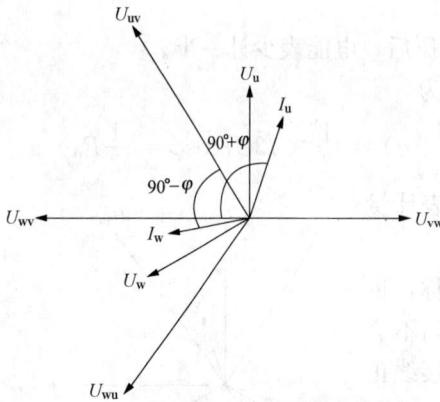

图 8-48　电能表 U_u、U_w 对调后的相量图

在三相对称电路中，对于三相三线有功电能表，当电压线正确时，在以下三种情况下，电能表也停计：

第一元件电流为 I_w、第二元件电流为 I_u。

第一元件电流为 I_v、第二元件电流为 I_w。

第一元件电流为 I_u、第二元件电流为 I_v。

当电压线正确时，如果按以上方式接入电流线，电能表也停计。

（2）在三相对称电路中，对于三元件电能表，任意两相电压对调后电能表应停计。

在三相对称电路中，对于三相四线有功电能表，任意交叉两相电流线后，电能表也停计。

如果三元件电压、电流全未接对应相，那么电能表随功率因数的变化有时正计，有时反计。

对于 DSSD5 型三相三线多功能电能表，在对调任意两个电压后，电能表停计。备注：试验电能表的规格为 $3 \times 100V$、3×1.5（6）A。

对于 DSSD22 型三相三线多功能电能表，在对调任意两个电压后，电能表停计。备注：试验电能表的规格为 $3 \times 100V$、3×1.5（6）A。

对于 DTSD188 型三相四线多功能电能表，在对调任意两个电压后，电能表停计。备注：试验电能表的规格为 $3 \times 220/380V$、3×1.5（6）A。

但是，现场试验结果表明：

对于 DTSD532 型三相四线双向计量多功能电能表，在对调任意两个电压后，电能表少计 1/3。备注：试验电能表的规格为 $3 \times 220/380V$、3×1.5（6）A。

对于 DTSD51 型三相四线多功能电能表，在对调任意两个电压后，电能表少计 1/3。备注：试验电能表的规格为 $3 \times 220/380V$、3×1.5（6）A。

3. 三元件表"抽零进火"法

在三相对称电路中，对三相四线有功电能表，解除表尾的中性线（零线），表尾相电压应正常。在断开进表中性线后，将表尾的一相相线（火线）引入表尾中性点，电能表的转速应基本不变；否则电能表的接线有误。

对于 DTS228 型、DTS217 型、DTSD188 型三相四线电能表在"抽零进火"时，计量应基本不变。

二、错误接线的确定方法

1. 中间相电压线、中性线确定法

（1）对于三相三线两元件表，测量电能表各电压端钮对地电压，若为线电压，则为 u 或 w 相电压端钮；若为零，则对应的电压线为中间相电压线。

（2）若已知电压互感器二次 v 相端子，可将电压表的一个端子通过足够长的导线接向电压互感器的 v 相端子，电压表的另一端子依次接向电能表的三个电压端钮，则电压表指示零的一相即为中间相。

　　若已知其他仪器仪表的二次 v 相端子，可将电压表的一个端子通过足够长的导线接向该仪表的二次 v 相端子，电压表的另一端子依次接向电能表的三个电压端钮，则电压表指示零的一相即为中间相。

　　在条件允许的情况下，先断开电压互感器的一次 V 相电压，然后测量电能表的二次线电压。若测出两个 50V（或两个 58V），一个 100V，则电压为 100V 的两个端钮分别为 u 相和 w 相，剩下的端钮则一定是中间相。

　　（3）对于三相四线三元件表，测量电能表各电压端钮之间的电压，若三根线与第四根线的电压均为相电压，则第四根线就是中性线。

　　2. 电压测量法

　　（1）在三相三线电路中，电压互感器的 V 形接线时，测量各二次回路的线电压，正常时 $U_{uv}=U_{vw}=U_{wu}=100V$。

　　若测出的结果是 $U_{uv}=0$，$U_{vw}=U_{wu}=100V$，则可能一次 U 相电压断开；若 $U_{uv}=U_{vw}=50V$，$U_{wu}=100V$，则可能一次 V 相电压断开；若 $U_{uv}=U_{wu}=100V$，$U_{vw}=0$，则可能一次 W 相电压断开。

　　一次边相断线时，电压互感器一次没有加入电压，二次间也就无感应电动势，互感器的二次侧相当于一根无感导线，因此对应的二次电压为零；一次中间相断时时，两台单相电压互感器的励磁阻抗相等，空载电流也相等，两台互感器对应的二次电压相等，为二次线电压的一半。

　　小 提 示　　由于一次侧熔断器熔断后，其熔断电弧的游离物在高电压作用下，可能存在即使熔断也不会呈现绝对断开的状态，所以可能出现二次电压既不是 0V 又不是 50V，而是十几伏的情况。

　　在电压互感器空载时，若测出的结果是 $U_{vw}=100V$，$U_{uv}=U_{wu}=0$，则可能二次 u 相电压断开；若 $U_{wu}=100V$，$U_{uv}=U_{vw}=0V$，则可能二次 v 相电压断开；若 $U_{uv}=100V$，$U_{wu}=U_{vw}=0$，则可能二次 w 相电压断开。

　　如果抽断有功电能表的二次 v 相电压，那么 $U_{wu}=100V$，$U_{uv}=U_{vw}=50V$（TV 只带一个有功表时）；$U_{wu}=100V$，$U_{uv}=67V$，$U_{vw}=33V$（TV 既带一个有功表又带一个无功表时）。

　　（2）在电压互感器的 Y 形接线时，测量各二次回路的线电压，正常时 $U_{uv}=U_{vw}=U_{wu}=100V$。

　　若 $U_{vw}=\sqrt{3}U_{ph}=100V$，$U_{uv}=U_{wu}=U_{ph}=58V$，则可能一次 U 相电压断线；若 $U_{wu}=\sqrt{3}U_{ph}$，$U_{uv}=U_{vw}=U_{ph}=58V$，则可能一次 V 相电压断线；若 $U_{uv}=\sqrt{3}U_{ph}$，$U_{vw}=U_{wu}=U_{ph}=58V$，则可能一次 W 相电压断线。

　　例如，若一次 U 相断线，则 U 相无感应电动势，$U_{UN}=0$，U 相与 N 点是等电位的，因此 $U_{UV}=U_{WU}=U_{ph}$，而 $U_{VW}=\sqrt{3}U_{ph}$。

　　值得注意的是，有些电能表特别是电子式电能表，故障相断开时的二次电压并不为零，主要原因是由于电磁感应、电压互感器的电磁耦合，以及电能表作为电压互感器的负荷时的串并联关系等因素形成了一个二次电压。由于电压互感器二次侧存在交流阻抗，所以这个电压往往有几伏到十几伏，肯定会形成计量功率，从而对电能计量产生不可忽略的影响。

3. 相量图法

下面介绍利用相量图法检查误接线及故障的基本原理。将被测元件对应的电压、电流接入相位表，测出两者间的相位角的超前、滞后角度，据此画出电流在相量图上的具体位置，然后根据实际的负荷性质（感性或容性）进行分析，从而判断误接线及故障之所在。

本书提出了分析判断电能计量误接线及故障应遵守的"三符合原则"和电压与电流间的"随相关系"，据此能快速准确地得出结论，极大地简化了烦琐的分析过程。

小 提 示　　**三符合原则**

利用相量图法，检查误接线及故障的"三符合原则"：各线电压相量间和各相电压相量间的相位关系均符合正相序原则；同相的电压与电流相量间的相位差均符合随相关系原则；各相量之间的大小和相位关系均符合实际情况原则，如负荷性质（感性或容性）、功率因数（大小）、电能潮流（方向）等电能计量现场实际情况。

值得注意的是，很多人误读了"三符合原则"，错误地认为"三符合原则"只是画出正确相量图应遵守的基本原则。其实，"三符合原则"是在分析判断误接线及故障过程中三个关键步骤应分别遵守的原则。

问题思考　　在错误接线情况下，在利用相量图法时应该如何画出相量图呢？

小 提 示　　**随相关系**

随相关系包括正随相关系和反随相关系。若某一电压与某一电流之间的相位差等于功率因数角 φ，则称该对电压、电流为正随相关系；若某一电压与某一电流的反相量之间的相位差等于功率因数角 φ，则称该对电压、电流为反随相关系。

三、检查电压互感器有无极性接反或断线

在三相高压计量装置中，TV 的接线方式常有 V 形和 Y 形两种，其 TV 应是同型号规格的。

1. 在三相三线电路中

电压互感器 Vv0 接线时，测量各二次回路的线电压，正常时 $U_{uv}=U_{vw}=U_{wu}=100V$。

若测出的结果是 $U_{uv}=0$，$U_{vw}=U_{wu}=100V$，则可能一次 U 相电压断开；若 $U_{uv}=U_{vw}=50V$，$U_{wu}=100V$，则可能一次 V 相电压断开；若 $U_{uv}=U_{wu}=100V$，$U_{vw}=0$，则可能一次 W 相电压断开。

若测出的结果是 $U_{vw}=100V$，$U_{uv}=0$，则可能二次 u 相电压断开；若 $U_{wu}=100V$，$U_{uv}=U_{vw}=0V$，则可能二次 v 相电压断开；若 $U_{uv}=100V$，$U_{wu}=U_{vw}=0$，则可能二次 w 相电压断开。（不要接任何电能表即空载）

2. 在 TV 的 Vv0 接线中

若某个线电压升高至 $\sqrt{3}$ 倍的正常线电压（如 $100V \times \sqrt{3}=173V$），则可能一台 TV 极性接反；若电压的大小正常但电能表反计，则可能二台 TV 均接反。

因为，$U_{uv}+U_{vw}+U_{wu}=0$，如果 U_{uv} 接反了，$U_{wu}=-(-U_{uv}+U_{vw})$，那么 U_{uv} 和 U_{vw} 不变，而 U_{wu} 为 $\sqrt{3}$ 倍的正常线电压。

3. 在 TV 的 YNyn0 接线中

若 $U_{vw}=\sqrt{3}U_{ph}=100V$，$U_{uv}=U_{wu}=U_{ph}=58V$，则可能 U_u 或 U_U 接反；若 $U_{wu}=\sqrt{3}U_{ph}$，$U_{uv}=U_{vw}=U_{ph}=58V$，则可能 U_v 或 U_V 接反；若 $U_{uv}=\sqrt{3}U_{ph}$，$U_{vw}=U_{wu}=U_{ph}=58V$，则可能 U_w 或 U_W 接反。

若 $U_{vw}=\sqrt{3}U_{ph}=100V$，$U_{uv}=U_{wu}=U_{ph}=58V$，则可能 U_v 且 U_w 同时接反；若 $U_{wu}=\sqrt{3}U_{ph}$，$U_{uv}=U_{vw}=U_{ph}=58V$，则可能 U_u 且 U_w 同时接反；若 $U_{uv}=\sqrt{3}U_{ph}$，$U_{vw}=U_{wu}=U_{ph}=58V$，则可能 U_u 且 U_v 同时接反。若电压的大小正常但电能表反计，则可能三只相 TV 均接反。

例如，因为 $U_{UV}=U_U-U_V=\sqrt{3}U_{ph}$，若 U_u 或 U_U 接反，则 $U_{UV}=U'_U-U_V=-U_U-U_V=U_W=U_{ph}$。

4. 在 TV 的 YNyn0 接线中

在 TV 带负荷和不带负荷时，若 $U_{vw}=\sqrt{3}U_{ph}=100V$，$U_{uv}=U_{wu}=U_{ph}=58V$，则可能一次 U 相电压断线；若 $U_{wu}=\sqrt{3}U_{ph}$，$U_{uv}=U_{vw}=U_{ph}=58V$，则可能一次 V 相电压断线；若 $U_{uv}=\sqrt{3}U_{ph}$，$U_{vw}=U_{wu}=U_{ph}=58V$，则可能一次 W 相电压断线。在 TV 不带负荷即空载时，若测出的结果是 $U_{vw}=100V$，$U_{uv}=U_{wu}=0$，则可能二次 u 相电压断开；若 $U_{wu}=100V$，$U_{uv}=U_{vw}=0$，则可能二次 v 相电压断开；若 $U_{uv}=100V$，$U_{wu}=U_{vw}=0$，则可能二次 w 相电压断开。

（小提示）　在 TV 的 YNyn0 接线中，若空载时测得的电压不是 58V 而是 50V 则说明未接地。

值得注意的是，电压互感器一次侧断线时，其二次电压值的大小与电压互感器的接线形式是 V 形还是 Y 形有关；电压互感器二次侧断线时，其二次电压值的大小与电压互感器的接线形式无关，而只与互感器是否接入二次负荷和二次负荷形式有关。对于 V 形接线的电压互感器，一次侧或二次侧任一绕组极性接反时，反接相和非反接相的线电压均仍为 100V，而边相的线电压为 173V；对于 Y 形接线的电压互感器，一次侧或二次侧任一绕组极性接反时，与反接相有关的线电压均为 58V，而与反接相无关的线电压仍为 100V。

四、电压回路的接线检查

以下对电压二次回路的接线检查主要针对三相三线计量装置。

1. 测量二次线电压

各线电压的正常值应接近相等且为 100V。如果三个线电压不相等且数值相差较大时，说明 TV 有一/二次侧断线、熔体烧断、绕组极性接反或接触不良，或互感器配置错误等情况。

（1）对于采用 V 形接线的 TV，如果二次线电压中有 0、50V 出现时，可能是一次断线或二次断线；有一个电压为 173V 时，说明有一台 TV 极性接反。

（2）对于 Y 形接线的 TV，当二次线电压中有 58V 出现时，说明有 TV 一次断线或 TV 极性接反。

（3）带有表计等负荷或空载进行测量时，若出现一次断线或二次断线时，不论采用何种方式接线的 TV，没断开的两相之间的电压总为 100V。（其他两组电压按负荷阻抗分配，但仍接近空载时的二次电压）

🐞 小 技 巧　一般规律是，无论什么 Vv0 接线的三相三线电能表，哪个边相断线，与之相关的线电压就明显降低，甚至接近于零；中相断线，与之相关的线电压也明显降低，且几乎减半。

🐞 小 技 巧　无论什么 Yy0 接线的三相四线电能表，若某相电压为 0V，且线电压没有出现 0V，则 TV 一次侧该相断线；若某相电压为 0，且线电压也出现 0，则 TV 二次该相侧断线；若某相电压没有出现 0V，且线电压出现 100、58、58V，则非 100V 的两相的剩余一相极性接反。

🐞 小 提 示　不同电能表在不同电压断线的条件下电能表端电压的大小是不同的，应以故障电能计量装置电能表的实测端电压值计算表计在故障条件下功率元件的实际功率值。

（4）测量电压互感器出线端至电能表的压降。正常情况下三相应平衡且压降不大于 1%。如果三相平衡但二次压降较大，则可能是线路太长、线径太小或二次负荷太重；如果电压正常但某相二次压降太大，则可能是某相接触不良或负荷不平衡，也可能该相回路中串有阻抗。

另外，对于单相电能表：正常时电压端子的电压应等于外部电压，无电压则为电压开路或电能表进、出中性线开路，电压偏低则可能是电压回路串有电阻、电压连接片接触不良或电能表中性线串有电阻。

对于不经 TV 接入的三相四线三元件电能表（或"三代一"的三只单相表）：无电压则为电压开路，电压偏低则可能是电压连接片接触不良或某相电压开路，同时中性线断开。

2. 测量三相电压相序

如测出的是负相序，电能表虽然正计，但有相序误差，接线时要将它改为正相序。

3. 检查接地点确定电压相别

用一只电压表一端接地，另一端依次接电能表三个电压端钮，可以判断 TV 的接地情况。

（1）两次为 100V、一次为 0V，说明很有可能是两台单相互感器 V 形连接，也有可能是三只单相 TV 或一台三相五柱式 TV 为 Y 形连接。以上三种情况均可断定 v 相接地，为 0 的一相即为 v 相，根据相序可以定出 u 相和 w 相。

（2）三次均为 58V，说明 TV 是 Y 形连接且中性点接地，在这种情况下暂时不能确定相别。

为了查出相别（一般先确定二次 v 相），可以找一只与此电能表共用互感器且相别已知的其他运行中的仪表，然后依次测量该仪表 v 相端子与电能表三个电压端子之间的电压。如果某次测得电压为 0V，那么为 0V 的一相即为 v 相，根据相序可以定出 u 相和 w 相。

在实际工作中，也可以利用断开一次电压线 V 相（一次侧绿色相的熔断器）的方法确定二次 v 相，但是这种方法很不安全。

（3）三次均明显小于 58V（甚至接近 0V），说明无论是 V 形接线还是 Y 形接线，TV 二次测回路没有接地。

（4）如果电能表中性线与电源中性线之间的电压不为零，则电能表的进表中性线断开。

对于电子式电能表，若安装后显示"逆相序"且显示电压比实际值高（有功功率偏小），则很可能电能表的进表中性线断开。

4. 根据电流确定电压相别

在已知电流相别的情况下，可以按"随相关系原则"确定电压相别。

（1）对于三相二元件表，如果电压互感器的二次电压是 v 相接地的，可根据电压相序而确定电压相别；如果电压互感器的二次电压未接地或接地点未知，只要测出电压相序就可根据电流相别而确定电压相别。

其具体方法为：如果某一个相电压 U_{ph} 与电流 I_u 随相，而且它们之间的相位关系也与已知的负荷性质相符时，那么说明 $U_{ph}=U_u$。其他两个电压相别根据此法依次可以确定，进而确定线电压。

（2）对于三相三元件表，如果电压互感器的二次电压已知 u 相，可根据电压相序而确定电压相别；如果电压互感器的二次电压未知，只要测出电压相序就可根据电流相别而确定电压相别。其具体方法与以上相同。

五、检查电流互感器有无开路、短路或极性接反

使用钳形电流表，将相线、中性线同时穿过钳口，相线与中性线的电流之和应为零，否则可能有窃电情况。检查 TA 变比是否正确，对于低压 TA，检测时应分别测量一、二次电流值，计算出电流变比并与 TA 铭牌对照。检查 TA 有无开路、短路，若 TA 二次电流为零或明显小于理论值，则通常是 TA 断线或二次线短接。

🔧 **小 提 示**　　现场存在三个 TA 变比不一致的情况。

如何区分电流互感器短路与开路呢？推荐以下两种方法。

第一种方法是直观检查法：若电流互感器有异常声响、二次回路有放电声（开路端子处特别是接触不良处会出现打火现象）、附近有轻烟和异味，而且电流表指示为零或功率表指示减小或电能表计少计，则二次回路开路；若电流表指示明显小于理论值，则二次回路短路。另外，发现计量电流互感器开路时，可能导致计量设备的损坏。

第二种方法是直接短路法：若短接时有火花，则故障点远离 TA 就在短接处以下的回路中，可进一步向下短接；若短接时无火花，故障点可能靠近 TA 在短接处以上的回路中，可逐步向上短接，以缩小查找范围。如果整个查找过程中均无火花产生现象，那么就是电流互感器短路了。

运行中电流互感器开路处理方法如下：

第一种情况：高压电流互感器二次回路出口端开路时，人不能靠近，要进行停电后才能处理。

第二种情况：二次接线端子螺钉松动造成二次开路时，在降低电流下采取安全措施进行处理，可以不停电将螺钉拧紧，然后恢复正常运行。

第三种情况：电流开路点在接线盒时，则应在采取安全措施后将电流连接片的螺钉拧紧，恢复正常运行。

🔧 **小 技 巧**　　**高压电流互感器变比值的获得**

对于高压电流互感器，可以间接测出其变比。利用仪器仪表的功率测量功能分别测出配变低压侧功率和互感器二次侧功率，将两功率值相除后再除以高压 TV 的变比，即可得到该高压 TA 的变比（近似值）。

在三相对称电路中，在两个 TA 不完全星形（V 形）接线时，若某一线电流为其他任一线电流的 $\sqrt{3}$ 倍（如 $5A\times\sqrt{3}=8.7A$），则有一只 TA 极性接反；若线电流的大小不变但电能表反转，则可能二只 TA 均接反。三相电路对称时，如果 I_u 接反了，$I_u=I_w=5A$ 时，公共线上的电流 $I_w=8.7A$。值得注意的是，电流互感器的分相接法时是无公共线的，此时可将其进电表的 u、w 两根合并测量作为公共线，测量和判断方法与以上混相接法相同。

因为 $i_u+i_v+i_w=0$，而 $i_{n1}=i_u+i_w=-i_v$，若 i_u 接反成 $-i_u$，则 $i_{n2}=-i_u+i_w$，如图 8 - 49 所示，在三相电路对称时线电流为 I_L，$I_{n2}=\sqrt{3}I_L$。

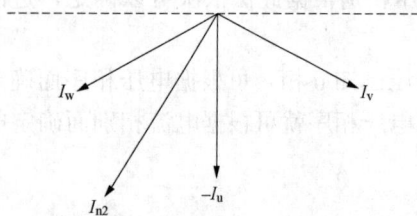

图 8 - 49　U 相电流接反时的相量图

在三相对称电路中，在三个 TA 完全星形（Y 形）接线时，若中性线电流（或三相合并电流）变为相电流的 2 倍且某相电流与中性线电流（或三相合并电流）的相位相反，则该相互感器（一次或二次）极性接反；若中性线电流（或三相合并电流）变为相电流的 2 倍且中性线电流（或三相合并电流）只与其中一相电流的相位相同，则另两相互感器（一次或二次）极性均接反。若电流的大小不变但电能表反转且中性线电流（或三相合并电流）为零，则可能三只互感器（一次或二次）极性均接反。因为 $i_{n1}=i_u+i_v+i_w=0$，$i_u+i_w=-i_v$，若 i_v 接反成 $-i_v$，则 $i_{n2}=-i_v-i_v=-2i_v$。在三相电路对称时线电流为 I_L，$I_{n2}=2I_L$。若 i_u 和 i_w 均接反，则 $i_{n3}=-i_u+i_v-i_w=2i_v$。在三相电路对称时线电流为 I_L，$I_{n3}=2I_L$。（注意：中线电流的参考方向。）

对于电子式电能表，还可以查看有功功率方向指示，判断出电流极性是否接反。

如何区别是 TA_1 到接线盒的电流 I_{11} 极性接反还是接线盒到电能表的电流 I_{12} 极性接反呢？可以先测出 U_{12} 与 I_{11} 之间的相位差 φ_1，再测出 U_{12} 与 I_{12} 之间的相位差 φ_2，根据相量图即可判断出是 TA_1 到接线盒的电流 I_{11} 极性接反还是接线盒到电能表的电流 I_{12} 极性接反。

六、电流回路的接线检查

1. 测量剩余电流，判断接线是否有问题

对于低压用户，将所有的电源进线同时穿过钳形电流表的钳口时，虽然各相电流可能不相等、中性线电流可能不为零，但是所有电源进线的电流之相量和必定为零；否则，必有窃电、漏电或接线错误。（注意：不要接入保护线。）

2. 断开 u 相或 w 相电压，观察电能表是否计量

(1) 断开 u 相电压，电能表不计量，说明第二元件的电流回路可能有短路或开路。

(2) 断开 w 相电压，电能表不计量，说明第一元件的电流回路可能有短路或开路。

需特别注意的是，当功率因数为 0.5 时，第一元件计量的功率为零。对于这种情况，可以在断开 w 相电压的同时，将 w 相电压换至 u 相电压的端钮上，若功率因数为 0.5，则电表应有明显的反计。利用这种方法，可以证明功率因数为 0.5，那么根据在断开 w 相电压电能表不计量的现象，就不能说明第一元件的电流回路可能有短路或开路。

这种方法同样可用来判断三相四线有功电能表电流回路是否断线或短路。

3. 测量电流的大小，确定 TA 有无极性反接

（1）对于 V 形接线的 TA，分别测量第一、二元件和公共线的线电流值，如三相负荷平衡，则三次测量值相等；如公共线的电流为其他相线电流的 1.73 倍，则有一台 TA 极性接反。

（2）对于 Y 形接线的 TA，分别测量第一、二、三元件和公共线的线电流值，如三相负荷平衡，则前三次的测量值相等，公共线的电流为零；如公共线的电流为其他相线电流的 2 倍，则有一台 TA 极性接反。

根据电流的大小，可判断电流回路是否开路或接触不良，或互感器是否出现故障及配置错误。

4. 确定电流相别

在已知电压相序和负荷性质的情况下，对于三相二元件表用以下方法可以确定电流的相别。

（1）两个电流相量互成 120°且每个电流与最靠近的相电压的相位与已知负荷性质相符，那么相位滞后的一个电流是 I_u，另一个电流是 I_w。

（2）两个电流相量互成 120°且每个电流与最靠近的相电压的相位与已知负荷性质不相符，如果将两个电流同时反相后的每个电流与最靠近的相电压的相位与已知负荷性质相符，说明两个电流的极性均接反了，那么在两个电流反相后，相位滞后的一个电流是 I_u，另一个电流是 I_w。

（3）两个电流相量互成 60°，如果将其中某一个电流反相后的每个电流与最靠近的相电压的相位与已知负荷性质相符，说明该电流的极性接反了，那么在该电流反后，相位滞后的一个电流是 I_u，另一个电流是 I_w。

（4）以上是没有引进 I_v 的情况，如果引进了 I_v，那么在相位上超前于 $I_v120°$的电流就是 I_u，滞后在相位上超前于 $I_v120°$的电流 I_w。

对于三相三元件表，可以参照以上方法进行。

5. 判断电流回路接地的正确性

利用 TA 二次通地法可以判断接地的正确性。用一根两端带夹子的导线，一端接地，另一端依次与电流端钮连接。与不接地的端钮连接时，导线与电流线圈中的电流被分流，电能表计量变少；与接地端钮连接时，电能表计量不变。此时利用钳表电流表进行测试很方便。

通过 TA 二次通地法，可以判断出哪个端钮接地，接地是否正确，甚至可能判定 TA 的极性是否接反。

小技巧　有无 V 相电流的判断

对于三相二元件电能表，利用 TA 二次通地法时，如果两个 TA 的 K2 对地短接时电能表的计量均不变，那么不存在 V 相电流。

利用压流跨测法可以判断接地与否：测量时，将电压表的一端接向电压互感器未接地的端子上，另一端接触电流互感器的二次线，若电压表的指示为 100V，说明该电流互感器二次接地。若电压表的指示为"0"，说明电流互感器没有接地。压流跨测法，对互感器任何类型的接线都适用。

七、设备本体故障分析

1. 电能表故障

（1）死机。死机一般指电能表通电后无任何反应，因为电子电能表的核心技术大都采用逻辑电路，所以并不存在程序飞掉的问题。死机大多由于电流、电压采样线虚焊或断线，分压电阻断裂，脉冲线碰到强电而损坏光耦或 PCB 板上元件虚焊等原因。

（2）无脉冲输出。此故障常见的原因有：脉冲线虚焊、断线、短接或脉冲线碰到强电引起三极管损坏以及 PCB 板线路烧坏等；指示灯亮但无脉冲，此现象说明电源部分、计量部分、CPU 部分工作正常，在输出电路上出现问题。

（3）误差大幅度超差。由于锰铜电阻和铜连接片之间的焊接发生变化导致电流采样值突变，或电压调整回路的焊接出现虚焊、短路。

（4）有脉冲输出，但误差较大。这种现象说明电路工作基本不正常，可首先判断是哪一相误差大引起的，可能是电压线与电流互感器的引线焊接问题，或有断路故障。

（5）黑屏。控制 CPU 故障；时钟芯片晶振未起振或振荡频率异常；雷击致显示芯片损坏；液晶故障；电源变压器损坏。

（6）时钟电池故障。电池质量问题；外围电路问题；软件设计缺陷。

（7）空载小电量走字。除隐形用电情况外，外部大功率非阻性设备、谐波、（临近表计、采集器、附近导线等）工频磁场干扰。

（8）数据突变故障。外界干扰；内部相关元件配置缺陷；相关软件设计缺陷。

（9）通信故障。RS485 通信故障，如通信线未接好、参数设置不正确等；红外通信故障，如红外管脱焊或红外发射管/接收管已坏。

问题思考 如何判断是红外发射管已坏，还是红外接收管已坏呢？

（10）烧表故障。安装不当或长期使用导致表尾烧损；过负荷使用或强电接在弱电端子上或强电连线相互接错导致表内烧损。

（11）在多雷地区，雷击还经常会导致通信（芯片）模块或电源（稳压管）损坏。

2. 互感器故障

互感器内部绝缘损坏，层间或匝间短路或绕组接线断开；电容式电压变换器的二次输出电压低可能有是内部接线断裂或分压器损坏，二次输出电压高可能是分压器损坏。

3. 电压切换装置故障

高压计量二次回路一般装有快分开关，对于存在双母线且计量电压取自母线 TV 的情况下，计量电压二次回路还要经电压切换装置进行电压切换。

TV 端子箱中的快分开关跳开或人为误动；电压回路电缆不正确连接或连接松动；熔体熔断。电压切换装置失压故障，包括直流馈线屏上电压切换用快分开关跳开或人为误动，或直流电源通道人为解开；双母线电压测控切换屏内电压切换继电器故障、电压切换模块故障；开关端子箱内电压切换用隔离开关辅助触点接点螺钉松动。

八、不停电检查的操作流程

不停电检查电能计量装置误接线及故障的操作流程如下。

1. 接受工作任务

（略）

2. 做好检查前的准备

（1）检查人员配备是否符合要求、着装是否规范。

（2）检查所带工器具及仪表等物料是否齐全完好。

（3）查看用户资料，了解用户功率输送方向和性质；了解用户的月用电量、功率因数大小；了解用户用电情况是否变化、窃电疑点是否存在；了解用户计量装置信息。

小提示　　若无电容器，则一般为感性；若用电容量为设备容量的 50% 以上，则功率因数一般不低于 0.5；若设备（如变压器或感应电机）空载，则功率因数一般为 0.2 左右。

3. 办理开工许可

正确填写《用电检查工作单》；办理第二种工作票，履行工作许可手续；备齐记录单据，带上《用电检查证》。

4. 确认作业地点并确保作业安全

工作区域应设置安全围栏，出入口悬挂"由此出入"标示牌，电能计量装置本体上悬挂"在此工作"标示牌，操作活动区域放置绝缘台垫。检查计量现场，清楚危险点及其防范措施。

5. 进行现场检测、记录和分析

（1）安全性检查。检测计量装置（可接触部分）有无漏电；检查接地装置是否完好。

（2）完整性检查。检查计量箱柜外观及锁封是否完好；若被破坏或异常，则应拍照或录影取证。

（3）直观性检查。

1）检查现场计量装置重要参数是否与计量装置资料相符。

2）抄录计量设备铭牌信息、显示数据和事件记录，判断电能表及其运行状态是否正常。

3）检查电能表、互感器和接线盒外观及加封点的封印是否齐全完好。

4）打开所有端钮盒盖，检查接线端钮螺丝有无松动、导线有无松动。

5）检查导线的绝缘和金属有无损伤，导线有无压皮、露头、短接、断开，导线有无绕越计量或被更换现象。

6）检查互感器的外观、极性、变比、相别有无异常。

7）检查二次导线相色和接线端子标号是否正确。

（4）运行参数（U、I、Φ）测量。一般情况下，测量运行参数时应在表尾接线端钮上进行。对于有电容器补偿的用户，应将电容器退出后再测相位，没有负荷时应将电容器投入后再测相位。

1）测量电能表各电压端钮间的电压值。

a. 测量电能表各电压端钮对电压参考点间的电压值（三相四线制），或测量电能表各电压端钮对接地点（是 v 相）间的电压值（三相三线制）。

b. 判断是否存在电压回路断线，或连接点接触不良。

c. 判断电压互感器是否存在一、二次极性接反，或一、二次侧断线。

d. 判断电压互感器是否存在配置错误，或其他故障。

e. 确定二次中性线所接电压端钮（三相四线制），或中间相（v 相）所接电压端钮（三相三线制）。

(小 技 巧) V 形或 Y 形接线方式的区分

先将电压表的一个测试表棒接地，另一个测试表棒依次触及电能表的三个电压端钮。若有两个电压端钮对地电压为 100V，一个端钮对地电压为 0，则说明电压互感器是 V 形接线；若三相电压端钮对地电压为 57.7V，则说明电压互感器是 Y 形接线。

(小 提 示) 测量电压的选择

对于三相四线电能表需要测量的电压：U_{12}，U_{23}，U_{31}＝？ U_{14}，U_{24}，U_{34}＝？ U_{1v}，U_{2v}，U_{3v}＝？

(小 提 示) 在换表、接电前一定要检查、测量各相电压和线电压。因为在三相四线进户时，如果一相故障停电，很多用户为应急会从另外两相短接到故障相用电，或从其他处引入临时电源。

对于三相三线电能表需要测量的电压：U_{12}，U_{23}，U_{31}＝？ U_{1v}，U_{2v}，U_{3v}＝？

(小 技 巧) 在一个 TV 极性接反时，如果任意两个电压端子之间出现了 173V，那么剩下的一个电压端子就是 V 相。

(小 提 示) **高压计量装置还要检查电压互感器的高压熔断器是否熔断。**

2）测试三相电压的相序。确定三相电压相序的正反；确定电能表各电压元件的电压接入方式，或电压实际故障。

电压相序正反的判断方法有以下几种：

a. 利用机械式相序表测相序。将相序表的三个测试表棒依次接入电能表的电压端钮 1、2、3，水平放置相序表，如果转子旋转方向与表上箭头方向相同，那么是正相序；反之是负相序。

b. 利用数字式相序表测相序。有的数字式相序表将测量结果直接显示在显示屏上，若显示的是 U、V、W 则被测三相电压是正相序的，若显示的是 U、W、V 则被测三相电压是负相序的。有的数字式相序带有声光提示，非常直观。

c. 利用相位表的 U2、I1 挡位判断相序。先将相位表 I1 电流钳子夹入电能表的第一元件电流进线（保持不变），后将相位表 U2 的两个测试表棒依次接入电能表的电压端钮 1 和 2，测得它们间的相位差 Φ_1；再将相位表 U2 的两个测试表棒依次接入电能表的电压端钮 2 和 3，测得它们间的相位差 Φ_2。如果 $\Phi＝\Phi_1-\Phi_2＝120°$，那么是正相序；如果 $\Phi＝240°$，那么是负相序。

d. 利用相位表的 U1、U2 挡位判断相序。先将相位表 U1 的两个测试表棒依次接入电能表的电压端钮 1 和 2，再将相位表 U2 的两个测试表棒依次接入电能表的电压端钮 3 和 2，测得它们间的相位差 Φ。如果 $\Phi＝300°$，那么是正相序；如果 $\Phi＝60°$，那么是负相序。

(小 提 示) 相位表简介

误接线及故障不停电检查时的一种最常用仪表，就是相位表，它配有两种电流钳子和四根电压测试导线。相位表的主要功能是测量相位差，它同时具有电压和电流测量功能。一种常见的相位表，如图 8-50 所示。

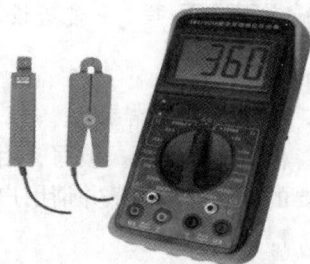

小提示　在利用相序表检查相序时，如果有一相电压互感器极性接反，那么相序表所指示的相序与实际相序相反。

小技巧　**TV 接反时相序判断**

图 8-50　一种常见的相位表

如果有一相电压互感器极性接反，将电压 U_{12} 从相位表的 U_1 端接入，U_{23} 从相位表的 U_2 端接入，测量它们间的相位角 Φ。如果 $\Phi>180°$ 即 $\Phi=210°$ 或 $300°$，那么表尾实际电压接线相序是正相序；如果 $\Phi<180°$ 即 $\Phi=150°$ 或 $60°$，那么表尾实际电压接线相序是负相序。

3）测量电能表各电流元件的电流值。判断是否存在某元件电流回路开路、短路，或连接点接触不良。测量电流互感器一、二次电流值，判断是否基本符合其额定变比。

4）测量电能表各元件电流与各元件电压间的相位差。利用相量图法，根据检查误接线及故障的"三符合原则"，判定电能表各电流测量元件电流的实际接入方式。

小技巧　**测量相位差的选择**

对于三相四线三元件电能表，可分别测量 U_{uv} 与 I_1、I_2、I_3 间的相位差；对于三相三线两元件电能表，可分别测量 U_{uv} 与 I_1、I_2 间的相位差。

（5）分析检测结果。画出相量图［见图 8-51（a）］；根据检查误接线及故障的"三符合原则"，分析电能表各电压元件和各电流元件的实际接入方式以及其他计量故障，并做好记录；画出实际接线图［见图 8-51（b）］；写出实际功率表达式；求出更正系数；计算实际用电量和退补电量；更正错误接线并排除其他计量故障。

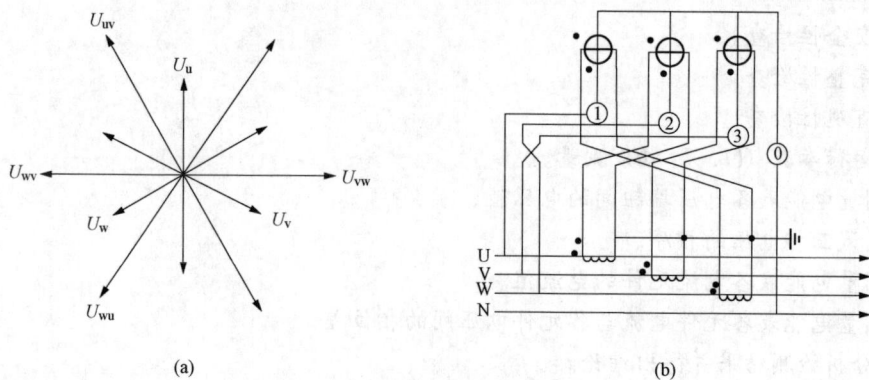

(a)

(b)

图 8-51　标准相量图和实际接线图
(a) 标准相量图；(b) 实际接线图

小提示　若现场发现出现负功率，则计算出的错误功率和更正系数均应为负，否则检查结果或计算有误。

问题思考 能否设计一个装置，或制成一种设备，或发明一套软件，代替错误接线的分析过程？

6. 告知检查结果

根据检查结果，填写《用电检查工作单》和《用电检查结果通知书》，记录情况，抄录重要的电能计量信息并请用户签字认可。

7. 及时处理

用户存在窃电情况的，出具《违约用电（窃电）通知书》并转至相关部门处理，包括故障排除及误接线更正；无窃电情况的，上盖关门、上锁加封，清理工作现场，记录封印编号。

小 提 示 若封印是在检查前被人为破坏的，则填写《违约用电（窃电）通知书》；否则填写《用电检查结果通知书》。

8. 整改及复查

故障排除及误接线更正以后，还要进行复查；必要时按规定程序停电并采取相应安全措施。

9. 测定电能表误差

经检查接线无误或更正误接线复核无误后，测量电能表的实际误差，正确填写"电能表现场检验记录"，据此还可以判断电能表内部的电压测量回路或电流测量回路是否存在故障。

10. 办理工作终结

（1）清理工作现场后报完工。

（2）资料归档和信息反馈。

（3）办理工作终结手续。

以上是本书作者提出的"操作流程"，其优点是安全、耗时短、正确率高。

小 提 示 不停电检查的简化操作步骤

（1）安全性检查。

（2）完整性检查。

（3）直观性检查。

（4）运行参数（U、I、Φ）测量。

1）测量电能表各电压端钮间的电压值。

2）测试三相电压的相序。

3）测量电能表各电流元件的电流值。

4）测量电能表各元件电流与各元件电压间的相位差。

（5）分析检测结果并得出结论。

（6）结果处理。

练习与思考题

1. 指出测量交流电路有功电能计算公式 $W = PT = UI\cos\varphi T$ 中各符号的物理意义和国际

单位。

2. 电能测量正确接线的基本要求是什么？

3. 画出两元件共 V 相法的原理接线图。

4. 分别写出两元件共 V 相法中的两组测量元件的接线方法和计量功率表达式。

5. 画出三元件共零法的原理接线图。

6. 分别记住并写出两元件跨相法中两组测量元件的接线方式。

7. 分别记住并写出两元件 60°型接法中两组测量元件的接线方式。

8. 分析下面单相电能表几种错误接线会产生什么后果或现象？

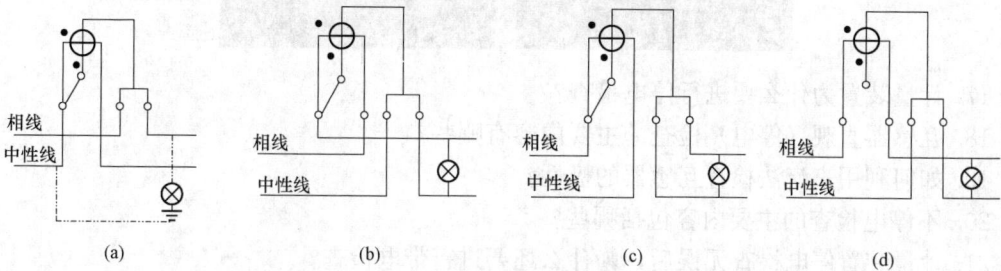

(a) (b) (c) (d)

9. 下图中两根电压二次线断开后对电能计量造成什么影响？

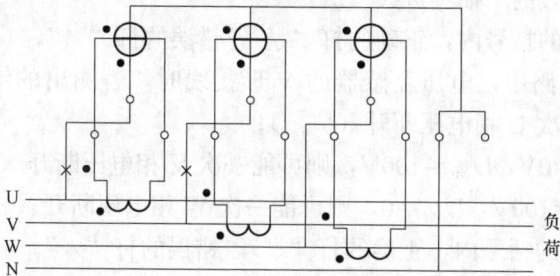

10. 一相进表电流线极性接反时，对经低压电流互感器接入式三相四线电能表的计量造成什么影响？

11. 三相四线电能表的进表中性线过长会对其计量造成什么影响？

12. 当有一元件电压与电流对应而有两元件电压与电流未接对应相时，三相四线电能表将大大少计，在三相负荷基本对称时，电能表基本停计。请验证此结论的正确性。

13. 画出经 V 形电流互感器和电压互感器分相接线接入式三相三线电能表的原理接线图。

14. 在三相三线两元件计量接线中，当二次 U 相电流极性接反时的计量电能的功率表达式是怎样的？（假定三相电路完全对称。）

15. 在三相三线两元件计量接线中，当一次 W 相电压断开时的计量电能的功率表达式是怎样的？（假定三相电路完全对称。）

16. 一现场典型的低压三相四线电能计量的实际安装接线如下图所示，请分析其安装和接线存在的不足或错误之处。

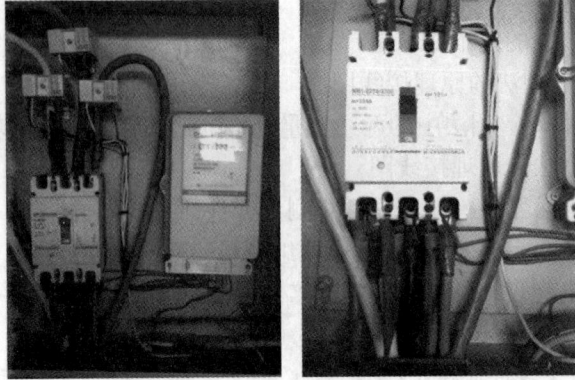

17. 计量装置为什么要进行停电检查？

18. 互感器直观（停电）检查的主要内容有哪些？

19. 如何利用直流法检查互感器的极性？

20. 不停电检查的主要内容包括哪些？

21. 计量装置停电检查无误后，为什么还要进行带电检查？

22. 如何利用电压对调法判断计量装置的接线是否正确？

23. 什么是三元件表的"抽零进火"法？

24. 请在以下说法的括号内，正确的打"√"，错误的打"×"。

（1）在三相三线电路中，电压互感器的 V 形接线时，若测出的结果是 $U_{uv}=0$，$U_{vw}=U_{wu}=100V$，则可能一次 U 相电压断开（　　）；

（2）若 $U_{uv}=U_{vw}=0V$，$U_{wu}=100V$，则可能一次 V 相电压断开（　　）；

（3）若 $U_{uv}=U_{wu}=100V$，$U_{vw}=0$，则可能一次 W 相电压断开（　　）。

25. 请在以下说法的括号内，正确的打"√"，错误的打"×"。

（1）在电压互感器的 Y 形接线时，若 $U_{vw}=\sqrt{3}U_{ph}=100V$，$U_{uv}=U_{wu}=U_{ph}=58V$，则可能一次 U 相电压断线（　　）；

（2）若 $U_{wu}=\sqrt{3}U_{ph}$，$U_{uv}=U_{vw}=U_{ph}=50V$，则可能一次 V 相电压断线（　　）；

（3）若 $U_{uv}=\sqrt{3}U_{ph}$，$U_{vw}=U_{wu}=U_{ph}=58V$，则可能一次 W 相电压断线（　　）。

26. 请说明检查错误接线的"三符合原则"。

27. 什么是电压与电流相位的随相关系？

28. 在工作现场，如何区分电流互感器的短路与开路呢？

29. 在两个 TA 不完全星形（V 形）接线时，若某一线电流为其他任一线电流的 $\sqrt{3}$ 倍，则有一只 TA 极性接反。请证明该结论的正确性。

30. 什么是"TA 二次通地法"？

31. 如何利用"压流跨测法"判断高压电流互感器接地与否？

32. 指出不停电检查的简化操作步骤。

33. 电压相序正反的判断方法有几种？请写出你认为最实用的一种。

第九章 电能量的退与补

电能计量装置的故障和误接线往往会引起计量误差，其计量误差有时很大。对于用来计量发电量、供电量和售电量的计量设备，错误计量将影响电力企业制订生产计划、进行经济核算等工作；对于电力用户用电结算收费的计量设备因故障和误接线引起的计量误差，不但直接影响着供用电企业双方的经济利益，同时还关系到加强企业内部经营管理，如单耗的考核、节能降耗等一系列工作。此外，因计量装置故障和误接线还可能引起供用电设备的损坏，引起计量纠纷，甚至引发与窃电相关的官司。可见，电能计量装置的故障和误接线将给电力企业和用户会造成很大影响，严重影响计划用电、节约用电和安全用电工作，因此一定要重视和按相关规定搞好电能量的退补和电费的结算工作。

电能量退补的一般原则：由于目前现场运行的电能表具有不同的计量原理和接线方式，因此差错电能量要根据具体表计的测试原理和实际运行接线情况进行分析和计算得出初步结论，最后利用故障期内的电能量平衡进行验算和校核。

第一节 电能量的退补计算原理

进行电能量的退补计算，关键是要获得正确的电能量值，而往往首先是要求得更正系数的大小。

一、更正系数及其获得

1. 更正系数的定义式

更正系数的计算公式及正确电量的计算公式分别为

$$K = \frac{W_0}{W_x} = \frac{P_0}{P_x} \qquad (9-1)$$

$$W_0 = KW_x \qquad (9-2)$$

式中　W_0——在同一时段内的正确电能量；

　　　W_x——在同一时段内的表计电能量；

　　　P_0——应该计量的负荷功率；

　　　P_x——实际计量的负荷功率；

　　　K——更正系数。

由式（9-1）、式（9-2）可知：

（1）要求出正确电能量 W_0，关键是找出更正系数 K。

（2）$K>1$，表明计量装置少计电量；$0<K<1$，表明计量装置多计电量；$K=1$，表明计量装置计量正确。

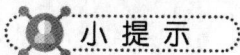

🔧 **小提示**　更正系数为正与负不表示电量的退与补；如果电能表反计，那么更正系数必定是负值。

🔒 问题思考　电能计量正确时，电能计量的接线一定正确无误吗？

2. 更正系数的获取途径

（1）查表法。可以查找相关的工具书籍或电量更正系数表，这种方法称为查表法。利用查表法时，应选择基本符合实际情况的功率因数值。

（2）功率比值法。在推导出故障及误接线时的功率表达式 P_x 后，通过 $K = \dfrac{P_0}{P_x}$，即可求出 K，这种方法称为功率比值法。利用功率比值法求 K 时，负荷的功率因数应基本不变。

🔘 小提示　一般先要确定在错误接线期间实际负荷的功率因数，才能确定更正系数值。

（3）电量测试法。将一只标准电能表正确接入电路中，测出其显示电量 W_0，抄读这段时间内有故障或误接线电能表的电量 W_x，通过式（9-1），即可求出 K，这种方法称为电量测试法。利用电量测试法时，应选择具有代表性的时间段作为测试时段。

🔘 小技巧　在计量现场，可以用一只误差合格的电能表代替标准电能表。

🔒 问题思考　当有功电量和无功电量是在错接方式下计量的电量，使用该数据计算得到的功率因数还是用户负荷的功率因数吗？

3. 互感器计费倍率不符时的更正系数

互感器倍率不符时计费用的互感器变比 N_0，与实际运行中的互感器变比 N_x 是影响计量错误的主要因素。如果设正确电量为 1，在三相对称电路中，如果忽略一些如错误接线时造成相位偏移等次要因素的影响，那么某个互感器接错时的错误电量：两元件共相法计量时为 $1/2 \pm 1/2 \dfrac{N_0}{N_x}$（在纯电阻电路中）；三元件共零法计量时为 $1/3 + 1/3 \pm 1/3 \dfrac{N_0}{N_x}$。同时还要考虑互感器的极性，极性正确时取正号，极性接反时取负号。

（1）对于两元件计量时的更正系数。其计算公式为

$$K = \cfrac{1}{\pm 1/2 \dfrac{N_{01}}{N_{x1}} \pm 1/2 \dfrac{N_{02}}{N_{x2}}}$$

（2）对于三元件计量时的更正系数。其计算公式为

$$K = \cfrac{1}{\pm 1/3 \dfrac{N_{01}}{N_{x1}} \pm 1/3 \dfrac{N_{02}}{N_{x2}} \pm \dfrac{N_{03}}{N_{x3}}}$$

式中　N_0——互感器的正确变比；

　　　N_x——互感器发生倍率错误时的实际变比；

　　　$\pm$——极性正确时取正号，极性接反时取负号。

二、更正系数与计量误差

1. 计量误差的定义式

在故障或误接线下计量误差 G 的计算公式为

$$G = \frac{\Delta W}{W_0} \times 100\% = \frac{W_x - W_0}{W_0} \times 100\% \tag{9-3}$$

由式（9-1）和式（9-3）可得出

$$K = \frac{1}{1+G} \tag{9-4}$$

值得注意的是，在测量电能表在错误接线状态下的计量误差时，标准电能表应按正确的接线方式接入；而且，不管被测电能表是否正计，标准电能表总应正计。

2. 更正系数与计量误差的关系

由公式 $K = \frac{1}{1+G}$ 可知，如果计量误差 $G > 0$，那么应退电量；如果计量误差 $G < 0$，那么应补电量。

小技巧 实际工作中是应退还是应补电量，要看 G 的正负而不是看 K 的正负。

三、更正系数的功率比值法

功率比值法的实施步骤为：确定错误接线方式；画出相量图；写出错误接线时功率表达式；计算更正系数；求出退补电量值。

为了分析方便和简化计算，通常做出如下约定。

（1）三相电路的三相电压和三相电流完全对称。

（2）功率表达式中只取电压和电流的大小，不带正负符号，而电压与电流之间的相位关系直接用相位角表示出来。

（3）在不致混淆的情况下，电压相量和电流相量分别表示为 $+U$、$-U$、$+I$、$-I$，而且正号通常省略。

例如，某一元件的电压相量为 U_{uw}，电流相量为 $-I_w$，则实际产生的计量功率为

$$P_x = UI \cos \angle \dot{U}_{uw} / - \dot{I}_w$$

或简写成

$$P_x = UI \cos \angle U_{uw} / - I_w$$

下面以一个典型实例，说明功率比值法的应用。

【例 9-1】 某新建工厂采用三相三线高压计量装置，其中两个计量电压互感器变比均为 10kV/100V，两个计量电流互感器的变比分别为 150/5A、300/5A，备案的电能计量装置计费倍率为 3000。投产 30 日后现场检查发现实际接线如图 9-1（a）所示，从投运至检查日电能表抄见电量为 -12.7kWh，试计算差错电量。（从改正后的运行情况可知，该工厂的平均功率因数约为 0.95L。）

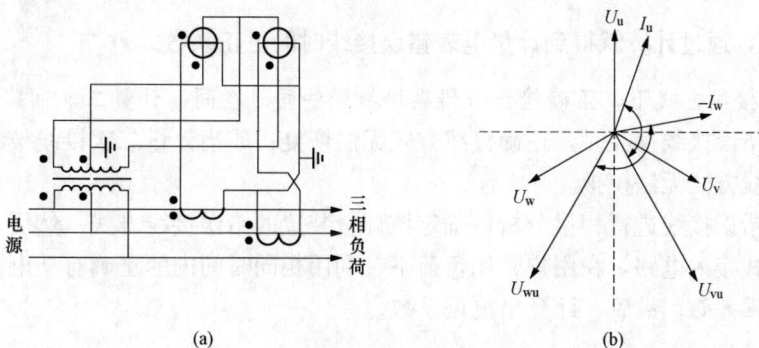

图 9-1 错误接线时的接线图和相量图
(a) 接线图；(b) 相量图

解　（1）确定错误接线方式。从现场情况及实际接线图可知，电能计量装置的电压相序为 v-u-w，第一组元件的电压为 U_{vu}，第二组元件的电压为 U_{wu}；电流互感器的正确变比应为 150A/5A，w 相错接成为 300A/5A，其实际电流为原来的 1/2，而且 w 相电流极性反接。

（2）画出相量图，如图 9-1（b）所示。

（3）写出错误接线时功率表达式。在三相电压、三相电流对称的情况下，错误接线功率表达式

$$P_x = P_1 + P_2 = U_{vu}I_u\cos(150°-\varphi) + U_{wu}(1/2I_w)\times\cos(150°-\varphi) = -1.5UI\cos(30°+\varphi)$$

（4）计算更正系数。由于正确接线功率表达式为 $P_0 = \sqrt{3}UI\cos\varphi$

因此，更正系数为

$$K = \frac{\sqrt{3}UI\cos\varphi}{-1.5UI\cos(30°+\varphi)} = \frac{4}{-3+\sqrt{3}\tan\varphi}$$

代入功率因数角后，求得 $K = -1.65$。

（5）求出退补电量值。退补电量的大小为

$$\Delta W = W_x - W_0 = (1-K)W_x = [1-(-1.65)]\times(-12.7)\times3000 = -100965(\text{kWh})$$

故因补电能量是 100965kWh。

四、更正系数的电量测试法

1. 当电压和电流互感器无损坏而产生错误接线时

首先，对错误接线进行相量分析，确定该计量装置的错误接线方式；然后，将试验接线盒与计量电能表端钮盒之间的二次接线模拟为错误接线方式，使计量电能表保持在错误接线方式下计量。而此时联合接线盒与 TV 和 TA 的二次接线端子之间的二次接线为正确接线，将标准电表接入正确接线的二次回路中。同时，标准电表所接入的接线方式是正确的，而计量电表所接入的接线方式是错误的，用正确接线方式下的标准电表来校验错误接线方式下的计量电表的计量误差 G，由于 $K = \dfrac{1}{1+G}$，通过计算就得到计量电表错误接线时的更正系数。

2. 当电压和电流互感器损坏而产生错误接线时

首先，对错误接线进行相量分析，确定该计量装置的错误接线方式；然后，调换被损坏的电压和电流互感器，恢复正确的接线方式；最后，根据确定的错误接线方式，在试验接线盒与计量电能表端钮盒之间的二次接线模拟为错误接线方式，使计量电能表保持在错误接线方式下计量。而此时联合接线盒与 TV 和 TA 的二次接线端子之间的二次接线为正确接线。由于 $K = \dfrac{1}{1+G}$，通过计算就得到计量电表错误接线时的更正系数。

3. 在错误接线方式下，正确接线与错误接线无法同时在同一计量二次回路存在时

例如，当错误接线存在时，正确接线方式无法恢复；或当计量二次接线被纠正为正确接线时，错误接线方式无法模拟。

首先，对错误接线进行相量分析，确定该计量装置的错误接线方式；然后，将标准电表按正确接线方式接入电路，在用户常用负荷下，利用相同时间内的正确有功电量和错误有功电量求出计量误差 G；最后，计算出更正系数。

小技巧　测试负荷的选择技巧

应选取最具有代表性的负荷即用电时间长的负荷同时运行一段时间。

五、实际退补电量的确定

1. 绝对误差法

绝对误差法，适用于已经查明故障及误接线后进行电量的退补，在故障及误接线出现的时间较短且及时发现问题时较为准确。

利用绝对误差法求实际退补电量的计算公式为

$$\Delta W = W_x - W_0 = W_x(1 - K) \tag{9-5}$$

（1）若 $\Delta W > 0$，则应退电量。

（2）若 $\Delta W < 0$，则应补电量。

小 提 示 更正率的定义式

$$更正率 = \frac{更正值}{错误电量} = \frac{正确电量 - 错误电量}{错误电量} \times 100\%$$

值得注意的是：有很多书与式（9-5）的表达方式不一致，作者认为应该统一和规范到式（9-5）的表示方式。因为式（9-5）既符合计量误差理论，又与实际计量工作一致，同时符合人们的思维特点，应该大力提倡。

小 技 巧 TA 一次匝数穿错时的退补电量

$$退补电量 = 实计电量 \times \frac{错误匝数 - 正确匝数}{错误匝数}$$

问题思考 请读者推导出以上退补电量公式。

2. 电量平衡法

电量平衡法，适用于出现较长时间故障时电量的退补。

电量平衡法的计算依据是线路电量平衡理论，通常适用于专线供电计费计量装置，且线路对侧加装有考核计量装置的场合。当计费计量装置出现故障导致计量失准，可根据线路对侧考核计量装置在故障期间的电量扣减合理损耗后得出用电负荷真实消耗的电量，进而得出退补电量。

电量平衡法计算退补电量的结果较为准确，关键是要搞清楚故障的起止时间，条件允许的情况下，应优先使用。

电量平衡法包括线路平衡法、变压器各侧电量平衡法和母线平衡法。应用电量平衡法时，只要确保相关计量装置各分项误差在合格范围内，计量装置一般按零误差处理。同时，应扣除根据正常运行状态统计或理论计算得到的相关设备的损耗。

对于跨越不同时段时，常采用时段计算法，即先将每个时段的退补电量计算出来，再求和得到总的退补电量。

3. 电量估算法

如果电能计量装置出现下列情况之一，就无法利用绝对误差法确定差错电量，只能估算：

（1）电能表不计（如停电换表、错误接线等）。

（2）负荷功率方向不定。

（3）三相负荷极不对称。

（4）无法确定误接期间的表计电量。

电量估算的方法：按用电设备容量、代表性功率因数、设备利用率、用电设备运行时间计算用电量。对于以上参数无法确定的用户，可参照本用户往年同期的用电量、本用户更正计量错误后的用电量，或同类用户同期的用电量进行用电量的估计。

对于装有其他测量表计或计量表计的用户，则以同一计量装置中的其他仪表或以主、副计量装置正确计量的电量为基准，推算正确电量；或利用采集系统有关数据，计算正确电量。

小技巧　　代表性功率因数

在计算退补电量时应获取最具代表性的功率因数，如经常性负荷时的功率因数、故障期间的平均功率因数、正常月份的平均功率因数等。

第二节　计量装置误接线及故障时电能量退补实例

计量装置误接线及故障时电能量的退补规定如下：

（1）接线错误时。计量装置接线错误时，以其实际记录的电量为基数，按正确与错误接线的差额率退补电量；退补时间从上次校验或换装后投入之日起至接线错误更正之日止。

（2）熔体熔断时。电压互感器熔体熔断时或电流回路短路时，按规定计算方法计算值补收相应电量；无法计算的，以用户正常月份用电量为基准，按正常月与故障月的差额补收相应电量；补收时间按抄表记录或按失压记录确定。

（3）倍率不符时。计算电量的倍率或铭牌倍率与实际倍率不符时，以实际倍率为基准，按正确与错误倍率的差值退补电量；退补时间以抄表记录为准确定。

小提示　　在电量退补期间，退补电量在正式确定前，用户应先按正常月用电量交付电费；在正式确定后再进行退补。

【例 9 - 2】　　一只单相电能表用户，2018 年 3 月 6 日的抄见电量是 238kWh，此前该表运行正常，2018 年 4 月 1 日的抄见电量是 138kWh，经检查发现电能表的电流进出线接反。求该用户这段时间的应补电量。

解　　因为电能表的电流进出线接反了，所以 $K=-1$。正确电量

$$W_0 = KW_x = (-1) \times (138-238) = 100 \text{（kWh）}$$

退补电量　　$\Delta W = W_x - W_0 = (138-238) - 100 = -200 \text{（kWh）}$

由于 ΔW 为负，故应补电量 200kWh。

【例 9 - 3】　　一只三相四线电能表，有两相 TA 极性接反，表上抄到的上月用电量为 -300kWh，如果三相负荷基本对称，求上月实际耗电量。

解　　因为有两相 TA 极性接反，所以 $K=-3$，正确电量为

$$W_0 = KW_x = (-3) \times (-300) = 900 \text{（kWh）}$$

且退补电量为　　$\Delta W = W_x - W_0 = (-300) - 900 = -1200 \text{（kWh）}$

故应补电量为 1200kWh。

注意：表上抄到的上月用电量为 $W_x = -300$kWh，说明电能表反计。

【例 9 - 4】　有一三相三线有功电表的 U 相电流接反，运行了 40 天，累计电量 4000kWh，如果三相负荷基本对称，该线路的平均功率因数为 0.866（$\varphi=30°$）。求退补电量。

解　由于 U 相电流接反，故更正系数为

$$K = \frac{\sqrt{3}}{\tan\varphi}$$

因而正确电量为

$$W_0 = KW_x = \frac{\sqrt{3}}{\tan\varphi} \times 4000 = 12000(\text{kWh})$$

退补电量为

$$\Delta W = W_x - W_0 = 4000 - 12000 = -8000(\text{kWh})$$

所以，应补电量 8000kWh。

【例 9 - 5】　某三相高压电力用户，三相负荷平衡，在对其计量装置更换时，误将 W 相电流接入表计 U 相，负 U 相电流接入表计 W 相。已知故障期间平均功率因数为 0.88，故障期间表码走了 50kWh。若该用户计量 TV 变比为 10000V/100V，TA 变比为 100A/5A。试求故障期间应追补的电量。

解　更正系数为

$$K = \frac{\sqrt{3}UI \times 0.88}{UI\cos(90°-\varphi) + UI\cos(90°-\varphi)} = 1.6048$$

退补电量为

$$\Delta W = W_x - W_0 = 50 \times 10000/100 \times 100/5(1-K) = 100000 \times (1-1.6048) = -60480(\text{kWh})$$

故应追补电量为 60480kWh。

【例 9 - 6】　某低压电力用户，使用 1 块三相四线有功电表，其规格为 $3\times380V/220V$、1.5（6）A，3 台 150A/5A 互感器。因用户过负荷使其中一台互感器烧毁。用户自行更换了一台 200A/5A 的互感器，但极性接反。6 个月以后被县供电部门定期检查时发现，此时表计显示其用电量 8 万 kWh。问应向用户追补多少电量？

解　更正系数为

$$K = \frac{P_0}{P_x} = \frac{1/3 + 1/3 + 1/3}{1/3 + 1/3 - 1/3\frac{150/5}{200/5}} = \frac{12}{5}$$

退补电量为

$$\Delta W = W_x(1-K) = 80000 \times (1-12/5) = -112000(\text{kWh})$$

由于 ΔW 为负，故应补电量 112000kWh。

【例 9 - 7】　某三相高压用户，安装的是三相三线两元件有功电能表，计量电流互感器变比是 400A/5A。经检查发现，装表人员误将第一相电压互感器装成 800A/5A，极性正确，如果已抄见电量为 210000kWh，如果该用户的实际功率因数按近 1。试计算应退补多少电量？

解　更正系数为

$$K = \frac{P_0}{P_x} = \frac{1}{1/2 + 1/2 \times \frac{400/5}{800/5}} = \frac{4}{3}$$

退补电量为

$$\Delta W = W_x(1-K) = 210000 \times (1-4/3) = -70000(\text{kWh})$$

由于 ΔW 为负，故应补电量 70000kWh。

【例 9 - 8】　某 10kV 用户采用三相三线有功电能表计量。接线时，W 相电流互感器二次侧接反。错误接线期间电能表记录电量为 24000 kWh，用一套同型号的计量装置按正确接线方式接入电路，运行一天后得到数据为：正确电量为 1500 kWh，错误电量为 500 kWh。试求用户电能表的计量误差、正确电量及退补电量，并判断该套电能计量装置是多计还是少计？

解　利用实测电量法，得计量误差为

$$G = \frac{\Delta W}{W_0} \times 100\% = \frac{W_x - W_0}{W_0} \times 100\% = \frac{500 - 1500}{1500} = -66.7\%$$

更正系数为

$$K = \frac{1}{1+G} = \frac{1}{1+(-66.7\%)} = 3$$

正确电量为

$$W_0 = KW_x = 3 \times 24000 = 72000(\text{kWh})$$

退补电量为

$$\Delta W = W_x - W_0 = 24000 - 72000 = -48000(\text{kWh})$$

因为 $\Delta W < 0$，$W_0 > W_x$，所以该计量装置少计。故该用户应补电量 48000kWh。

【例 9 - 9】　一低压电能计量装置，接三相动力负荷，经 TA（$K=40$）接入，配置电子式电能表。投入运行后约 1 年 6 个月，电量异常波动。失流次数：u 相 278 次、v 相 371 次、w 相 278 次；失流时间：u 相 165min、v 相 49018min、w 相 165min；失流期间记录电量：u 相 0.05kWh、v 相 54.45kWh、w 相 0.04kWh。试根据现场检查结果进行计量分析。

解　根据现场检查结果，发现装置 TA 二次 v 相电流断流。很明显，存在无效失流记录，从 u、w 相失流次数对应的失流电量可以加以印证；扣除 165min 无效记录，失流时间约为 34 天。v 相开路后，电能表记录电量 54.45kWh 是两个元件的抄见电量。因此，应补电量为

$$\Delta W = -\frac{54.45}{2} \times 40 = -1089(\text{kWh})$$

故该用户应补电量 1089 kWh。

小提示　利用事件记录功能获取故障信息是当前电子式电能表的一大特色，但不是所有事件记录都能有效利用，必要时需调取失压、失流、电压合格率、功率因数曲线异常等信息，相互印证，获得有用信息。

【例 9 - 10】　某变电站 330kV 母线的母线平衡率为 0.01%，2 月份的总电量为 10474.20 万 kWh，实际计量的分电量为 10446.98 万 kWh。试利用母平率计算 2 月份的差错电量。

解　　　　　　　　母线平衡率 $\delta = \dfrac{\text{总电量} - \text{分电量}}{\text{总电量}} \times 100\%$

二月份应计分电量为

$$W_{2月份分电量}=2月份总电量-\delta\times2月份总电量$$

$$=10474.20-0.01\%\times10474.20=1473.15（万\ kWh）$$

因此，应补电量为

$$\Delta W=实计分电量-应计分电量=10446.98-10473.15=-26.17（万\ kWh）$$

故该用户二月份应补电量 26.17 万 kWh。

【例 9 - 11】 某高供高计用户电能计量用 TA 变比 100A/5A、TV 变比 10kV/100V，经现场实测，该用户的功率因数为 0.78。该用户开工生产后，发现其用电单耗明显少于同类企业的用电单耗，怀疑该用户存在计量装置错误接线的可能和窃电的嫌疑。经现场检查，计量柜封印都完好无损，基本排除了人为窃电的可能；经过相量分析后，确定 u 相电流接反了。该电能计量装置自投入运行以来累计抄见示数为 52kWh，该用户是新开工用户。

现场校验时，使用 0.1 级电子式标准电能表，电能表常数为 8000000imp/kWh；实测的计量电能表，其电表常数是 1800imp/kWh，等级 1.0 级。根据相量分析确定的电能计量装置的错误接线方式，那么标准电能表的 u 相电流应该反接输入，才能使标准电能表的接线在正确接线方式下来校验错误接线下的计量电能表的计量误差来。当被校电能表的脉冲数 N $=10$imp 时，标准电能表的实测脉冲数 m 为 98100imp。

(1) 试用功率比值法求出该用户的退补电能量。

(2) 试用电量测试法求出该用户的退补电能量。

解 (1) 功率比值法。累计电能量为

$$52\times TA\ 变比\times TV\ 变比=52\times2000=104000(kWh)$$

由于该用户是新开工用户，那么可以判定错误接线发生之日就为该用户的装表接电之日。

更正系数为

$$K=\frac{P_0}{P_x}=\frac{\sqrt{3}UI\cos\varphi}{-UI\cos(30°+\varphi)+UI\cos(30°-\varphi)}=\frac{\sqrt{3}}{\tan\varphi}=1.732/0.8=2.165$$

退补电量为

$$\Delta W=W_x-W_0=W_x(1-K)=104000\times(1-2.165)=-121160(kWh)$$

因此，应补电量 121160 kWh。

(2) 电量测试法。使用 0.1 级电子式标准电能表，电能表常数为 8000000imp/kWh；实测的计量电能表，其电能表常数是 1800imp/kWh、等级 1.0 级，现场校验方法使用电量测试法，根据相量分析确定的电能计量装置的错误接线方式，那么标准电能表的 u 相电流应该反接输入，才能使标准电表的接线在正确接线方式下来校验错误接线下时计量电能表的计量误差来。

由于 $\gamma=\frac{m_0-m}{m}\times100\%$，当被校电能表的脉冲数 $N=10$imp 时，对应的电脉冲数（预置数，即算定脉冲数）为

$$m_0=\frac{NC_m}{C}=\frac{10\times8000000}{1800}=44444.4(imp)$$

标准电表的实测脉冲数 $m=98100\text{imp}$（实测标准表的脉冲个数），因此

$$\gamma = \frac{44444.4 - 98100}{98100} \times 100\% = -54.7\%$$

$$K = \frac{1}{1+G} = \frac{1}{1+\gamma} = \frac{1}{1+(-54.7\%)} = 2.208$$

退补电量为

$$\Delta A = A_x - A_0 = A_x(1-K) = 104000 \times (1 - 2.208) = -125632(\text{kWh})$$

因此，应补电量 125632kWh。

（3）结论。比较两种方法可知，通过电能量测试法可以对功率比值法进行更正系数的进行验证，把好退补电能量最后一关，确保退补电能量的科学而准确。

问题思考　　［例 9-11 中］为什么两种方法的退补电能量不同？哪个更准确可靠呢？

第三节　计量装置超差时电能量退补实例

一、计量装置误差超过范围时电能量的退补计算

因计量装置误差 γ 超差时的退补电量公式为

$$退补电量 = \frac{\gamma \times 表计电量}{1+\gamma} \times K_J \tag{9-6}$$

$$\Delta W = \frac{\gamma \times W_x}{1+\gamma} \times K_J \tag{9-7}$$

其中

$$\gamma = \frac{\Delta W}{W_0} \times 100\% = \frac{W_x - W_0}{W_0} \times 100\%$$

式中　γ——相对误差；

　　　W_0——在同一时段内的正确电量；

　　　W_x——在同一时段内的表计电量；

　　　K_J——电能表的计费倍率，通常 $K_J = K_I K_U$（K_I、K_U 分别是 TA、TV 的实际变比）。

如果 $\gamma > 0$，表示电能表多计，那么应退电量；如果 $\gamma < 0$，表示电能表少计，那么应补电量。

二、电能表误差的确定方法

通常，电能表的误差检定是根据规程规定的负荷点进行检测的，运行中的电能表计量误差按照下列原则进行确定。

1. 对高压用户或低压三相供电的用户

一般应按实际用电负荷测定电能表的误差。实际负荷难以确定时，应以正常月份的平均负荷确定误差，即

$$平均负荷 = \frac{正常月份用电量（kWh）}{正常月份的用电小时数（h）}$$

2. 对居民用户

一般应按平均负荷确定电能表误差，即

$$平均负荷=\frac{上次抄表期内的月平均用电量（kWh）}{30\times5（h）}$$

居民用户的平均负荷难以确定时，可按下列方法确定电能表误差，即

$$误差=\frac{I_{max}时的误差+3\times I_b 时的误差+0.1\times I_b 时的误差}{5}$$

式中 I_{max}——电能表的最大电流；

　　 I_b——电能表的标定电流。

各种负荷电流时的误差，按照负荷功率因数为 1.0 时的测定值计算。

小 提 示　 电能表出现卡字、卡盘、液晶屏无显示，电压线圈不通和熔断器熔断等情况时，应补电量的计算式为

$$应补电量=\frac{\dfrac{原表正常时30天的用电量}{30}+\dfrac{换表到抄表时的用电量}{用电天数}}{2}\times故障天数$$

三、计量装置超差时电能量的退补规定

1. 计量设备超差时

互感器或电能表误差超出允许范围时，以零误差为基准，按验证后的误差值退补电量；退补时间从上次校验或换装后投入之日起至误差更正之日止的 1/2 时间计算。

2. 二次压降超标时

二次电压降超出允许范围时，以允许电压降为基准，按验证后的实际值与允许值之差补收电量；补收时间从连接线投入或负荷增加之日起至电压降更正之日止。

3. 其他非人为因素

其他非人为原因致使计量记录不准时，以用户正常月份的用电量为基准，退补电量、退补时间按抄表记录确定。

小 提 示　 退补期间，用户应按抄见电量如期缴纳电费，误差确定后再进行退补。

四、安装了主、副电能表时电能量的退补方法

（1）对安装了主、副电能表的电能计量装置，主、副电能表应有明确标识，运行中主、副电能表不得随意调换；对主、副电能表的现场检验和周期检定要求相同，包括误差限等技术要求及检定周期、检定标准等。

（2）两只表记录的电量应同时抄录。当主、副电能表所计量电量之差与主电能表所计电量的相对误差小于电能表误差等级值的 1.5 倍时，以主电能表所计电量作为贸易结算的电量。

（3）当主、副电能表所计量电量之差与主表所计电量的相对误差大于等于电能表误差等级值的 1.5 倍时，应对主、副电能表进行现场检验；经现场检验，只要主电能表不超差，仍以其所计电量为准；当主电能表超差而副表不超差时才以副表所计电量为准；两者都超差时，以主电能表的误差计算退补电量，并应及时更换超差表计。

小 提 示　 也可以以合同的形式明确其他的结算方式。

【例 9-12】 某用户电能表的准确度是 2.0，经校验发现慢 5%，一段时期内的表计电

量为 19000kWh。问应退补多少电量？实际应退或应补多少电量？

解
$$\Delta W = \frac{\gamma W_x}{1+\gamma} \times K_J = \frac{(-5\%) \times 19000}{1+(-5\%)} = -1000 \text{（kWh）}$$

因 γ 为负值，故应补电量 1000kWh。

由于 $\Delta W = W_X - W_0$，所以 $W_0 = W_X - \Delta W$，因此实际应收的电费电量为

$$19000 - 1/2 \times (-1000) = 19500 \text{（kWh）}$$

【例 9 - 13】 某用户在某年 9 月 12 日校验电能表时，发现误差为 +6%，电能表的示数为 8867，倍率为 10。电能表超差时间无据可查，只知上次校验日期是当年 3 月 22 日，当时该表的示数为 6481。问应退多少电量？

解
$$\Delta W = \frac{\gamma \times W_x}{1+\gamma} \times K_J = \frac{+6\% \times (8867 - 6481)}{+6\% + 1} \times 10 = 1350.6 \text{(kWh)}$$

按《供电营业规则》规定计算，即退补时间从上次校验或换装后投入之日起之误差更正之日止的 1/2 时间计算。故

$$应退电量 = 1350.6 \times 1/2 = 675 \text{（kWh）}$$

第四节　接线方式错误时电能量退补实例

一、进表中性线未接时

进表中性线未接或断开时的接线图，如图 9 - 2 所示。

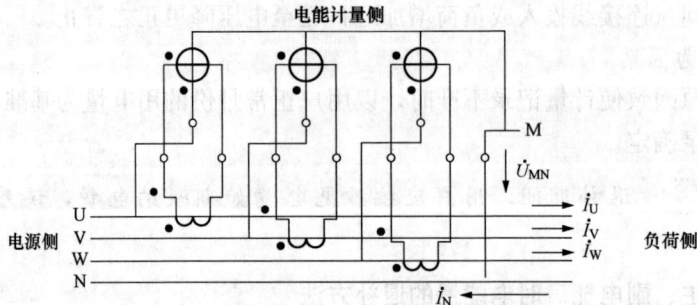

图 9 - 2　进表中性线未接或断开时的接线图

问题思考　在三相四线电路中，对于三相四线电能表，如果进电能表的中性线断开或未接，那么对计量有何影响？电量少计吗？

我们知道，当三相不对称时，电源中性点（N 点）对断线点 M（电压测量元件连接点）

的电压 $\dot{U}_{NM} = \dfrac{\dfrac{\dot{U}_U}{Z_U} + \dfrac{\dot{U}_V}{Z_V} + \dfrac{\dot{U}_W}{Z_W}}{\dfrac{1}{Z_U} + \dfrac{1}{Z_V} + \dfrac{1}{Z_W}}$（进电能表的中性线阻抗为零时）不等于零，电源中性线电

流 $\dot{I}_N$ 不等于零，其中 Z_U、Z_V、Z_W 为电压测量元件的阻抗。由于电能表每个电压元件上加的不再是电源的相电压，且电源中性线电流不等于零，故存在误差电量。

正确计量的三相功率为

$$p_0 = p_u + p_v + p_w = u_u i_u + u_v i_v + u_w i_w$$

当进电能表的中性线断开或未接时，三相电流保持不变。错误计量的三相功率为

$$p_x = p_{xu} + p_{xv} + p_{xw} = u_{uM} i_u + u_{vM} i_v + u_{wM} i_w$$

而

$$u_{uM} = u_{uN} - u_{MN} = u_u + u_{NM};$$
$$u_{vM} = u_{vN} - u_{MN} = u_v + u_{NM};$$
$$u_{wM} = u_{wN} - u_{MN} = u_w + u_{NM}$$

故

$$p_x = u_{uM} i_u + u_{vM} i_v + u_{wM} i_w = u_u i_u + u_v i_v + u_w i_w + u_{NM}(i_u + i_v + i_w)$$

即

$$p_x = u_u i_u + u_v i_v + u_w i_w + u_{NM}(i_u + i_v + i_w) = p_0 + u_{NM} i_n$$

根据绝对误差的计算公式可知，计量的绝对误差功率为

$$\Delta P = P_x - P_0$$

因此，绝对误差电量为

$$\Delta W = W_x - W_0 = U_{NM} I_N T \cos\varphi_N \tag{9-8}$$

其中

$$\varphi_N = \angle U_{NM}/I_N$$

式中 T——用电时间。

在错误接线时，电能计量的相对误差为

$$\gamma = \frac{\Delta W}{W_0} \times 100\% = \frac{\Delta W}{W_u + W_v + W_w} \times 100\% \tag{9-9}$$

🔒 问题思考 断电能表中性线时，什么情况下误差电量为零?

二、三相四线电路用三相三线电能表计量时

三相四线电路用三相三线电能表计量时接线，如图9-3所示。

三相四线电路用三相三线电能表计量时的绝对误差电量为

$$\Delta W = -U_V I_N T \cos\varphi_N$$

其中

$$\varphi_N = \angle U_V/I_N$$

因为，三相两元件电能表测量的功率为

$$P_x = U_{UV} I_U \cos(\angle U_{UV}/I_U) + U_{WV} I_W \cos(\angle U_{WV}/I_W)$$

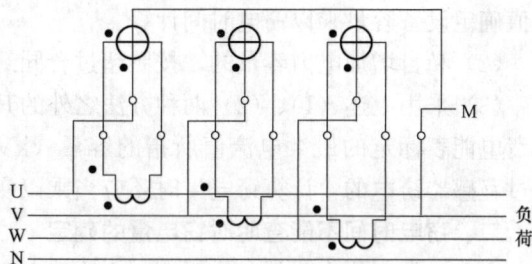

图9-3 三相四线电路用三相三线电能表计量时接线图

而三相三元件电能表测量的功率为

$$P_0 = U_U I_U \cos(\angle U_U/I_U) + U_V I_V \cos(\angle U_V/I_V) + U_W I_W \cos(\angle U_W/I_W)$$

$$P_0 = U_{UV} I_U \cos(\angle U_{UV}/I_U) + U_{WV} I_W \cos(\angle U_{WV}/I_W) + U_V I_N \cos(\angle U_V/I_N)$$

因此，绝对误差功率为

$$\Delta P = P_x - P_0 = -U_V I_N \cos\angle U_V/I_N$$

故绝对误差电量为

$$\Delta W = -U_V I_N T \cos\angle U_V/I_N$$

【例9-14】 三相三线有功电能表接入380/220V三相四线制的照明电路，各相负荷分别为 $P_U = 4\text{kW}$，$P_V = 2\text{kW}$，$P_W = 4\text{kW}$，该电能表共记录了6000kWh。试推导出三相三线

有功电能表接入三相四线电路的计量误差公式，并求出退补电量。

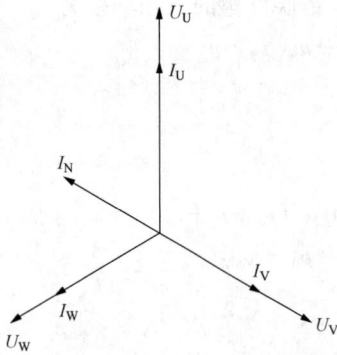

图 9-4　[例 9-14] 相量图

解　电能计量的相对误差为

$$\gamma = \frac{-U_V\ I_N \cos \angle U_V / I_N}{P_U + P_V + P_W} \times 100\%$$

$$I_U = I_W = \frac{4000}{220} = 18.2(A)$$

$$I_V = \frac{2000}{220} = 9.1(A)$$

$$\varphi_N = \angle U_V / I_N = 180°$$

从图 9-4 中可以看出

$$I_N = 18.2 - 9.1 = 9.1(A)$$

将以上有关数据代入计量误差公式中得

$$\gamma = \frac{-220 \times 9.1 \times \cos180°}{10000} \times 100\% = 20\%$$

因为多计，故应退电量为

$$\Delta W = \frac{\gamma \times W_x}{1 + \gamma} \times K_J = \frac{20\% \times 6000}{1 + 20\%} = 1000(kWh)$$

第五节　窃电数量和窃电金额的认定

一、窃时时间可以查明时窃电量的计算

（1）在供电设施上擅自接线用电的，窃电量按私接设备的额定容量（kVA 视同 kW）乘以实际窃电时间计算；用自制、改制以及无铭牌容量的用电设备窃电的，按照可实测的电流值确定设备容量乘以窃电时间计算。

（2）私自增加电力容量的，按照超过合同约定的容量乘以使用时间计算。

（3）采用上述（1）、（2）两种方法之外的其他不计量或者不计费方法窃电的，窃电量按计费电能表标定的最大电流值所指的容量（kVA 视同 kW）乘以实际窃电时间计算确定；通过互感器窃电的，计算窃电量时还应当乘以实际使用互感器倍率。

二、窃电时间不能查明时窃电量的确定

窃电时间不能查明的，按照下列方法确定窃电量。

（1）能查明产量的，按照同类型用户的同类产品的单位耗电量和窃电单位的产品产量相乘计算用电量，再加上其他辅助用电量，减去抄见电量。

（2）用户现场检测系统装置正常计量的，按照用户现场检测系统装置记录电量减去抄见电量。

（3）根据（1）、（2）的方法不能计算或者不能确定窃电量的，按照国家有关规定确定。

1）在总表上窃电的，若分表正常计量，按分表电量及正常损耗之和与总表抄见电量的差额计算确定。

2）按历史上正常月份用电量与窃电后抄见电量的差额，并根据实际用电变化计算确定。

3）按照上述方法仍不能确定的，窃电日数至少以 180 天计算，每日窃电时间：照明用户按 6h 计算，其他电力用户按 12h 计算。

对于用电时间尚不足 180 天的，按自开始用电之日起的实际日数计算。

三、窃电金额的计算

窃电金额按照窃电量乘以当地当时的目录电价计算。

窃取分时段电价的，按照销售目录电价的平段价格计算；窃电后转售电价高于销售目录电价的，按照转售的价格计算；转售电价低于销售目录电价的，按照销售目录电价计算。

【例 9 - 15】 供电所在普查中发现，某低压动力用户绕越电能表用电，容量 1.5kW，且接用时间不清，问按规定对该用户应补交电费多少元，违约使用电费多少元？（假设电价为 0.50 元/kWh）

解 根据《供电营业规则》，该用户的行为为窃电行为，其窃电时间应按 180 天，每天 12h 计算。

该用户应补交电费＝1.5×180×12×0.5＝1620(元)

违约使用电费＝1620×3＝4860（元）

因此，应追补电费 1620 元，违约使用电费 4860 元。

【例 9 - 16】 电力部门在进行营业普查时发现某居民用户在公用 220V 低压线路上私自接用一只 2000W 的电炉进行窃电，且窃电时间无法查明，试求该居民用户应补交电费和违约使用电费各多少元？（假设电价为 0.50 元/kWh）

解 根据《供电营业规则》，该用户的行为为窃电行为，其窃电时间应按 180 天，每天 6h 计算。

该用户所窃电量为

(2000/1000) ×180×6＝2160 （kWh）

应补交电费＝2160×0.50＝1080 （元）

违约使用电费＝1080×3＝3240 （元）

因此，该用户应补交电费 1080 元，违约使用电费 3240 元。

小 提 示 窃电者应按所窃电量补交电费，并承担补交电费 3 倍的违约使用电费。拒绝承担窃电责任的，供电企业应报请电力管理部门依法处理。窃电数额较大或情节严重的，供电企业应提请司法机关依法追究刑事责任。

第六节 三相三线多功能电能表断线时更正系数

一、三相三线全电子式多功能电能表内部电压回路结构

大多数三相三线多功能电能表内部电压回路采用的是三元件结构，即在表的每两个电压输入端钮之间均接有采样元件，如图 9 - 5 所示。电压采样元件除了进行电压采样外，还为表计内部集成电路提供工作电源。图中 u、v 和 v、w 之间所接的分别为多功能表电压采样元件的等效阻抗 Z_{uv} 和 Z_{vw}，它们主要的功能是将交流输入电压进行采样后输入电能表的计量芯片。为了提高表计的工作可靠性，在 u、w 之间也接入了一个电压采样元件 Z_{uw}，它只用于为表计提供工作电源。在这种结构下，当任何一相失压时，均可保证多功能表的正常工作电源。而三相三线感应系有功电能表只有两个电压线圈，分别接在 u、v 和 w、v 之间。

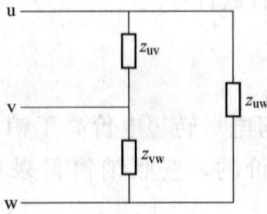

正是由于这种结构上的差别，导致在失压时多功能表的运行状态与机械表不同。

二、两只 TV 采用 Vv 接线的情况

1. TV 二次回路断线

三相三线全电子式多功能电能表 TV 二次 u 相断线时的接线图，如图 9-6 所示。

在此故障情况下，二次电压回路的电路如图 9-6 所示。此时多功能表 u、v 相之间电压采样电路等效阻抗 Z_{uv} 和 u、w 相之间的 Z_{uw} 串联后再与 v、w 相之间的 Z_{vw} 并联在 U_{wv} 上。

图 9-5　三相三线全电子式多功能电能表内部电压回路结构

$U_{wv}=100\text{V}$，因为 $Z_{wv}=Z_{uw}=Z_{vw}$，所以加在表计 u、v 相之间的电压 $U_{uv}=0.5U_{wv}=50\text{V}$。多功能表第一元件输入的是 $0.5U_{wv}$、I_u，第二元件输入的 U_{wv}、I_w。其相量图如图 9-7 所示。

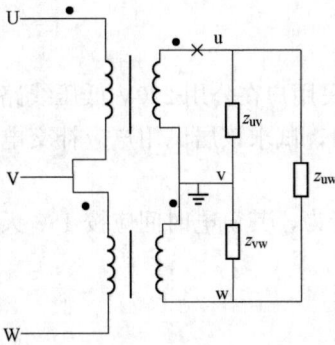

图 9-6　TV 二次 u 相断线时的接线图

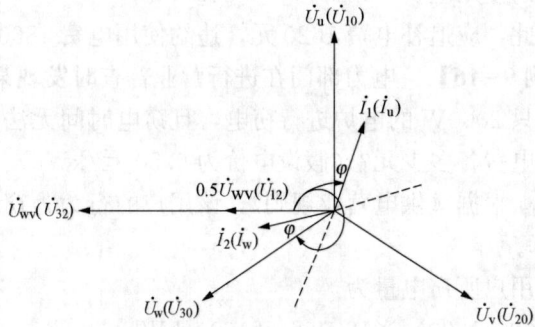

图 9-7　TV 二次 u 相断线时的相量图

此时多功能表所计有功功率的表达式为

$$P_x = 0.5U_{wv}I_u\cos(90°+\varphi)+U_{wv}I_w\cos(330°+\varphi)$$
$$= 0.5U_{wv}I_u\cos(90°+\varphi)+U_{wv}I_w\cos(30°-\varphi)$$
$$= 0.5\sqrt{3}UI\cos\varphi$$

更正系数为

$$K = \sqrt{3}UI\cos\varphi/\,0.5\sqrt{3}UI\cos\varphi = 2$$

同样地，在 TV 二次 v 相断线和二次 w 相断线时，分析方式与以上相似，更正系数均为 2。

2. TV 一次回路断线

(1) TV 一次 U 相断线。TV 一次 U 相断线时的电路及二次电压回路的等效电路，如图 9-8 所示。此时，接在 U、V 相之间的 TV 一次绕组失压，导致二次绕组 ax 无感应电动势输出，则其可等效成一个阻抗 Z_{ax}。从 TV 及多功能表的结构原理可知 Z_{ax} 的数值为欧姆级，只有几个欧姆；而多功能表的电压采样电路阻抗很大，至少为千欧级。所以有 $Z_{ax}\ll Z_{uv}$，$Z_{uv}=Z_{uw}=Z_{vw}$。因此 Z_{ax} 与 Z_{uv} 并联后的等效电阻 $Z<Z_{ax}\ll Z_{uv}$，Z 和 Z_{uw} 串联后接在 U_{wv} 上，根据串联分压原理可得出加在 Z_{uv} 上的电压几乎为零，U_{wv} 的绝大部分加在 Z_{uw} 上，所以表计的第一元件基本上可以认为因输入电压为零而停止计量。

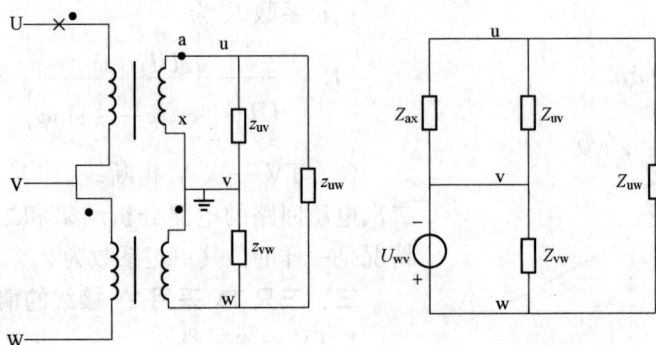

图 9-8　TV 一次 U 相断线时的电路及二次电压回路的等效电路

图 9-8 路对应的相量图,如图 9-9
所示。

此时,多功能表所计有功功率的表达
式为

$$P_x = U_{wv}I_w\cos(330° + \varphi)$$
$$= U_{wv}I_v\cos(30° - \varphi)$$

更正系数 K 为

$$K = \frac{\sqrt{3}UI\cos\varphi}{UI\left(\frac{\sqrt{3}}{2}\cos\varphi + \frac{1}{2}\sin\varphi\right)} = \frac{2\sqrt{3}}{\sqrt{3} + \tan\varphi}$$

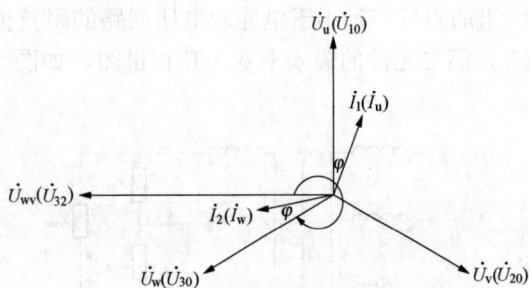

图 9-9　TV 一次 U 相断线时的相量图

(2) TV 一次 W 相断线。TV 一次 W 相断线时的电路及二次电压回路的等效电路,如
图 9-10 所示。

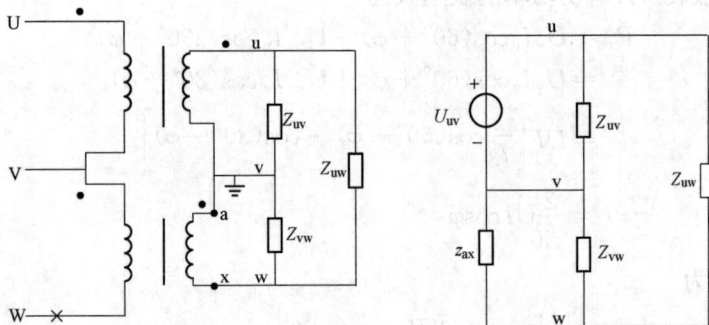

图 9-10　TV 一次 W 相断线时的电路及二次电压回路的等效电路

此时,接在 V、W 相之间的 TV 一次绕组失压,导致二次绕组 ax 无感应电动势输出,
则其可等效成一个阻抗 Z_{ax},从 U 相一次断线的分析可以得到类似的结果。也就是加在表计
Z_{vw} 上的电压几乎为零,表计的第二元件因输入为零而停止计量,其输入仅为的 U_{uv}、I_u。

图 9-10 对应相量图,如图 9-11 所示。

此时,多功能表所计有功功率的表达式为

$$P_x = U_{uv}I_u\cos(30° + \varphi)$$

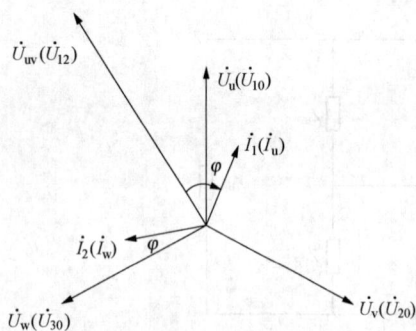

图 9-11　相断线时的相量图

更正系数 K 为

$$K = \frac{\sqrt{3}UI\cos\varphi}{UI\left(\frac{\sqrt{3}}{2}\cos\varphi - \frac{1}{2}\sin\varphi\right)} = \frac{2\sqrt{3}}{\sqrt{3}-\tan\varphi}$$

（3）TV 一次 V 相断线。TV 一次 V 相断线时二次电压回路的电路分析结果和二次 v 相断线时的情况是一样的，其更正系数为 2。

三、三只 TV 采用 Yy 接线的情况

1. TV 一次断线

TV 一次 U 相断线时的接线图，如图 9-12 所示。

当 TV 一次 U 相熔断器熔断导致断线时，二次侧 u 点空载输出电动势为零，因 TV 二次绕组的阻抗值远小于电能表电压回路的阻抗值，则多功能表第一元件的输入电压 U_{uv} 变为 $-U_v$，第二元件的输入不变。其相量图，如图 9-13 所示。

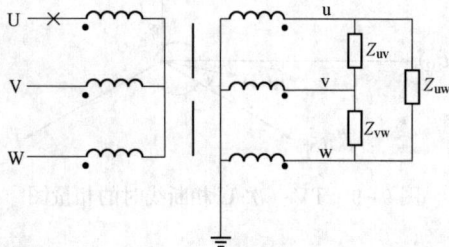

图 9-12　TV 一次 U 相断线时的原理接线图

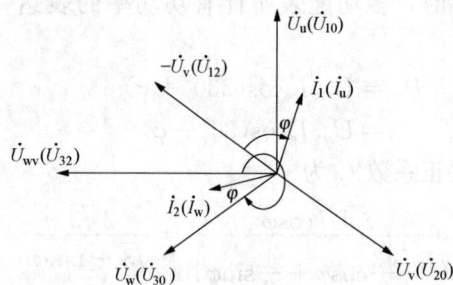

图 9-13　TV 一次 U 相断线时的相量图

此时，多功能表所计有功功率的表达式为

$$\begin{aligned}
P_x &= U_v I_u \cos(60° + \varphi) + U_{wv} I_w \cos(330° + \varphi) \\
&= U_v I_u \cos(60° + \varphi) + U_{wv} I_w \cos(30° - \varphi) \\
&= UI\left[\frac{1}{\sqrt{3}}\cos(60° + \varphi) + \cos(30° - \varphi)\right] \\
&= \frac{2}{\sqrt{3}}UI\cos\varphi
\end{aligned}$$

更正系数 K 为

$$K = \frac{\sqrt{3}UI\cos\varphi}{\frac{2}{\sqrt{3}}UI\cos\varphi} = \frac{3}{2} = 1.5$$

同样地，在 TV 一次 V 相断线和一次 W 相断线时，分析方式与以上相似，更正系数均为 1.5。

2. TV 二次断线

三只 TV 采用 Yy 接线的情况下，当电压二次回路发生断线时对多功能表的影响及更正系数的分析计算过程与两只 TV 采用 Vv 接线时相同，在此不再赘述。

练习与思考题

1. 写出更正系数的定义式，并指出其中各个物理量的意义。

2. 说明利用功率比值法求更正系数的简要步骤。

3. 如何进行电量的估算？

4. 某 10kV 用户在高压侧用三相电能表计量收费，已知该用户装配的电流互感器变比为 30A/5A，电压互感器变比为 10000/100V，求该用户的计费倍率为多少？

5. 某三相低压动力用户安装的是三相四线电能表，应配置 300/5A 的电流互感器，可装表人员误将 U 相 TA 安装成 600/5A，若已抄回的电量为 20 万 kWh，试计算应退补的电量。

6. 一只单相电能表用户，2016 年 2 月 2 日的抄见电量是 476kWh，此前该表运行正常，2016 年 12 月 10 日的抄见电量是 167kWh，经检查发现电能表的电流进出线接反了。求该用户这段时间的应补电量。

7. 已知三相三线有功电能表存在接线错误，其接线方式为：第一元件电压相量 U_{uv}、电流相量 $-I_u$，第二元件电压相量 U_{wv}、电流相量 $-I_w$。写出两元件的功率表达式和总功率表达式，并计算出更正系数。

8. 有一只三相四线有功电能表，V 相电流互感器反接达一年之久，累计表计电量为 2000kWh，求正确电量（假定三相负荷平衡）。

9. 某三相高压电力用户，其三相负荷对称，在对其三相三线计量装置进行检验后，W 相电流短路连接片未打开，该用户 TA 采用 V 形接线，其 TV 变比为 10kV/100V，TA 变比为 50A/5A，故障运行期间有功电能表走了 20kWh。试求应追补的电量。（故障期间平均功率因数为 0.88。）

10. 已知三相三线有功电能表有接线错误，其接线方式为：第一元件电压相量 U_{wv}、电流相量 I_w，第一元件电压相量 U_{wv}、电流相量 $-I_u$。写出两元件的功率表达式和总功率表达式，并计算出更正系数值。

11. 写出利用绝对误差法求实际退补电量的计算公式。

12. 写出因计量误差超差时的退补电量公式，并说明其中各个物理量的含义。

13. 某用户电能表的准确度等级为 2.0 级，检验时发现该电能的误差为 -5.8%，月表计电量为 96300kWh，应补多少电量？实际应收多少电量？

14. 一用户电能表，经计量检定部门现场检验，发现慢 10%（非人为因素所致），已知该电能表自换装之日起至发现之日止，表计电量为 900000kWh，问应补收多少电量？

15. 在三相四线电路中，对于三相四线电能表，如果进电能表的中性线断开或未接，那么对计量有何影响？电量是多计还是少计？

第十章　电能计量装置的综合误差

第一节　电能计量装置综合误差分析

被测量的测量值（测量结果）与真实值（真值）间的差别称为测量误差。

电能计量装置包括各种类型的电能表、计量互感器和计量二次回路导线。计量装置的准确性，不仅取决于电能表、互感器本身的准确度，还决定于电能表、互感器的连接方式及二次导线的选择等。这些因素引起的误差属于系统误差，对于正在运行的计量装置，其误差的主要成分是系统误差。

电能计量装置的综合误差 γ 应包括电能表、互感器、电压互感器二次压降引起的计量误差的代数和，用公式表示为

$$\gamma = \gamma_b + \gamma_h + \gamma_d \tag{10-1}$$

式中　γ_b——电能表的基本误差；

γ_h——互感器的合成误差；

γ_d——电压互感器的二次压降误差。

修正计量装置综合误差后的正确电能量 W_0 为

$$W_0 = \frac{W_x}{1+\gamma} \tag{10-2}$$

式中　γ——计量装置的综合误差；

W_0——修正后的正确电能量；

W_x——修正前的表计电能量。

电压互感器的二次压降，是二次回路连接导线的导线与其中所有连接点的阻抗产生的电压降，即电压互感器的二次侧与电能表的电压测量元件间的电压降。电压互感器的二次压降一般较大，造成的电能量损失也较大，是三者中的主要误差。

电路中的高电压和大电流通过互感器变换成低电压和小电流，由于存在比差和角差，互感器不可能将一次电压、电流没有误差地按比例缩小成二次电压、电流。由于互感器存在比值误差和相位误差，致使电能计量产生的误差，称为互感器的合成误差。

互感器的合成误差 γ_h 的计算公式是

$$\gamma_h = \frac{K_U K_I P_2 - P_1}{P_1} \times 100\% \tag{10-3}$$

式中　K_I——电流互感器的额定变化；

K_U——电压互感器的额定变化；

P_1——互感器一次侧的功率；

P_2——用没有误差的仪表测得的互感器二次侧的功率。

小提示　互感器合成误差不仅与互感器本身的比值误差和相位误差有关，而且与互感器的连接方式、功率因数有关。

一、三相四线电能测量的综合误差分析

1. 互感器的合成误差 γ_h

为了讨论电流互感器的比值误差和相位误差对电能计量产生的影响，设三台电流互感器的相位误差（′）分别为 α_1、α_2、α_3，比值误差分别为 f_{TA1}、f_{TA2}、f_{TA3}；三台电压互感器的相位误差（′）分别为 β_1、β_2、β_3，比值误差分别为 f_{TV1}、f_{TV2}、f_{TV3}。当三相电路对称时，经变换和化简后得

$$\gamma_h = \frac{1}{3}(f_{TA1} + f_{TA2} + f_{TA3}) + 0.0097\tan\varphi(\alpha_1 + \alpha_2 + \alpha_3)$$

$$+ \frac{1}{3}(f_{TV1} + f_{TV2} + f_{TV3}) \pm 0.0097\tan\varphi(\beta_1 + \beta_2 + \beta_3)$$

上式中，第一项为电流互感器比值误差引起的合成误差，第二项为电流互感器相位误差引起的合成误差，第三项为电压互感器比值误差引起的合成误差，第四项为电压互感器相位误差引起的合成误差。感性负荷时取"+"号，容性负荷时取"－"号。

如果只有电流互感器，那么电流互感器的合成误差公式为

$$\gamma_h = \frac{1}{3}(f_{TA1} + f_{TA2} + f_{TA3}) + 0.0097\tan\varphi(\alpha_1 + \alpha_2 + \alpha_3)$$

如果只有一台电压互感器或一台电流互感器，那么由以上公式也容易得出互感器的误差公式。

2. 计量装置的综合误差 γ

当已知电能表第一至三元件的基本误差分别为 γ_{b1}、γ_{b2}、γ_{b3} 时，如果不考虑电压互感器二次压降引起的计量误差，则三相四线电能测量的综合误差计算公式为

$$\gamma = \gamma_h + 1/3(\gamma_{b1} + \gamma_{b2} + \gamma_{b3})$$

二、三相三线电能测量的综合误差分析

1. 互感器的合成误差 γ_h（%）

设 α_1 和 α_2 分别为两组电流互感器的相位误差（′），β_1 和 β_2 分别为两组电压互感器的相位误差（′）；f_{TA1} 和 f_{TA2} 分别为两组电流互感器的比值误差，f_{TV1} 和 f_{TV2} 分别为两组电压互感器的比值误差。φ_u 和 φ_w 分别是 U、W 相的负荷功率因数角，假定 $\varphi_u = \varphi_w = \varphi$。在三相对称电路中，经变换和化简后得

$$\gamma_h = 0.5[(f_{TV1} + f_{TA2}) + (f_{TV2} + f_{TA2})] + 0.289\tan\varphi[(f_{TV2} + f_{TA2}) - (f_{TV1} + f_{TA1})]$$

$$+ 0.0084[(\alpha_1 - \beta_1) - (\alpha_2 - \beta_2)] + 0.0145\tan\varphi[(\alpha_1 - \beta_1) + (\alpha_2 - \beta_2)]$$

以上是在对称三相系统、电压互感器为 Vv 接线的情况下，三相两元件有功电能表线互感器接入时，由互感器的比值误差和相位误差而引起的互感器合成误差的计算公式。

当电压互感器为 Yy 接线时，应将互感器的每相比值误差和相位误差换算成线电压的比值误差和相位误差后，才能利用上述公式进行互感器的合成误差和综合误差的计算。

DL/T 825—2002《电能计量装置安装接线规则》中规定：

（1）为了减少三相三线电能计量装置的合成误差，安装互感器时，宜考虑互感器的合理匹配问题，即尽量使接到电能表同一元件的电流、电压互感器比值误差符号相反，数值相近；相位误差符号相同，数值相近。当计量感性负荷时，宜把误差小的电流、电压互感器接到电能表的 W 相元件。

（2）同一组的电流（电压）互感器应采用制造厂、型号、额定电流（电压）变比、准确

度等级、二次容量均相同的互感器。

2. 计量装置的综合误差 γ

当已知电能表第一元件和第二元件的基本误差分别为 γ_{b1} 和 γ_{b2} 时，如果不考虑电压互感器二次压降引起的计量误差，则三相三线电能测量的综合误差计算公式为

$$\gamma = \gamma_h + 1/2(\gamma_{b1} + \gamma_{b2})$$

三、二次电压降引起的计量误差分析

1. 三相三线电能计量方式

如果电压互感器二次压降引起的第一元件的比值误差和相位误差分别是 Δf_{uv}、$\Delta\delta_{uv}$，二次压降引起的第二元件的比值误差和相位误差分别是 Δf_{wv}、$\Delta\delta_{wv}$，那么由于二次压降引起的计量误差 $\gamma_d(\%)$ 的计算公式为

$$\gamma_d = \frac{\Delta f_{uv} + \Delta f_{wv}}{2} + \frac{\Delta\delta_{wv} - \Delta\delta_{uv}}{119} + \left(\frac{\Delta f_{wv} - \Delta f_{uv}}{3.46} - \frac{\Delta\delta_{uv} + \Delta\delta_{wv}}{68.76}\right)\tan\varphi$$

2. 三相四线电能计量方式

如果电压互感器二次压降引起的第一元件的比值误差和相位误差分别是 Δf_u、$\Delta\delta_u$，二次压降引起的第二元件的比值误差和相位误差分别是 Δf_v、$\Delta\delta_v$，二次压降引起的第三元件的比值误差和相位误差分别是 Δf_w、$\Delta\delta_w$，那么由于二次压降引起的计量误差 $\gamma_d(\%)$ 的计算公式是

$$\gamma_d = \left[\frac{1}{3}(\Delta f_u + \Delta f_v + \Delta f_w) + 0.0097(\Delta\delta_u + \Delta\delta_v + \Delta\delta_w)\tan\varphi\right]$$

小提示 为了方便起见，可根据电能计量装置综合误差公式，制作出计算表格，根据表格即可查出互感器的合成误差。

小提示 随着计算机的广泛应用，综合误差的计算已借助于计算机。可先将有关原始数据输入计算机，按设计好的程序，计算机会自动计算打印出各用户电能表接入互感器时的合成误差。

第二节 电能计量装置综合误差的减少措施

电能计量装置的误差直接影响电能计量的准确程度。电能计量装置综合误差的减少措施如下：

一、选用误差较小的电能表和互感器

一般来说，电能表和互感器本身的误差越小，合成误差越小。

二、尽量使互感器工作在额定负荷附近

互感器应工作在下限负荷与额定负荷之间，尽量使用互感器工作在额定负荷附近。

三、选配电能表时考虑互感器的合成误差

配组调整原则：使电能表的误差与互感器的合成误差符号相反、大小相等或接近。

一般将电能表与其配套的互感器配组后再进行误差调整，调整时将互感器误差考虑在电能表内，然后对电能表进行误差调整。

小提示 当互感器的合成误差较大时，是不宜将其误差完全调入电能表内的，

否则会使电能表的运行特性变坏。

四、根据互感器的误差，合理地组合配对

组合配对原则：接于同一元件的 TA 与 TV 的比值误差应大小相等或接近、符号相反；相位误差应大小相等或接近、符号相同。

（小技巧）　若将组合配对法和配组调整法有机地结合起来，则会收到更好的效果。

五、对运行中的电流、电压互感器，根据现场具体情况进行误差补偿

对运行中的电流、电压互感器，可根据现场具体情况进行误差补偿，也可调整某一相或两相的互感器比差或角差，以减少合成误差。

六、减少电压互感器的二次压降误差

加强电压互感器的二次压降误差监督管理，采取必需的技术措施，减少电压互感器的二次压降引起的计量误差。

（小提示）　减小二次压降的措施

减小电压互感器二次电压降过大的常用措施如下：
(1) 增加二次导线截面。
(2) 采用低功耗电能表如电子式电能表。
(3) 减小电压互感器与接线盒间导线接头的接触电阻。
(4) 减小电能表与接线盒间导线接头的接触电阻。
(5) 缩短电压互感器与电能表之间的导线。
(6) 安装电压互感器二次压降补偿仪。

有一种二次压降补偿仪，是利用电子电路阻抗补偿器产生一个负阻抗，以抵消电压二次回路中电能表的电压测量元件与电压互感器之间的阻抗，从而基本消除了二次压降。

（小提示）　安装电压互感器二次压降补偿仪，增加了电能计量装置的故障点，影响其可靠性和稳定性，容易引起用户异议或纠纷。

七、采用计量专用互感器或专用的计量二次回路

采用计量专用互感器，或至少采用专用的计量二次回路。另外，应合理选择电流互感器的变比，减小因电流互感器变化与实际运行电流不相配而引起的计量误差。

八、采用一体化高压电能表

一体化高压电能表，是一种在高压侧直接计量电能量的表计，它取消了传统电能计量的中间转换环节，克服了传统高压计量装置组件复杂和整体计量误差不能统一界定的问题。

高压电能表的主要优势有：计量安全性能高和可靠性能高；保证了计量量值的准确和统一；资源节约和防止窃电。高压电能表实现了通过光纤或无线形式将电能量信息传送到低压侧进行显示和远程通信。

【例 10-1】　在对称三相系统中，在电压互感器为 V 形接线的情况下，三相两元件电能表经互感器接入时，已知两组电流互感器的相位误差分别为 $\alpha_1=28.5'$ 和 $\alpha_2=34'$，两组电压互感器的相位误差分别为 $\beta_1=18.4'$ 和 $\beta_2=21'$；两组电流互感器的相位误差分别为 $f_{TA1}=-0.95\%$ 和 $f_{TA2}=-0.87\%$，两组电压互感器的相位误差分别为 $f_{TV1}=0.81\%$ 和 $f_{TV2}=$

0.86%。有功电量和无功电量分别为 5.0kWh 和 3.4kWh。求由互感器的比值误差和相位误差而引起的互感器合成误差 γ_h（%）。

解
$$\tan\varphi = \frac{W_Q}{W_P} = \frac{3.4}{5.0}, \quad \varphi = 34°$$

根据相关公式可得

$$\gamma_h = 0.5[(f_{TV1} + f_{TA1}) + (f_{TV2} + f_{TA2})] + 0.289\tan\varphi[(f_{TV2} + f_{TA2}) - (f_{TV1} + f_{TA1})]$$
$$+ 0.0084[(\alpha_1 - \beta_1) - (\alpha_2 - \beta_2)] + 0.0145\tan\varphi[(\alpha_1 - \beta_1) + (\alpha_2 - \beta_2)]$$

因此

$$\gamma_h = 0.5[(0.81 - 0.95) + (0.86 - 0.87)] + 0.289\tan34°[(0.86 - 0.87) - (0.81 - 0.95)]$$
$$+ 0.0084[(28.5 - 18.4) - (34 - 21)] + 0.0145\tan34°[(28.5 - 18.4) + (34 - 21)]$$
$$= +0.15\%$$

所以，由互感器的比值误差和相位误差而引起的互感器合成误差为 $+0.15\%$。

【**例 10-2**】　某 10kV 用户 1-6 月共用有功电量 $W_P = 10590.3$ 万 kWh，无功电量 $W_Q = 7242.9$ 万 kvarh，现测得电压互感器二次压降引起的比值误差和相位误差为 $\Delta f_{uv} = -1.36\%$，$\Delta\delta_{uv} = 25.4'$，$\Delta f_{wv} = -0.41\%$，$\Delta\delta_{wv} = 50'$，请计算出由于二次导线压降的影响，使电能表计量误差有何变化？

解
$$\tan\varphi = \frac{W_Q}{W_P} = \frac{7242.9}{10590.3} = 0.684$$

$$\gamma_d = \left[\frac{\Delta f_{uv} + \Delta f_{wv}}{2} + \frac{\Delta\delta_{wv} - \Delta\delta_{uv}}{119} + \left(\frac{\Delta f_{wv} - \Delta f_{uv}}{3.46} - \frac{\Delta\delta_{uv} + \Delta\delta_{wv}}{68.76}\right)\tan\varphi\right] \times 100\%$$
$$= \left\{\frac{-1.36 - 0.41}{2} + \frac{50 - 25.4}{119} + \left[\frac{-0.41 - (-1.36)}{3.46} - \frac{25.4 + 50}{68.76}\right] \times 0.684\right\} \times 100\%$$
$$= -1.24\%$$

因此，由于二次压降的影响，使电能表少计 1.24%。

小提示　电能表和互感器的接线不同，互感器本身的接线方式不同，所造成的电能计量装置的综合误差也不同。

练习与思考题

1. 电能计量装置的综合误差包括哪几个部分？
2. 电压互感器的二次压降误差由哪些因素引起的？
3. 互感器的合成误差的计算公式是什么？
4. 为了减少三相三线电能计量装置的合成误差，安装互感器时，应注意一些什么问题？
5. 电能计量装置综合误差的减少措施有哪些？
6. 如何减少电压互感器的二次压降？
7. 应根据互感器的误差，合理地组合配对互感器，互感器的组合配对原则是什么？

第十一章 电能计量装置的现场检验与检测

本章主要根据 DL/T 1664—2016《电能计量装置现场检验规程》和 JJG 1021—2007《电力互感器检定规程》，阐述了电能计量装置的现场检验与测试工作。

第一节 电能表现场实负荷检验

一、现场检验的目的及内容

电能表现场检验是在实际用电负荷状态下，对运行中电能表实施的在线检查和测试。

电能表现场检验项目有：外观检查；接线检查；计量差错和不合理计量方式检查；工作误差试验；计数器电能示值组合误差试验；时钟示值偏差试验；（按需进行）通信接口检查；（按需进行）功能检查。

作为电能计量装置的重要组成部分，电能表在运行中的误差变化会直接影响电能计量的准确性。为及时掌握电能计量装置现场运行合格率，按 DL/T 448—2016 的要求，应在规定时间周期内，在现场对满足一定负荷条件的 Ⅰ、Ⅱ、Ⅲ 类电能计量装置中的电能表进行实负荷检验。

小 提 示　**实际负荷要求**

通入标准表的电流不低于其基本电流的 20%，功率因数不低于 0.5，负荷电流不低于被检表基本电流的 10%（S 级电能表的 5%），现场负荷应为实际的经常性负荷。

二、作业前准备工作

1. 现场检验条件

现场检验时，一般应满足下列条件：

(1) 环境温度：−10～45℃；相对湿度≤90%。

(2) 电压对额定值的偏差不应超过±10%。

(3) 频率对额定值的偏差不应超过±5%；电压和电流的波形失真度不应超过 5%。

(4) 大气压力 63～106kPa（海拔 4000m 及以下）。

(5) 负荷无明显波动。

(6) 通电预热时间按现场检验设备要求（一般不少于 5min）。

(7) 现场检验工作至少由两人担任。

小 提 示　当每一相负荷电流低于被检电能表基本电流的 10%（对于 S 级电能表为 5%）或功率因数低于 0.5 时，不宜进行电能表工作误差试验。

2. 现场检验仪

现场实负荷测定电能表误差时，采用电能表现场检验仪。现场检验仪应满足下列要求：

(1) 现场检验仪应具备运输和保管中的防尘、防潮和防震措施。

(2) 现场检验仪和试验端子之间的连接导线应有良好的绝缘，应确保连接可靠，中间不允许有接头，并应有明显的极性和相别标志。

（3）现场检验仪至少应比被检电能表高两个准确度等级，现场检验仪的电压、电流、功率测量的准确度等级应不低于 0.5 级。

（4）现场检验仪应至少每 3 个月在试验室比对一次。每一年送标准检定机构做周期检定。允许使用标准钳形电流互感器（以下简称电流钳子）作为现场检验仪的电流输入组件，校准时，现场检验仪与电流钳子应整体校准；在现场检验 0.5（S）级及以上准确度电能表时，现场检验仪电流回路应采用直接接入方式串入电能计量装置二次电流回路，避免电流钳自身的误差影响检验结果。

小 提 示　　**现场检验仪的准确度要求**

被检电能表的准确度等级为 0.2S、0.5S、1.0、2.0 时，现场检验仪的准确度要求分别对应为 0.05、0.1、0.1、0.2；被检电能表的准确度等级为 1.0、2.0 时，含电流钳子的现场检验仪准确度要求均为 0.3。检验 0.2S、0.5S 级电能表时电流回路应直接接入。

3. 检查用工具

（1）检查用工具包括预先安装电能表测试（设置）用软件的电脑，并对通信端口、通信速率等进行配置。

（2）配套的通信线或光电通信口。

（3）红外编程器（支持红外通信端口的电能表）。

三、外观检查

有下列缺陷之一的电能表判定为外观不合格：

（1）铭牌不完整、字迹不清楚或无法辨别。

（2）液晶或数码显示器缺少笔画、断码或不显示；指示灯与运行状态不符等现象。

（3）表壳损坏，视窗模糊、固定不牢、破裂。

（4）按键失灵。

（5）接线端钮损坏。

（6）接地部分锈蚀或涂漆。

（7）封印不完整。

四、接线检查

运行中二次接线的正确性检查，一般采用相量图法。接线检查应在电能表的接线端钮处进行。如有错误，在错误接线更正后重新进行相量分析。

如仍不能确定错误接线，则应进行停电检查。

五、工作误差试验

电能表工作误差试验应采用标准电能表法。电能表现场检验仪的工作电源宜使用外部电源。

1. 现场实负荷误差试验步骤

（1）现场检验仪引出线检查。引出线应是专用分相色测试软线，导线两端固化有通用插接头，插接头插入部分应有锁紧装置（或钢丝应力针）。在使用前，应检查导线绝缘良好无破损、导电性能良好。

（2）打开被检电能表端钮盒、试验接线盒盖，检查所有端子与导线连接应紧密、牢固。

🔒 **问题思考**　人们已经实现了在绝缘导线上直接测量电流值，能否在不打开电能表端钮盒的情况下测量电压值呢?

（3）检查现场检验仪电源设置开关位置，应与选择的仪器电源方式匹配。可选择外接220V电源，开启现场检验仪电源并至少预热5min。

（4）按规定顺序连接测试导线，安全可靠地从接线盒（试验端子）接入与被检表相同的电流、电压回路，满足电流回路串联、电压回路并联的原则。注意电压线应接在被检表尾处，电流钳子应夹在被检表出线侧。

电能表实负荷现场检验原理接线图，如图11-1所示。

(a)

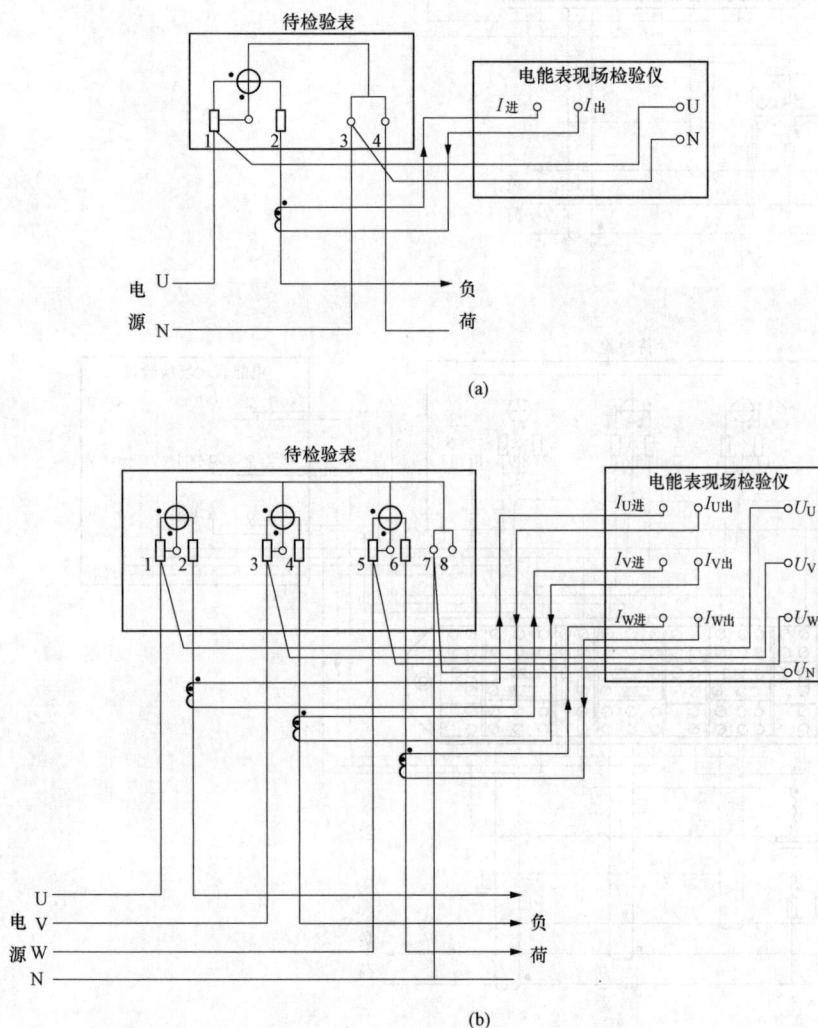

(b)

图11-1　电能表实负荷现场检验原理接线图（一）

(a) 单相电能表；(b) 直接接入式三相四线电能表

(c)

(d)

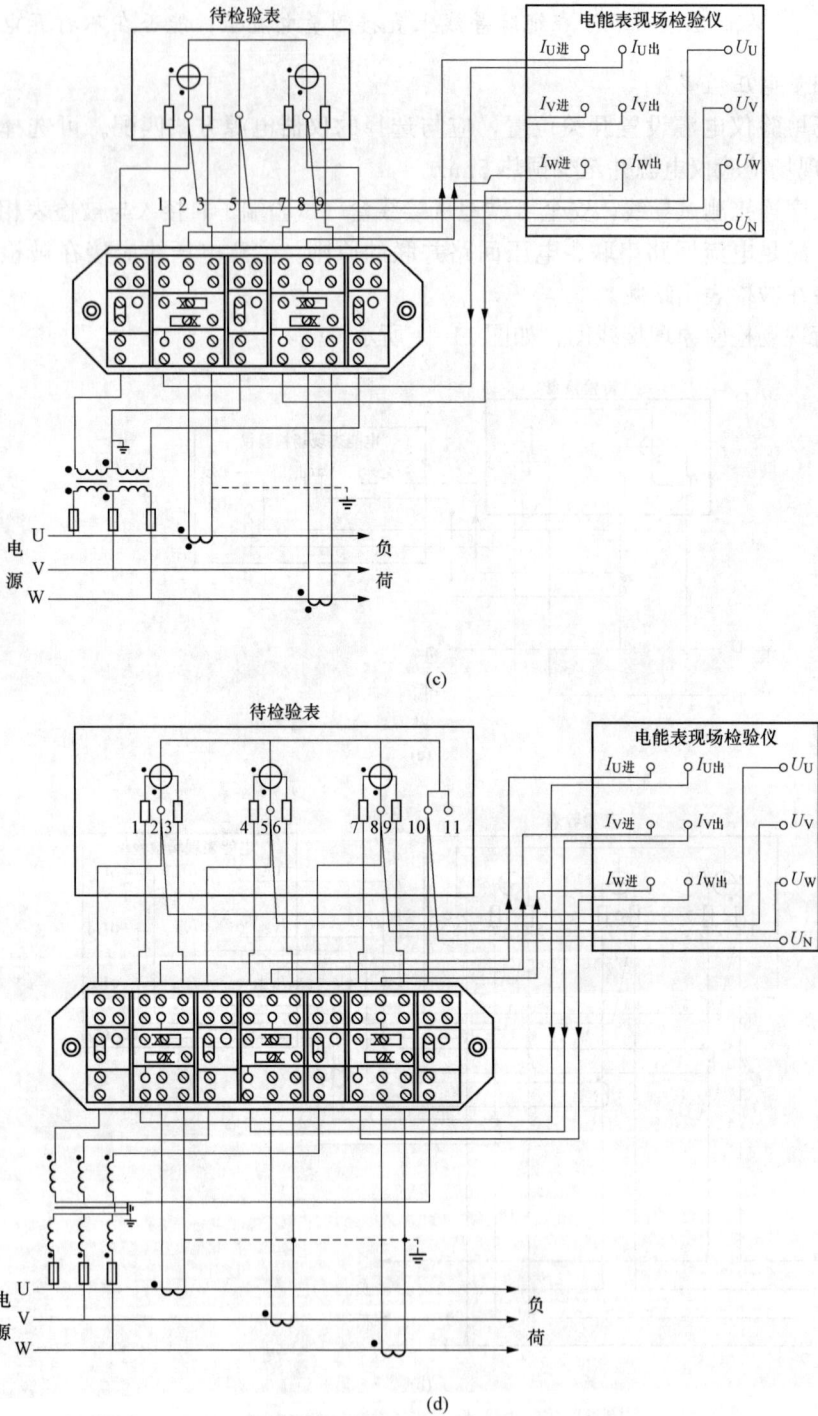

图 11-1 电能表实负荷现场检验原理接线图（二）
（c）经互感器接入式三相三线电能表；（d）经互感器接入式三相四线电能表

如果仪器选择内接电源，则应先将仪器电压测试线接入计量装置，然后开启仪器电源开关，再接入电流测试信号。

（5）根据被校表型式设置检验仪工作参数。

（6）打开电流试验端子连接片时，应用现场检验仪进行监视。

（7）从检验仪界面上检查计量装置的相量关系和实负荷各项参数是否满足技术要求。

（8）在负荷相对稳定的状态下，采用光电采样控制或脉冲信号控制进行误差测试并记录检验条件参数和误差数据。

（9）检验结束，恢复接线盒连接片，用现场检验仪监视并确认电流线短接良好，流经检验仪的电流应为零。

（10）从计量装置二次回路拆除试验导线，关闭检验仪电源并收好试验导线；盖好试验接线盒盖，紧固所有的安装螺钉。

（11）核对电能表显示功率与用户实际功率应相符。

（12）清理现场，恢复原状。请用户对现场检验记录、检验结果和现场计量装置恢复确认签字。

2. 现场实负荷试验结果处理

电能表现场检验误差测定次数不得少于 2 次，取其算术平均值作为实测误差值。若不能正确地采集被检电能表脉冲数，应舍去测得的数据。若测得的误差值等于被检电能表允许工作误差限的 80%～120% 时，应再进行 2 次测量，取这两次与前两次测量数据的平均值作为最后测得的误差值。

当现场检验电能表的相对误差超过规定值时，不允许现场调整电能表误差，应在 3 个工作日内换表。

计数器电能示值组合误差应保留到计数器的最小有效位。时钟示值偏差修约间距为 1s。判断电能表相对误差是否超差，一律以修约化整后的结果为准。

检验结束，由检验单位封印，出具检验结论，根据需要出具检验报告或粘贴检验标识。

3. 工作误差试验注意事项

（1）现场检验仪的接线要核对正确、牢固，特别要注意电压与电流不能接错。

（2）现场检验仪的接入和拆除不应影响被检电能表的正常工作。

（3）现场检验仪与被检电能表对应的元件接入的是同一相电压和电流。

（4）接线过程中，严禁电压回路短路或接地，严禁电流回路开路。

（5）在打开电流端子的过程中，动作要慢，发现异常应立即停止并进行还原操作。

（6）如采用校表脉冲信号测试误差时，在连接被检表校表脉冲输出端时应注意极性并防止短路，避免与其他带电体接触。

（7）测试线连接完毕后，应有专人检查，确认无误后，方可进行检验。

（8）现场检验三相三线电能表时，应将捆扎成束的测试线中的空置导线做临时绝缘处理，避免误碰带电体造成事故。

（9）电能表现场检验过程中严禁插、拔电流钳插头。

（10）电流钳子使用时钳口应接触良好，量程合适。

（11）与现场检验仪配用的标准电流钳在出厂前已与现场检验仪一起进行了配对调试，使用中必须按照原配相色使用，不能与另外的仪器互换，否则会带来额外的测量误差。

六、计度器电能示值组合误差试验

读取同一时刻的总电能计度器的电能示值和各费率时段相应计度器的电能示值，按规程规定计算计度器电能示值的组合误差。

七、时钟示值偏差试验

用电能表时钟值减去标准时钟或电台报时值，即为时钟示值偏差，其大小不超过 10min。

八、通信接口检查

用测试仪器对电能表具备的红外、RS485 等通信方式进行检查。

九、功能检查

检查时段费率参数、冻结电量参数、事件记录、故障信息等内容。

十、计量差错检查

在现场检验时，应检查下列计量差错：

(1) 计费倍率差错。

(2) 电压互感器熔断器熔断或二次回路接触不良。

(3) 电流互感器二次回路接触不良或开路。

(4) 电压相序不正确。

(5) 电流回路极性不正确。

(6) 电流相序不正确。

十一、不合理计量方式检查

在现场检验时，应检查下列不合理计量方式：

(1) 电流互感器的变比过大，致使电流互感器经常在 20%（对于 S 级电流互感器为 5%）额定电流以下运行。

(2) 电能表接在电流互感器非计量二次绕组上。

(3) 电压与电流互感器分别接在电力变压器不同侧。

(4) 电压二次回路未接到相应的母线电压互感器二次侧上。

> 小 提 示　　电能表的现场检验周期
>
> 新投运或改造后的 I、II、III 类电能计量装置，应在 1 个月内进行首次电能表现场检验。
>
> I 类电能表宜每 6 个月现场检验一次；II 类电能表宜每 12 个月现场检验一次；III 类电能表宜每 24 个月现场检验一次。
>
> 更换拆回的 I～IV 类电能表应抽取其总量的 5%～10%、V 类电能表应抽取其总量的 1%～5%，依据计量检定规程进行误差测定，并每年统计其检测率及合格率。

【例 11-1】　现场检验仪在正常工作情况下，检验仪开机经过自检后进入测试界面，接线正确，设置好参数后，就可以显示电压、电流、相位、功率与误差。但检验现场却出现误差异常显示，试分析其产生原因。

解　如果出现检验误差不正常，应考虑以下几个方面：

(1) 检查接线是否正确。检查电压、电流回路接线是否正确，检查电流钳子的极性是否正确，确保进入检验仪电流方向正确，可查看检验仪显示的相量图。

(2) 检查电流钳子是否接触不良。检查电流钳子的钳口是否完全闭合，钳口的铁芯上有无异物。如没有电流或电流不正常，检查钳形电流钳子的插头是否断线或接触不良。

（3）检查脉冲常数是否一致。检查输入设置的被校表常数是否与被校表铭牌标识的常数一致。

（4）检查检验仪是否收到脉冲信号。检查检验仪是否收到被校表的脉冲信号：如收到脉冲，设置圈数或脉冲数 N 就会从设置值递减，减到 0 时出一次误差值；若未收到脉冲，设置值 N 不会变化，误差值不变化。对于脉冲式电能表，要确认光电头对准转盘或脉冲灯色标，转盘每转一圈或脉冲灯每闪烁一次，光电头闪动一次，检验仪上的设置值 N 递减一次；对于电子式电能表，要确认检验脉冲输出端子接线是否正确。

第二节　电流互感器现场检验

一、现场检验的目的

电流互感器的比值差和相位差均需按互感器的准确度等级控制在一定范围内，即要求电流互感器必须满足测控、保护、计量等不同用途的要求。

二、作业前准备工作

1. 检验条件

环境气温为 $-25℃\sim+55℃$，相对湿度不大于 95%，周围无强电、磁场干扰。将被检电流互感器与电网隔离。

2. 试验电源

试验电源频率为 $50Hz\pm0.5Hz$，波形畸变系数不大于 5%。

3. 二次负荷

现场实际二次负荷应处在额定负荷与下限负荷之间。除非用户有要求，二次额定电流 5A 的电流互感器，下限负荷取 3.75VA；二次额定电流 1A 的电流互感器，下限负荷取 1VA。二次负荷的功率因数应根据铭牌规定值选取。

4. 所需工器具、检验设备

现场检验用设备包括标准电流互感器，互感器检验仪，电流负荷箱，电源控制箱（调压器），电源盘，升流器，钳形电流表，万用表，专用测试一、二次导线等。

工器具包括组合工具、绝缘手套、绝缘梯和安全带等。

5. 准备工作

（1）检验前应了解现场主接线方式、工作内容以及停电范围、现场安全措施等。

（2）熟知检验用仪器设备工作原理、功能及用途。

（3）收集整理被试电流互感器以往检验报告、缺陷记录。

（4）准备现场用作业方案、工作票、作业指导书、记录本等。

三、现场检验步骤及要求

首次检验项目有：外观检查、绝缘电阻测量、绕组极性检查、基本误差测量。后续检验项目有：外观检查、绝缘电阻测量、基本误差测量、（按需进行）二次实际负荷下计量绕组误差测量、稳定性试验。

1. 外观检查

有下列缺陷之一者，判定为外观不合格。

（1）外观损伤，绝缘套管不清洁。对于油浸式 TA 油位指示不合适；对于 SF_6 式气压值不符合规定。

（2）铭牌及必要标志不完整。

（3）接线端钮缺少、损坏或无标记，穿心式电流互感器没有极性标记。

（4）多变比电流互感器在铭牌或面板上未标有不同电流比的接线方式。

2. 绝缘试验

断开被检 TA 所连断路器并在一侧接地，确保被检 TA 从其他回路中隔离开来，除被检二次绕组外其他二次绕组应可靠短接。

测量绝缘电阻应使用 2500V 兆欧表，一次对二次绝缘电阻及地大于 1500MΩ，二次绕组之间、二次绕组对地绝缘电阻大于 500MΩ。

3. 绕组极性检查

推荐使用互感器检验仪检查绕组的极性。极性检查一般与误差测量同时进行。根据互感器的接线标记，按比较法线路完成测量接线后，升起电流至额定值的 5% 以下测试，用检验仪的极性指示功能或误差测量功能，确定互感器的极性。如无异常，则极性标识正确。

4. 充磁和退磁

充磁和退磁的方法，按 DL/T 1664—2016 进行。

5. 基本误差测试操作步骤

使用标准电流互感器的比较法线路原理进行基本误差检验。

（1）正确接线。按图 11-2 进行检验电流互感器误差测试接线。

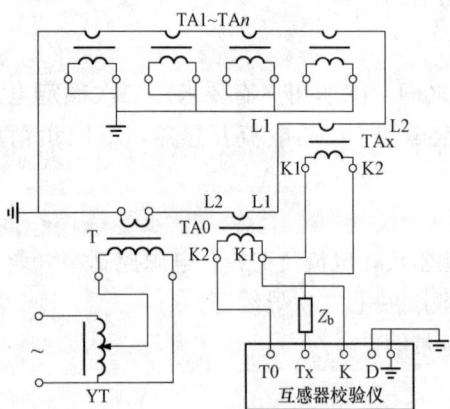

图 11-2　现场检验电流互感器的原理接线图
T—升流器；YT—调压器；Z_b—电流负荷箱；
TA_0—标准电流互感器；TA_X—被试电流互感器；
TA_1～TA_n—被检电流互感器保护和测量绕组

1）一次回路的连接。将被试品的一次 L1 与标准电流互感器的 L1 端（同名端）相连，另外两端与升流器输出端连接。

连接一次导线时应尽量减小一次连线的长度，必要时采取措施将标准互感器和升流器置于被试电流互感器最小距离范围内。检验用电流互感器一次电流导线应采用多股软铜芯电缆，其截面应能满足试验电流容量和升流器输出的要求。

2）二次回路的连接。相应二次绕组的同名端 K1 连接在一起接入检验仪的差流公共端 K（检验仪内部 K 端子与 D 端子之间测差流），被试品的 K2 经串联负荷箱后接入检验仪的 Tx，标准电流互感器的 K2 接入检验仪的 T0。

标准电流互感器与被试电流互感器二次输出作为检验仪（T0、Tx）的参考电流，共用一次导体的其他电流互感器二次绕组端子用导线短接。

电流互感器二次尽量在本体接线盒上接线，当电流互感器接线盒无法打开时，也可在电流互感器端子箱接线。

（2）通电检查。接线完成后，工作负责人应检查一、二次接线是否正确。

检验仪开机预热，工作状态正常。通电时先将一次电流升至额定电流值 1%～5%，如未发现异常，将电流升至最大电流测量点，再降到接近零值后准备正式测量。大电流互感器宜在至少一次全量程升降之后读取检验数据。

（3）退磁。若误差超差，可退磁后再进行误差测试。

（4）误差测试。

1）分别在额定负荷、下限负荷、实际负荷下检验。

2）电流互感器额定负荷的检验点为额定电流的 1%（只对 S 级）、5%、20%、100%、120%，下限负荷检验点为额定电流的 1%（只对 S 级）、5%、20%、100%。

3）在额定负荷下检验，将电流依次从小到大升至各检验点，待数值稳定后读取相应误差值。完成所有检验点后把电流降至零，观察检验仪进行确认。

4）下限负荷的检验重复步骤 3）。

5）现场条件允许或必要时，电流互感器实际二次回路负荷时的误差测试重复步骤 3）。

（5）恢复电流互感器接线。将升流器回零并断开升流电源，对 TA 放电。拆除一、二次试验导线，恢复被检电流互感器接线并经检查确保接线正确。

四、二次实际负荷下计量绕组的误差测量

二次实际负荷下误差测量，宜采用根据二次实际负荷值选择负荷箱替代的方法进行，与基本误差测量接线原理相同，两者可合并进行。

五、稳定性试验

电流互感器的稳定性试验，利用上次检验结果与当前检验结果，分别计算两次检验结果中比值差的差值和相位差的差值。互感器在连续两次检验中，其误差的变化不得大于基本误差限值的 2/3。

六、检验结果记录、分析及处理

1. 检验记录

（1）检验数据应按规定格式做好原始记录。

（2）原始记录填写应用签字笔或钢笔书写，不得任意修改。

（3）现场测试误差原始记录应妥善保管，原始记录应至少保持 2 个检验周期。

2. 结果分析与处理

根据被检互感器在全部检验点的误差值，如果不超出表 4-1 的基本误差限值范围，且稳定性、运行变差等符合规定，则认为误差合格。否则认为误差不合格。不合格互感器允许在规定条件下进行复检，并根据复检的结果做出误差是否合格的结论。

现场检验 0.1 级和 0.2(S) 级以及 0.5(S) 级的电流互感器，读取的比值误差保留到 0.001%，相位误差保留到 0.01′；其修约间距分别为 0.01%、0.5′ 和 0.02%、1′ 以及 0.05%、2′。

检验结束，由检验单位出具检验结论，根据需要出具检验报告。

七、检验注意事项

（1）检验接线引起被检互感器的变化不大于被检互感器基本误差限值的 1/10，应注意检验仪 D 端子务必与接地端子短接并接地。

（2）接电流一次线时，应首先检查被试品一次接线端（排）是否存在氧化或存在污垢等现象，若有应用砂纸或其他工具清洁后再连接；采用线夹和端子板连接电流一次线时，应尽量保持较大的接触面，严禁点接触。

（3）电流互感器除被测二次回路外其他二次回路应可靠短接。对于多绕组多变比的互感器，每个二次绕组短接一个变比即可，短接电流互感器二次绕组时，必须使用短接片或短接线，短接应可靠，严禁用导线缠绕。

（4）工作电源接线时，检验仪的供电电源与升压器电源通常使用不同电源点或同一电源点的不同相别，以免试验中电压变化干扰检验仪正常工作；另外，也可防止升流过程中电源电压降低，检验仪不能正常显示。试验设备接试验电源时，应通过开关控制，并有监视仪表和保护装置等。

（5）检验过程中，经工作负责人下令后方可进行升流操作。

小 提 示   **电磁式互感器的现场检验周期**

高压电磁式互感器每 10 年现场检验一次；检验时间可选择在大用户配电设备每年一次的预防性试验时一起进行。当现场检验互感器误差超差时，应查明原因，制订更换或改造计划并尽快实施，时间不得超过下一次主设备检修完成日期。

低压电流互感器，宜在电能表更换时进行变比、二次回路及其负荷的检查。

低压电流互感器从运行的第 20 年起，每年应抽取其总量的 1%～5% 进行后续检定，统计合格率应不小于 98%；否则，应加倍抽取和检定、统计其合格率，直到全部更换。

【例 11 - 2】   简述电流互感器基本误差测量的基本技术要求。

解   进行电流互感器基本误差测量的基本技术要求为：

（1）检验仪使用地点应远离外磁场和大电流电路，实际距离应视外磁场源和电流强度来决定，但至少应大于 3m。

（2）外接导线的最大电阻为 0.08Ω。

（3）接地导线应可靠接地，最小截面积为 $2.5\mathrm{mm}^2$。

（4）测试接线正确可靠，一次测试导线采用多股软铜芯电缆，其截面应能满足测试电流和升流器输出容量要求。

（5）检流计调零。

（6）将试验仪器切换到测量误差挡，从最小倍率开始。

（7）升流设备和互感器至少离互感器现场检验仪 3m。

（8）做伏安特性试验时，电流互感器二次接线应拆除。

（9）进行退磁时，对于多次级的电流互感器，其余铁芯的二次绕组均应短路；当二次绕组均共用同一铁芯时，退磁二次绕组应接退磁电阻，其余二次绕组均应开路。

【例 11 - 3】   简述标准电流互感器的主要技术要求。

解   标准电流互感器的主要技术要求有：

（1）标准电流互感器应比被检电流互感器高两个准确度等级，在检定环境条件下的实际误差不大于被检互感器基本误差限值的 1/5。否则使用时应考虑另接负荷箱以保证其准确度所需的负荷，并具有有效期内的检定证书。

（2）其额定电流比应与被检电流互感器相同。

（3）标准电流互感器的变差（电流上升和下降时两次所测误差之差）满足有关规定。

（4）标准电流互感器的实际二次负荷（含差值回路负荷），应不超出其规定的上限与下限负荷范围。如果需要使用标准器的误差检定值，则标准器的实际二次负荷（含差值回路负荷）与其检定证书规定负荷的偏差，不应大于 10%。

第三节　电压互感器现场检验

一、现场检验的目的

电压互感器的比值差和相位差均需按互感器的准确度等级控制在一定范围内，即要求电压互感器必须满足测控、保护、计量等不同用途的要求。

二、作业前准备工作

1. 检验条件

环境气温为 $-25℃\sim+55℃$，相对湿度不大于 95%，周围无强电、磁场干扰。

将被检电压互感器与电网隔离并保持足够的安全距离。

2. 试验电源

试验电源频率为 $50Hz\pm0.5Hz$，波形畸变系数不大于 5%。

3. 二次负荷

现场实际二次负荷应处在额定负荷与下限负荷之间。电压互感器的下限负荷取 2.5VA，电压互感器有多个二次绕组时，下限负荷分配给被检二次绕组，其他二次绕组空载。

4. 所需工器具、检验设备

现场检验用设备包括标准电压互感器，互感器检验仪，电压负荷箱，电源控制箱（调压器），感应分压器，电源盘，升压变压器，万用表，专用测试一、二次导线等。

工器具包括放电棒、组合工具、绝缘手套、绝缘梯、安全带和绝缘塑料带等。

5. 准备工作

（1）检验前应了解现场主接线方式、工作内容以及停电范围、现场安全措施等。

（2）熟知检验用仪器设备工作原理、功能及用途。

（3）收集整理被试电压互感器以往检验报告、缺陷记录。

（4）准备现场用作业方案、工作票、作业指导书、记录本等。

三、现场检验步骤及要求

首次检验项目有：外观检查、绝缘试验、绕组极性检查、基本误差测量。后续检验项目有：外观检查、绝缘试验、基本误差测量、（按需进行）二次实际负荷下计量绕组误差测量、稳定性试验。

1. 外观检查

有下列缺陷之一者，判定为外观不合格：

（1）外观损伤，绝缘套管不清洁。对于油浸式 TV 油位指示不合适；对于 SF_6 式气压值不符合规定。

（2）铭牌及必要标志不完整。

（3）接线端钮缺少、损坏或无标记，接地端子上无接地标志，电容式电压互感器端子箱中阻尼电阻、避雷器等元件缺失或损坏。

2. 绝缘试验

断开与被检互感器相连的一、二次接线，对一次导线放电、验电并接地，确保被检 TV 从其他回路中隔离开来。

测量绝缘电阻应使用 2500V 兆欧表，一次对二次绕组及地绝缘电阻大于 1000MΩ（电容式电压互感器除外），二次绕组之间、二次绕组对地绝缘电阻大于500MΩ。

3. 绕组极性检查

推荐使用互感器检验仪检查绕组的极性。极性检查一般与误差测量同时进行。根据互感器的接线标记，按比较法线路完成测量接线后，升起电压至额定值的5%以下测试，用检验仪的极性指示功能或误差测量功能，确定互感器的极性。如无异常，则极性标识正确。

4. 基本误差测试操作步骤

(1) 正确接线。

1) 一次回路的连接。被试品的一次接线端子与升压变压器、标准电压互感器的 U 端（高端）相连，对于封闭式开关设备的电压互感器，从出线套管上连接一次导线。高压引线推荐使用截面积为 2.5mm² 或 4mm² 软铜裸线，完成上述连接后，取下接在被试电压互感器高压侧的接地线。

2) 二次回路的连接。采用高端电压测差法接线如图 11 - 3 (a) 所示，互感器检验仪测差回路（K、D）分别连接标准互感器与被试互感器的二次侧输出高端，标准互感器、被试互感器二次侧输出低端连接接地。高端测差法不改变设备的接地方式，有利于安全测量，在现场应优先采用。采用低端电压测差法接线如图 11 - 3 (b) 所示，互感器检验仪测差回路（K、D）分别接标准与被试的二次侧输出低端，标准互感器的 n 端子引接至检验仪的 K 端子，被试品 n 端子接入检验仪的 D 端子。

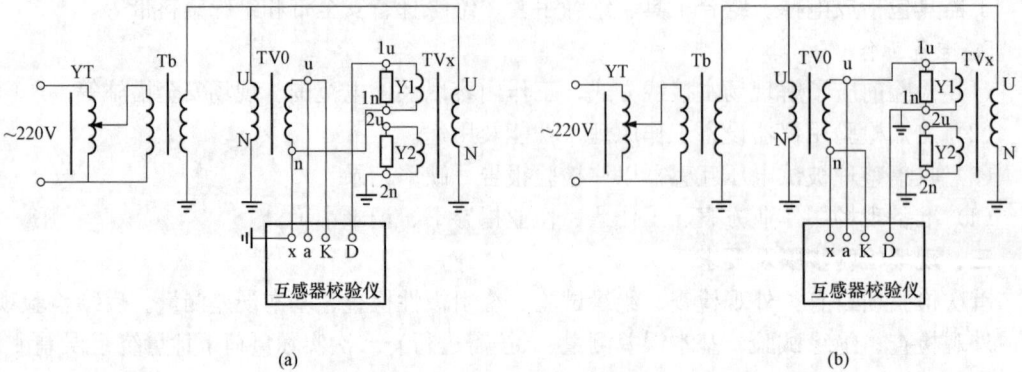

图 11 - 3　比较法现场检验电磁式电压互感器的原理接线图

(a) 采用高端电压测差法

YT—调压器；Tb—升压器；TV0—标准电压互感器；TVx—被试电压互感器；Y1、Y2—电压负荷箱；

(U、N) A、X—电压互感器一次侧的对应端子；u、n(a、x) (lu、1n、2u、2n) —电压互感器二次侧的对应端子

(b) 采用低端电压测差法

YT—调压器；Tb—升压器；TV0—标准电压互感器；TVx—被试电压互感器；Y1、Y2—电压负荷箱；

(U、N) A、X—电压互感器一次侧的对应端子；u、n(a、x) (lu、1n、2u、2n) —电压互感器二次侧的对应端子

比较法现场检验电容式电压互感器的原理接线图，如图 11 - 4 所示。现场检验三相五柱式电压互感器的原理接线图，如图 11 - 5 所示。

(2) 通电检查。接线完成后，工作负责人应检查高压回路的绝缘距离是否符合要求，接线是否正确。

检验仪开机预热，工作状态正常。预通电：平稳地升起一次电压至额定值 5%~10%，

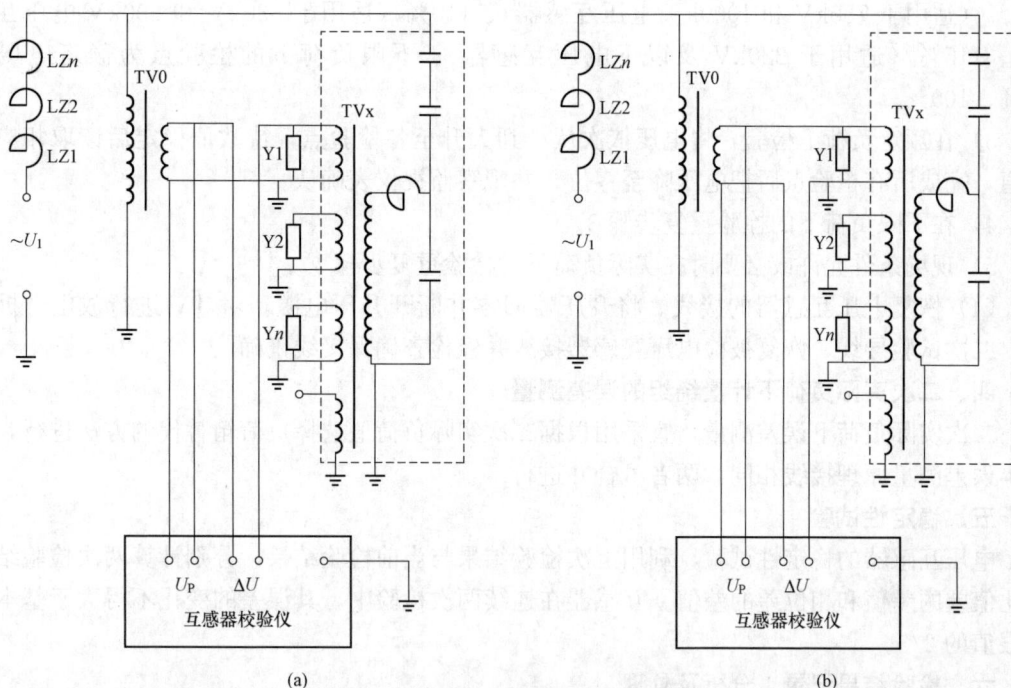

图 11-4　比较法现场检验电容式电压互感器的原理接线图

(a) 高端测差；(b) 低端测差

LZ1~LZn—谐振电抗器；TV0—标准电压互感器；TVx—被检电容式电压互感器；Y1、Y1、Yn—电压互感器负荷箱

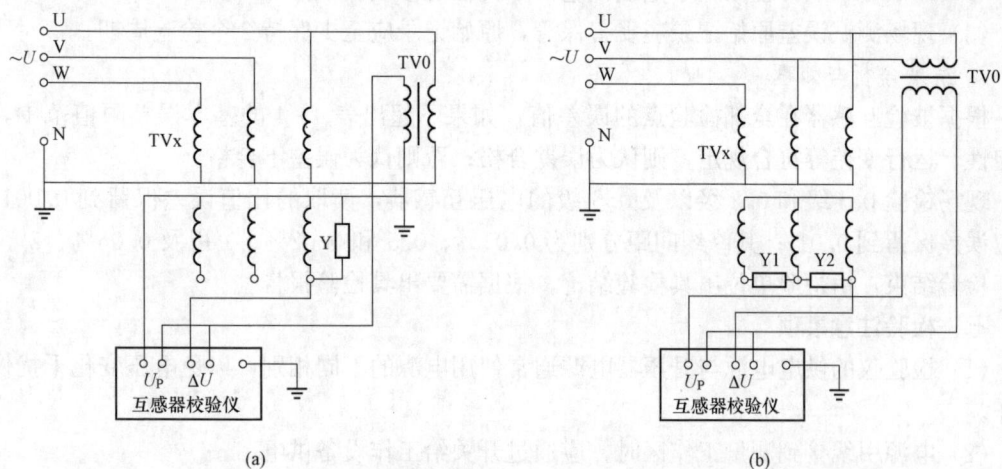

图 11-5　现场检验三相五柱式电压互感器的原理接线图

(a) 电压互感器接地；(b) 电压互感器不接地

TV0—标准电压互感器；TVx—被检三相电压互感器；Y、Y1、Y2—电压互感器负荷箱

如未发现异常，可升到最大电压值，再降到接近零值后准备正式测量。高电压互感器宜在至少一次全量程升降之后读取检验数据。

（3）误差测试。

1）负荷的选择。分别在额定负荷、下限负荷、实际负荷下检验。

2）检验点的选择。电压互感器在上限负荷下的检验点为额定电压的 80%、100%、

105％（适用于 750kV 和 1000kV 电压互感器）、110％（适用于 330kV 和 500kV 电压互感器）、115％（适用于 220kV 及以下电压互感器）。下限负荷下的检验点为额定电压的80％、100％。

3）在额定负荷下检验，将电压依次从小到大升至各检验点，待数值稳定后读取相应误差值，完成所有检验点后把电压降至零位，并观察监视仪表确认。

4）在下限负荷下的检验重复步骤 3）。

5）现场条件允许或必要时在实际负荷下的检验重复步骤 3）。

（4）恢复电压互感器的接线。将升压器回零并断开升压电源，对 TV 进行放电。拆除一、二次试验导线，恢复被检电压互感器接线并经检查确保接线正确。

四、二次实际负荷下计量绕组的误差测量

二次实际负荷下误差测量，宜采用根据二次实际负荷值选择负荷箱替代的方法进行，与基本误差测量原理接线相同，两者可合并进行。

五、稳定性试验

电压互感器的稳定性试验，利用上次检验结果与当前检验结果，分别计算两次检验结果中比值差的差值和相位差的差值。互感器在连续两次检验中，其误差的变化不得大于基本误差限值的 2/3。

六、检验结果记录、分析及处理

1. 检验记录

（1）检验数据应按规定格式做好原始记录。

（2）原始记录填写应用签字笔或钢笔，不得任意修改。

（3）现场测试误差原始记录应妥善保管，原始记录应至少保持 2 个检验周期。

2. 结果分析与处理

根据被检互感器在全部检验点的误差值，如果不超出表 4-4 的基本误差限值范围，且稳定性、运行变差等符合规定，则认为误差合格；否则认为误差不合格。

现场检验 0.1 级和 0.2 级以及 0.5 级的电压互感器，读取的比值误差保留到 0.001％，相位误差保留到 0.01′；其修约间距分别为 0.01％、0.5′和 0.02％、1′以及 0.05％、2′。

检验结束，由检验单位出具检验结论，根据需要出具检验报告。

七、检验注意事项

（1）检验仪的供电电源与升压器电源通常使用电源的不同相别，以免电压变化干扰仪器工作。

（2）电源引线接到测量工作区时，应通过开关给工作设备供电。

（3）检验过程中，经工作负责人下令后方可进行升压操作。

（4）一次导线应紧固在试品一次接线端子上。为了使一次导线与试品有适当的安全距离，引下线应与试品至少成 45°角。必要时可以使用绝缘绳牵引导线绕过障碍物，最后将一次引下线固定在高压电源的高压端子上。用一次导线连接标准电压互感器和试验电源的高压接线端子并适当张紧。

（5）接线前，先打开电压互感器底座上的接线盒，拆下计量绕组及其他（测量、保护等）绕组的二次引线，并做相应的标记和绝缘措施后（防止接地短路和恢复接线时接错），再进行回路接线。

（6）检验电磁式电压互感器可使用相应电压等级的试验变压器；调压器的容量应与试验变压器的额定电压和实际输出容量匹配，调压装置应有输出电压指示和过电流保护机构。

【例 11 - 4】　电压互感器基本误差测量的基本技术要求哪些?

解　（1）标准电压互感器与被试互感器的额定变比应相同。

（2）检验仪使用地点应远离外磁场和大电流电路，实际距离应视外磁场源和电流强度来决定，但至少应大于 3m。

（3）测量接线正确可靠，电压等级在 110kV 及以上时禁用硬导线作为一次侧导线。

（4）测量二次绕组误差时，零序绕组应开路且其一端接地。

（5）测试人员应与带电设备保持一定的安全距离，并有防止触电的安全措施。

（6）检流计调零。

（7）电源的电压相序应与被试互感器的相序一致。

（8）被试互感器极性正确。

（9）将检验仪切换到测量误差挡，从最小倍率开始。

【例 11 - 5】　简述标准电压互感器的主要技术要求。

解　（1）标准电压互感器应和被检互感器有相同的变比，在检定环境条件下的实际误差不大于被检互感器基本误差限值的 1/5。

（2）标准电压互感器的变差（电压上升和下降时两次所测得误差之差）满足有关规定。

（3）在检定环境条件下，电容分压器的电压系数（分压比与电压的相关性），应不大于被检电压互感器基本误差限值的 1/7。

第四节　电压互感器二次压降检测

一、检测的目的及测量原理

电压互感器二次回路压降引起的计量误差与二次负荷大小、性质及接线方式有关，在绝大多数情况下，二次回路压降引起的计量误差为负值，将造成电能表少计电量。为保证现场运行的电能计量装置的准确性，DL/T 448—2016 规定：电能计量装置中电压互感器二次压降应不大于其额定二次电压的 0.2%。

运行中的电压互感器，首次检验和后续检验时均要进行二次压降的测量。35kV 及以上电压互感器二次压降引起的误差，宜每两年检测一次。当二次回路电压降超差时应及时查明原因，并在一个月内处理。

电压互感器二次压降的测量方法分为直接测量和间接测量。

1. 直接测量法

直接测量法主要有互感器检验仪法和电压互感器二次压降测试仪法两种。一般来说，直接测量法测量可靠、准确度高。

2. 间接测量法

间接测量法包括无线监测仪法、高准确度电压表法和某些厂家采用的负荷比较法等。间接测量法的准确度不高，一般不采用。

二、作业前准备工作

1. 现场检验条件

现场检验时，一般应满足下列条件。

(1) 环境温度：$-10 \sim 45 \text{℃}$；相对湿度$\leq 90\%$。

(2) 大气压力 $63 \sim 106 \text{kPa}$（海拔 4000m 及以下）。

(3) 通电预热时间按现场检验设备要求（一般不少于 5min）。

(4) 现场检验工作至少由两人担任。

2. 测试用设备

进行电压互感器二次压降的测量，目前广泛采用压降测试仪。

对二次压降测试仪的要求：

(1) 压降测试仪应具有经权限部门检测合格的有效证书。

(2) 压降测试仪的等级不应低于 2.0 级（其测量误差应不超过 $\pm 2\%$），基本误差应包含测试引线所带来的附加误差。

(3) 压降测试仪比值误差 f 应不低于 0.01%，相位误差的示值分辨力 δ 应不低于 $0.01'$。

(4) 压降测试仪的工作回路（接地的除外）对金属面板以及金属外壳之间的绝缘电阻应不低于 $20 \text{M}\Omega$；工作时不接地的回路（包括交流电源插座）对金属外壳应能承受有效值为 1.5kV 的 50Hz 正弦波电压 1min 耐压试验。

(5) 压降测试仪对被测试回路带来的最大负荷不超过 1VA。

(6) 测试导线应有明显的极性和相别标志，连接互感器与测试仪器之间应是专用屏蔽导线，其屏蔽层应可靠接地。

三、现场检测方法及步骤

1. 准备工作

(1) 检查测试导线接头与二次压降测试仪的接触是否紧密、牢固。

(2) 检查二次压降测试仪工作电源是否充电完好。

2. 二次压降测试仪自校

二次压降测试仪在现场使用时，需要在电能表与电压互感器之间接入一根辅助测试电缆，利用测试电缆获取的参数与实际计量回路的参数进行比较，得到需要的 TV 二次压降等运行参数。然而，测试电缆自身是有内阻的，而且这个"负荷"的性质是容性的，加之二次压降测试仪的两个输入端的阻抗差别也很大，将测试电缆线车放在二次压降测试仪侧或放在电能表侧，会带来不同的测量误差。因此，要求将二次压降测试仪的连接方式所带来的附加误差先测出来，保存在仪器中，便于在实际测量时自动修正，以得到正确的测量数据，这项工作称为自校。

一般仪器在出厂时按照配置的一个测试电缆车的标准长度（如 200m）自检，并将误差存入仪器内。实际使用时，若辅助电缆长度发生变化或更换电缆时必须重新测量。按照三相四线或三相三线自校接线图连接好导线后，选择自校界面，再选择"始端方式"，确认后仪器自动开始自校，提示完毕时，单击"Yes"保存。

自校工作可以在室内进行（如校表台），也可以在现场进行。仪器可根据接入的自检电源，选择三相三线和三相四线自检模式。

如果采用预先自校模式，到现场工作后，也应该保持自校时的接入模式。

末端自校的操作与连线与始端自校方式相同，不同的是此时长电缆应接测试仪的 TV 输入端，短线 L2 接仪器 Wh 输入端。

在实际运用中采用何种自校方式，并没有特别要求，只是仪器自身的特性可能由于现场仪器、线车摆放位置的变化，导致附加误差产生。

3. 二次压降的测试操作步骤

（1）接线。按照自校时确定的模式，正确地将测试电缆、测试短线连接在 TV 出口侧和电能表端子侧。图 11-6（a）为始端方式现场测量接线图，适合测试 TV 二次压降、二次负荷；图 11-6（b）为末端方式现场测量接线图，仅适合测试 TV 二次压降。

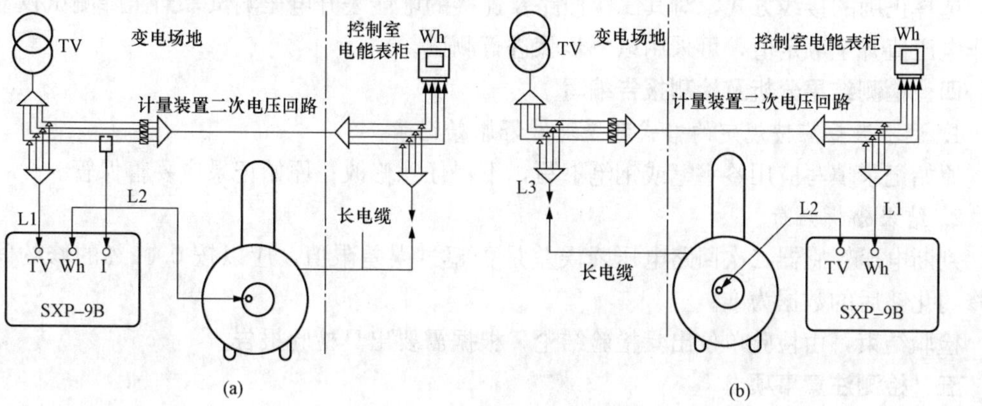

图 11-6　二次压降现场测试接线图
（a）始端方式现场测量接线图；（b）末端方式现场测量接线图

小提示　在装拆压降测试仪时注意：安装时，先接测试仪端后接 TV 二次端和电能表端；拆除时，后接测试仪端。

一般二次压降测试仪提供的接线方式有多种，使用时应按照仪器使用说明书的要求，根据现场情况和测试需要选择合适的接线方式。

所有测试线头都按照黄、绿、红、黑分相色，接入时应根据电能计量装置导线编号分别接入对应的电压回路。测试线与仪器之间的连接件应按照特定方向插入并锁紧。

（2）准备测试。检查接线无误时，开启测试仪电源开关，仪器会自动校对 TV、电能表两侧接入电压的一致性，当出现错相报警时，应关闭仪器电源，仔细检查两侧的对应关系，将其更正后，重新开机。

需要时，根据连接方式进入自校界面，完成仪器自校程序。

（3）压降测试。

1）开机按任意键进入主菜单，选择压降测试菜单，进入后选择测试方式（有 TV 侧和表计侧），选择方法是光标移动到要选择的内容，单击"确定"键后在下拉列表中按上下键移动光标，确定键选择。

2）光标移动到"确定"上，单击"确定"键进入压降测试选择菜单，选三相四线或三相三线自动测试。

3）进入后仪器将进行测试，测试完成后，输入用户编号。如需储存，将光标移动到存储菜单上，单击"确定"键即可。

4）如需重测，将光标移动到存储菜单，单击"确定"即可。

5）检查仪器测试数据并记录或保存。关机，拆除测试线，恢复电能计量装置封印，结束工作票。

（4）测试完成。现场测试完成后清理工作现场，应由工作负责人检查确认无误后方可撤离现场。

以上为电压互感器带电工作时二次回路压降的测试方法。当互感器停电时可以解开电压互感器二次端子接线，互感器二次回路与本体隔离开后，在二次回路侧接入二次压降测试仪，选择正确的接线方式，对其二次回路及连接的电能表升电压测试，当压降测试仪显示的工作电压值升至额定值，可采用以上步骤进行测试。

四、检测结果分析及检测报告编写

1. 试验数据应按规定的格式和要求做好原始记录

原始记录填写应用签字笔或钢笔书写，不得任意修改；原始记录应妥善保管。

2. 结果分析判断

判断电压互感器二次回路电压降误差是否超过误差限值，应以按 0.02％的修约间距进行修约化整后的数据为准。

检验结束，由检验单位出具检验结论，根据需要出具检验报告。

五、检测注意事项

（1）由于测试是在现场带电情况下进行，因此操作人员必须严格按照相关安全工作规程进行，以避免发生人身伤害及可能造成电网及设备事故。

（2）接入压降检验仪的导线是四芯屏蔽电缆线，接入电路前应用 500V 兆欧表检查电缆各芯之间、芯与屏蔽层之间的绝缘是否良好，以免造成短路故障。

（3）如果在三相三线计量方式时测量，则电缆线只需三芯通电，那么空余的一芯线的接线头做绝缘处理，防止空悬线头金属部分产生短路或接地故障，引起安全事故或测量不准确。

（4）对重要场所或压降误差过大的线路，需分别在熔断器或空气开关前、后进行测量，以确定熔断器或空气开关接触电阻的影响量。

（5）现场测试过程中，严禁电压互感器二次短路。

（6）测量过程中测试设备电源取用原则：在 TV 侧测量时，电源可在电压互感器二次取用，测试仪电源开关放置在"100V"挡位；在电能表处测量时，电源由外部 220V 电源供给，测试仪电源开关放置在开启状态，不能从 TV 提供电源，以提高测量准确性。

（7）试验人员之间相互联络用的通信工具应不影响电力系统其他设备安全运行和正常工作。

第五节　互感器二次负荷检测

一、检测的目的及测量原理

开展电能计量装置互感器二次负荷的测量与计算工作，及时掌握互感器的二次回路的实际负荷，对确保电能计量的准确性和提高电能计量装置的管理水平有重要意义。

运行中的互感器，首次检验应进行二次实际负荷的测量；后续检验时则按需进行二次实际负荷的测量。当二次回路及其负荷变动时，应及时进行现场检验。当二次回路负荷超过互感器额定二次负荷时应及时查明原因，并在一个月内处理。

互感器的二次负荷是指二次回路所接的测量仪表、连接导线、接线盒、信息采集终端等导体阻抗与回路接触电阻的总和。

互感器二次阻抗的测量与计算原理：用高准确度钳形电流表采集互感器二次回路的工作电流，用鳄鱼夹采集互感器二次输出电压，这两个信号进入测试设备，通过测试设备进行电压除以电流的运算即可得到回路阻抗和其他参数。

二、作业前准备工作

1. 现场检验条件

现场检验时，一般应满足下列条件。

（1）环境温度：$-10 \sim 45$℃；相对湿度≤90%。

（2）大气压力 $63 \sim 106$kPa（海拔 4000m 及以下）。

（3）通电预热时间按现场检验设备要求（一般不少于 5min）。

（4）现场检验工作至少由两人担任。

2. 测试设备、工器具的准备

测试设备包括负荷测试仪、检验用二次导线，需要准备的工器具包括组合工具、绝缘手套等。进行互感器二次负荷的测量，采用负荷测试仪或二次压降及负荷测试仪。

对二次负荷测试仪的要求：

（1）负荷测试仪的测量误差应不超过±2%。

（2）导纳分辨力应不低于 0.01mS，阻抗分辨力应不低于 0.01Ω，电压分辨力应不低于 0.01V，电流分辨力应不低于 0.01A。

（3）负荷测试仪对被测回路带来的最大负荷不超过 0.1VA。

（4）负荷测试仪的工作回路（接地的除外）对金属面板及金属外壳之间的绝缘电阻应不低于 20MΩ，工作时不接地的回路（包括交流电源插座）对金属外壳应能承受有效值为 1.5kV 的 50Hz 正弦波电压 1min 耐压试验。

（5）测试导线应有明显的极性和相别标志，连接互感器与测试仪器之间应是专用屏蔽导线，其屏蔽层应可靠接地。

3. 其他准备

测试前了解仪器、仪表、互感器的工作原理、内部构造、性能和接线方式，收集整理被试品以往试验报告、缺陷记录、作业指导书、作业方案、工作票等，对测试环境温度、湿度做好相应记录。

三、现场检测方法及步骤

1. 接线

按照图 11-7 所示互感器二次负荷测试原理接线图进行接线。

2. 开始测试

打开负荷测试仪进入主菜单，选择电流互感

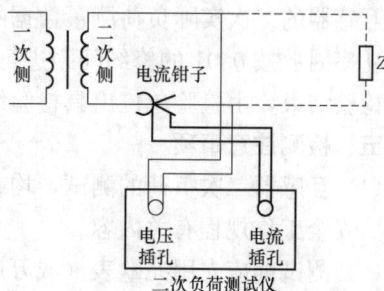

图 11-7 互感器二次负荷测试原理接线图

器二次负荷测试项，单击"确定"键进入，开始实时测量。二次负荷测试界面，如图 11 - 8 所示。图中，I 为二次电流；R 为二次负荷中的电阻分量；X 为二次负荷中的电抗分量；$\cos\varphi$ 为二次负荷中的功率因数，可根据 R、X 算出；U 为互感器二次端电压，$U = I\sqrt{R^2+X^2}$；S 为互感器二次负荷容量 $S = I^2\sqrt{R^2+X^2}$。

负荷测试

用户编号			计量点编号	
测试日期				
环境温度		℃	环境湿度	%
测试人员			二次电流	A
$I=$		A	$U=$	V
$R=$		Ω	$S=$	VA
$X=$		Ω	$f=$	Hz
$\cos\varphi=$			$\varphi=$	°

图 11 - 8　二次负荷测试仪界面示意图

测试过程中，如果需要存储，输入用户编号后，光标移动到存储，单击"确定"键即可。

3. 数据浏览

如需要浏览已保存数据，进入数据浏览即可。

将测量结果与互感器铭牌额定二次额定容量进行比较，若测量值小于或等于铭牌值，则二次回路负荷满足要求；若二次回路容量大于铭牌值，则二次回路负荷不满足，需进行回路整改或更换互感器。

4. 测试完成

现场测试完成后清理工作现场，应由工作负责人检查确认无误后方可撤离现场。

以上介绍的是带电测量方法，实际工作中，对电能计量装置进行验收时，往往需要测量二次回路阻抗值，因此，在计量装置不带电情况下，可解开互感器本体二次接线端子，用升流器对互感器二次回路进行升流操作，操作过程中应注意电流不超过互感器二次额定值，然后可以采用上述方法进行测试。

四、检测结果分析及检测报告编写

1. 试验数据应按规定的格式和要求做好原始记录

原始记录填写应用签字笔或钢笔书写，不得任意修改；原始记录应妥善保管。

2. 结果分析判断

互感器的二次实际负荷测量数据的修约化整：负荷值按 0.1VA 的修约间距进行修约化整；功率因数按 0.01 的修约间距进行修约化整。

检验结束，由检验单位出具检验结论，根据需要出具检验报告。

五、检测注意事项

（1）互感器二次负荷的测试，均在实际负荷运行情况下现场带电进行，为此必须严格执行电力安全工作规程有关内容。

（2）测试前应先用兆欧表（或万用表）检查专用测量导线各芯之间的绝缘是否良好，导线是否良好接通，各接线头与导线接触是否牢固完好。

（3）注意电流钳子的极性正确。

（4）测量电压的鳄鱼夹应尽量接在靠近互感器的二次侧。

（5）在测试 TA 二次负荷时，电流测量点在电压测量点前方；在测试 TV 二次负荷时，电流测量点在电压测量点后方。

小 提 示　运行中的低压电流互感器宜在电能表更换时进行变比、二次回路及其负荷的检查。

第六节　计量装置反窃电检查

鉴于目前窃电形势依然严峻，而且出现一些新特点，如专业团伙化、科技智能化、遥控隐蔽化。一些反窃电工作者明知有窃电情况，但常因为找不到证据甚至发现不了"蛛丝马迹"而放弃追查。为了增强反窃电信心，本书提出了"发生窃电行为必然导致异常情况出现公理"，并称之为"反窃电公理"。只要掌握了窃电手段和检查方法，必然会发现异常情况并获得窃电证据。

无论窃电的手段多么"高明"，都不超出以下三种情况。

第一，一个电能表计量电能的多少，取决于该电能表的电压回路电压、电流回路电流、测量电压与测量电流间的相位关系，以及用电时间这四个量。窃电者往往改变该电压、电流、相位关系中的任何一个量，如利用降压手段、减流手段和移相手段等，使电能表少计、不计甚至倒计，从而达到窃电的目的。

第二，有的窃电者通过篡改电能表参数或改变电能计量设备的结构和性能、工作条件和状态，如利用扩差手段，使电能计量装置的计量误差扩大，从而达到窃电的目的。

第三，还有的窃电者或私自接线用电，或甩开电能计量装置用电，或通过不合法的计量装置用电（如利用无表法窃电等），使合法的电能计量装置无法计量，从而达到窃电的目的。

一、窃电手段

窃电的手段有以下五种。

1. 降压法窃电

故意改变电压回路的正常接线或制造电压回路的故障，致使电能表的电压测量元件无电压或所受电压减少，从而导致电量少计，这种窃电手段称为降压法窃电。

2. 减流法窃电

故意改变电流回路的正常接线或制造电流回路的故障，致使电能表的电流测量元件无电流或只通过部分电流，从而导致电量少计，这种窃电手段称为减流法窃电。

3. 移相法窃电

故意改变计量装置的正常接线，或者外加电压或电流，或者利用电感或电容的特定接法，从而改变电能表中电压测量元件的电压与电流测量元件的电流间的正常相位关系或电流、电压的正常相位，使电能表少计甚至倒计。这些窃电手段称为移相法窃电。

4. 扩差法窃电

故意改变电能表内部的结构和性能，或者改变互感器的内部结构，或者改变计量设备的正常工作条件和状态，或者篡改铭牌数据，或者改变脉冲式电能表的脉冲信号，或者篡改预付费电能表的软件，致使计量装置的计量误差扩大或计量电费减少，等等。这些窃电手段称为扩差法窃电。

5. 无表法窃电

电力用户安装和使用的用电计量装置，均经过法定的或者授权的计量检定机构检定合格并加封，并按照规定进行周期检定或轮换。

私自在供电部门的线路或设备上接线用电，或者有计量装置的用户甩开计量装置用电，或者没有安装计量装置的用户私自增容用电，或者不使用合法的计量装置用电。这些窃电手段统称为无量电装置法窃电，简称为无表法窃电。

二、反窃电检查

反窃电检查的方法有很多种，有的方法简单，有的方法复杂；有的方法针对单相电能表用户，有的方法针对三相电能表用户；有的方法适用于低压用户，有的方法适用于高压用户；因此可根据实际情况选择其中一种或多种方法现场检查窃电行为。

（一）简易检查法

1. 灯泡试验法

对于单相电能表用户，若开灯检查电灯亮但电能表不转，则可能是电压连接片未合上、电压回路开路、电流回路短接等。若没有以上问题，则检查相线、中性线是否接反，如果接反就要检查用户是否存在借用中性线用电的情况，或有其他窃电行为。如果相、中性线没有接错，则拉开用户总闸刀看电灯是否熄灭，如果仍亮着，则应查清是借用电源，还是绕过电能表搭线用电。

2. 电量自比法

将用户本月的用电量与上几个月或去年同期比较，从而简单快速发现窃电的方法。对于高压表计，若其低压侧也有表计，应将高压表电量与低压表电量相比较，看本月与上几个月是否相同。柱上高压电量与计量电量的比较，可判定绕越用电计量装置而用电的窃电行为。

3. 电量类比法

将用电情况相似的用户的月用电量放在一起进行比较，从中发现窃电的方法。如将生活水平差不多的村民人均生活用电量放在一起比较，将土壤、地下水相同的农业用户的亩均用电量放在一起比较，将村办企业常用负荷差不多的用电量放在一起比较，从中发现问题。

4. 随机抄表法

通过不定期（如用电高峰期、收费后、农忙期）抄表发现窃电线索的方法。若后一次抄表时的读数反而少于前一次抄表时的读数，则说明有倒表行为。

对电量波动较大的台区（用户）增加抄表次数，或连续抄表，或改变常规抄表日期。

5. 计量误差测算法

计量误差测算法其实就是瓦秒法，它是将计量装置反映的负荷与线路中的实际负荷进行比较获得计量装置在某一负荷时的计量误差。计量误差是判断计量装置在计量该负荷时准确与否的唯一依据，是判断该计量装置正常与否的依据之一。但是应注意：即使计量误差正常，只能说明计量装置在该负荷时正常，不能说明在计量其他负荷时也正常。也就是说，计量误差正常也有可能接线错误。

计量误差测算法的主要步骤如下：

（1）确定用户的实际用电功率。根据配电箱柜上的功率表或电压表、电流表和功率因数表等取得该用户的实际用电功率 P。

对于居民用户，可以请其保留使用功率因数为 1 且功率明确的用电设备，从而知道该用户的实际用电功率 P。

（2）记录电能表 N 个脉冲（反计时记为负）时间 t(s)，通常 N 取 100。

（3）计算电能表运行的理论时间 T(s)。

$$T = \frac{3600 \times 1000N}{CP} \times K_J = \frac{3600 \times 1000 \times 100}{CP} \times K_J = \frac{3600000}{CP} \times K_J$$

式中　P——该用户的实际消耗的有功功率，W。

（4）计算计量误差。利用公式 $G = \frac{T-t}{t} \times 100\%$ 进行计算。

（5）判断结果。

第一种情况：若计量误差的绝对值小于 5%，则可能无接线错误。

小提示　因为常用的电能表是 2.0 级，TA 一般是 0.5S 级的，通常以 5% 作为判断计量装置准确与否的依据。

第二种情况：若计量误差的绝对值小于 10%，则电能表不准或互感器不准。

第三种情况：若计量误差的绝对值小于 15%，则二次回路有接线错误或有变比不一致的互感器。

第四种情况：若计量误差的绝对值大于 15%，则计量装置有严重故障或接线错误。此时，如果没有可信的客观原因，那么可以判断用户有窃电行为。

值得注意的是：

（1）应尽量保持电压和负荷功率稳定。

（2）对于有电容器的用户还应将电容退出运行。

（3）三相负荷应尽量保持平衡。

（4）K_J 是抄表卡上记录的互感器的倍率，不是实际互感器的倍率。

小技巧　利用现场检验仪可以在现场直接进行实负荷计量误差的测量。

【例 11-6】　某动力负荷的低压计量装置，抄表卡 TA 倍率为 100/5，脉冲常数为 450imp/kWh，在负荷稳定的情况下，测得计量点处 $U_{uv} = U_{vw} = U_{wu} = 400V$，$I_u = I_v = I_w = 100A$，功率因数 0.8，测得 10imp 的时间为 80s。求计量误差。

解　输出功率　　$P = \sqrt{3}UI\cos\varphi = \sqrt{3} \times 400 \times 100 \times 0.8 = 55.4$ （kW）

理论时间　　$T = \frac{3600 \times 1000N}{CP} \times K_J = \frac{3600 \times 1000 \times 10}{450 \times 55.4 \times 1000} \times 100/5 = 28.9$ （s）

计量误差　　$G = \frac{T-t}{t} \times 100\% = \frac{28.9 - 80}{80} \times 100\% = -64\%$

分析处理：此计量装置严重超差，主要原因在于 TA 故障、表计故障、二次线接线错误、互感器倍率错误等。此时不要急于对计量装置进行全面检测，而应地对计量装置进行超差分析，首先检查计量装置是否在额定状态下运行，然后用技术手段判断出超差的原因，再对计量装置进行检测。这样可以减少不必要的工作量，反而能快速地查出故障点，获取窃电的证据。

【例 11-7】　某单相电能表准确度等级为 2 级，额定电压 220V，基本电流 5A，电能表常数为 2500imp/kWh。当负荷为 100W 的白炽灯时，电能表发 10imp 的时间为 138s，问该电能表计量是否准确?

解 理论时间为

$$T = \frac{3600 \times 1000N}{CP} \times K_J = \frac{3600 \times 1000 \times 10}{2500 \times 100} = 144(\text{s})$$

计量误差为

$$G = \frac{T-t}{t} \times 100\% = \frac{144-138}{138} \times 100\% = 4.3\%$$

分析处理：因为电能表等级是 2 级，可判断该单相电能表超差，但超差不大，可能是表本身的误差引起，暂不能判断用户窃电，先应重新校表。

(二) 直观检查法

直观检查法就是通过眼看、耳听、鼻闻、手摸、口问等手段，检查电能表、检查互感器、检查接线、检查电能表外围保护设备，从而发现窃电的方法。

1. 检查电能表

在直观检查电能表之前，首先检查电能计量箱柜的门锁和门封是否完整。

首先检查用户是否甩表用电，是否使用合法电能表，电能表的合格证是否有效，电能表的所有封印是否异常。

表壳是否完好，包括有无机械性损坏，端钮盒的螺丝是否齐全和紧固。

电能表安装是否正确，包括电能表是否倾斜，表箱是否完好，电能表固定螺钉是否完好牢固，电表进出线是否固定好。

电能表运转情况，包括电子式电能表有无失压、失流等异常显示，有无反计电量情况。

2. 检查互感器

铭牌参数是否与用户手册相符；选择（特别是变比选择）是否正确；运行工况是否良好；检查互感器二次接线端钮的防窃电罩是否完好无损。

> **小提示** TA 开路时会有明显的"嗡嗡"声，TV 过载时也可能有"嗡嗡"声。

3. 检查试验接线盒

检查试验接线盒是否被外人动过，特别是电流回路有无开路、电压回路有无开路、电流进出线有无短接。

4. 检查接线

检查有无越表接线和私拉乱接，互感器有无接线错误，有无短接、开路或接触不良，导线截面是否合乎要求，低压瓷柱的金属部分有无电火烧伤的痕迹。

例如：对于高供低计用户，一方面要注意在配电变压器低压出线端至计量装置前有无旁路接线，另一方面还要注意该段导体有无被剥接过的痕迹；对于普通低压用户，既要检查进入电能表前的导体靠墙、交叉等较隐蔽处有无旁路接线，还要检查邻户之间有无非正常接线。

5. 检查外围保护设备

检查计量箱或电表箱的箱体特别是箱门是否完好无损；各处的封印是否被启封过，封印的种类是否正确，封印是否被伪造。

(三) 电量核对法

利用电量核对法时，应连续查看电力用户几个月的用电情况，对用电量突降的用户或用电量与生产情况明显不符的用户，应重点检查是否有窃电行为。下面介绍用电量的几种核对方式。

1. 对照实际容量核算电量

分析计算电力用户的实际用电容量所应消耗的电量，以便与计费电量进行比较。核算实际用电情况时，应注意现场核查，并考虑季节的变化、企业规模的大小、生产经营形势的好坏等因素。

2. 自我比较核查电量

前后对照核查电量：查明用电量增加的原因，重点应查上个月；查明用电量减少的原因，重点应查本月份；查明电量无明显变化的原因，重点是否多用多窃、少用少窃。

同期对照核查电量，即查明用电量与往年同期相比增减平的原因。

3. 对照实际负荷核算电量

（1）稳定连续负荷的电量估算方法：选择几次能代表稳定连续负荷的时间，用钳形电流表到现场实际测出一次电流（或实测二次电流换算成一次电流），取几次负荷电流的平均值作为代表负荷；根据实测电流、功率因数计算出（实测）日均电量；将电能表的记录电量换算成（电能表）日均电量；将两种日均电量进行对比，两者应较接近，否则可能是电能表少计。

（2）不稳定间断负荷的电量估算方法：选择一个（或几个）能代表不稳定间断负荷的代表日，将代表日分成若干个时段，分别测出各时段的负荷电流值，并由此分别算出各个时段的电量，然后累计整个代表日的总电量作为（实测）日均用电量；然后与（电能表）日均用电量比较，两者应较接近，否则可能是电能表少计。

【例 11-8】　某县一招待所使用的是低压三相四线电表，根据 2016 年 7 月份的抄见用电量计算出的（电能表）日均用电量为 609kWh，几次测量的 TA 的一次电流的平均值为 81A，平均功率因数为 0.9。试用电量核对法分析该招待所是否有窃电行为。

解　该招待所的平均负荷为

$$P = \sqrt{3}UI\cos\varphi = \sqrt{3} \times 380 \times 81 \times 0.9 = 48\text{kW}$$

因此，该招待所的（实测）日均用电量为 1152kWh。但是，该招待所的（电能表）日均用电量为 609 kWh，电能表每天少计电量约为 543kWh。所以，据此初步判断该招待所可能有窃电行为。

（四）普通仪表检测法

普通仪表检测法是采用电流表、电压表、相位表、电能表等普通仪表对计量装置进行现场检测，必要时可将用户电能表拆回实验室检定。

1. 用电流表检测

用电流表检测主要检查是否利用减流法窃电。实际中使用钳形电流表较为方便快捷，如图 11-9 所示。

对于低压电流互感器，将相线、中性线同时穿过钳口，相线与中性线的电流之和应为零，否则可能有

图 11-9　利用钳形电流表检测窃电行为

窃电情况：如果中性线电流大、相线电流很小或电流相量和不为零且值较大，那么相线、中性线接反，而且存在"一线一地"窃电情况。

检查 TA 变比是否正确：检测时应分别测量一次和二次电流值，计算出电流变比并与 TA 铭牌对照；检查 TA 有无开路、短路或极性接错：若 TA 二次电流为零或明显小于理论值则通常是 TA 断线、短路或分流，若某两相相线电流之和为一相火线电流的 1.73 倍则有一只 TA 极性接反。

对于高压电流互感器，可利用无线高压变比测试仪，它可以带电直接测量 3kV 或 10kV 高压线电流、高压电流互感器变比；也可以这样间接测出其变比：利用仪器的功率测量功能分别测出配变低压侧负荷功率和互感器二次侧功率，将两功率值相除后再除以高压 TV 的变比，即可得到该高压 TA 的变比（近似值）。

2. 用电压表检测

用电压表检测主要检查是否利用降压法窃电。对于单相用户电能表：正常时电压端子的电压应等于外部电压，无电压则为电压小钩开路或电能表进、出零线开路，电压偏低则可能是电压线圈串有电阻、电压小钩接触不良或电能表零线串有电阻。对于不经 TV 接入的三相四线三元件电表（或"三代一"的三只单相表）：无电压则为电压小钩开路，电压偏低则可能是电压小钩接触不良或某相电压小钩开路，同时中性断开。对于经 TV 接入的三相电表，各线电压的正常值应接近相等且为 100V。如果三个线电压不相等且数值相差较大时，说明 TV 有一/二次侧断线、熔丝烧断、绕组极性接反或接触不良等情况。

3. 用相位表检测

用相位表检测主要检查是否利用移相法窃电。对于三相两元件电表，主要测量进表线电压与线电流间的相位；对于三相三元件电表，主要测量进表线电压与相电流间的相位、测量相电压与对应相电流间的相位。

根据各量之间的相位关系画出相量图，从而非常直观地判断出电能表和互感器的接线是否正确、接线错在何处。

4. 用电能表检测

用电能表检测主要检查是否利用扩差法和无表法窃电。根据实际情况，可在校表室检验电能表，或在现场检验电能表，或平行装设监测电能表，如对于普通用户可采用适当分区后在干线或主分支线装设总电能表。

通过出入电量的不平衡或基本误差的明显超差，从而判断用户是否窃电。

（五）电能表运行信息分析法

这是一种利用电子式电能表或多功能电能表的自身功能的分析方法。

1. 利用当前功率功能

电子式电能表具有测量当前功率的功能。当前功率既不是瞬时功率也不是一个周期内或 1s 内的平均功率，而是根据脉冲常数给出的一个脉冲所代表的能量值除以以微秒为单位时间计算出来的平均功率。由于脉冲能量值已被标定，单片机测量出的时间相当准确，所以当前功率也相当准确。

对于新装电能表，可以利用当前功率核对其接线是否有正确；对于正在运行中的电能表，利用当前功率可以了解其运行和计量是否正常。

2. 利用三相电量不平衡分析法

对于三相负荷平衡系统，电能计量装置测得的三相电量应基本相等。如果利用三相电子式电能表，测出其 U、V、W 三相的电量值明显不平衡，那么说明该电能计量装置存在故障或接线错误甚至有窃电情况发生。这种判断问题的方法称之为三相电量不平衡分析法。

（1）可以发现异常用电和窃电。在现场测出 U、V、W 三相的电量值，如果三相电量明显不相等，在排除了现场用电负荷确实存在不平衡后，那么说明该用户出现了用电异常情况。若不是工作人员的工作失误，则是窃电者所为。只有窃电者不是在电能计量装置的三相同时做手脚，电能表在这种情况下测出的三相电量不平衡度会很大，从而能较快发现窃电问题。

（2）可以对电能计量装置自身的故障进行监督。电能计量装置在运行时，由于种种原因会造成电能计量装置的各组成部分出现故障。只要不是电能表、互感器和计量二次回路的三相同时出现故障，根据三相电量的不平衡，能及时提醒相关人员进行现场核实，从而查找计量装置的故障问题，如缺相、欠流、互感器损坏、接线端子松动等。特别是一些高供高计用户电能计量装置的电压回路、电流回路均是通过互感器接入计量装置，容易出现电压互感器高压熔断器熔断等情况。利用三相电量平衡分析法，容易发现这些类似故障。

（3）可以发现电能计量装置的接线错误。绝大部分接线错误均随之带来了各相电量的不平衡，通过进行三相电量平衡分析，有助于发现这些接线错误问题。例如，电压与电流不是对应相，电压相序接错，电流互感器极性接反等。

小提示　目前市场上有一个三相电流不平衡分析仪，它能全天候在线监测三相电流、电压、有功、无功、功率因数。

3. 利用抄表信息分析法

随着技术的进步，电子式电能表以其准确性高、有着完善的故障显示与报警功能，备受人们青睐。

（1）注意报警灯提示。只要有故障，报警指示灯就会闪烁。故障主要包括失压、失流、逆向序、超负荷、电池欠压等。

（2）注意失压提示。U_u、U_v、U_w 分别对应为 U、V、W 三相电压，当对应的字符闪烁时，表示对应字符的相失压。

（3）注意失流提示。I_u、I_v、I_w 分别对应为 U、V、W 三相电流，当对应的字符闪烁时，表示对应字符的相失流；当对应的字符不显示时，表示对应字符的相断流；当字符前出现"—"时，对应电流接反。

当某相电压断压时，对应相的电压和电流均不显示。

（4）注意逆相序提示，因为三相四线电能表逆相序安装时很可能造成表计少计。

（5）注意分时、分相止码之和应该对应总表码。当出现分时、分相止码之和大于总表码时，很可能是由于表计接线错误造成的。

4. 利用电能表自身检查功能

利用电能表自身功能检查。目前一般电能表能实时检测计量状态，包括失流、失压、相序、时钟、需量、功率、表号等项目。

电能表中可记录的电网参数数据主要包括：U、V、W 相电压和电流，U、V、W 分相/总的有功、无功功率，U、V、W 分相/总的功率因数；有功正/反向总电量、无功感/容性总电量、四象限无功总电量；当前有功/无功需量；等等。可以根据电能表循环显示或按键显示的信息，判断一些故障所在，可大大提高用电检查人员反窃电工作的质量。

（六）单耗分析法

所谓单耗（用 D 表示），就是以生产企业用户总用电量（用 W 表示）除以其产品总数量（包括次品和废品）（用 N 表示）的值。单耗分析法就是通过比较用户某一产品的表计单耗值 D_J 和该产品的额定单耗值 D_E，从而发现窃电证据的方法。显然，如果表计单耗值 D_J 和该产品的额定单耗值 D_E 相差较大，那么用户可能有窃电行为。

推算用户产品的表计单耗值的常用方法如下。

（1）直接计算法。从用户的电能计量装置取得总耗电量 W，并从用户的生产报表中取得用户的产品总数 N，两者相除即可得出表计单耗值 D_J。如果某用户的产品不止一种，那么就应对该用户相对独立的车间进行单耗的分析和计算。

（2）间接推算法。首先取得与用户单位产品有联系的数据，如用户上缴税款、工业用水量等，然后通过推算得出其单位产品的数量 N，最后根据 $D_J = W/N$，推算出用户产品的表计单耗值 D_J。

值得注意的是，有三种单耗：①单位产品的耗电量，适用于有固定产品的工厂；②单位产值的耗电量，适用于无固定产品的工厂（如修理厂等）；③单位面积的耗电量。反窃电工作者可以根据现场实际，进行不同种类的单耗分析。

小提示　如果一工厂有多种产品，每种产品的单耗及总产量不同，那么应分类进行计算。

（七）功率因数分析法

一个用电负荷基本不变、生产稳定的正常用电的电力用户从电能计量装置反映出来的有功电量和无功电量的比例是基本稳定的，由此计算出来的平均功率因数是基本不变的；由于有功电量与电度电费直接有关，因此窃电者一般使有功电量大幅减小，功率因数也随之减小，所以如果用户有窃电行为，那么计算出来的平均功率因数与实际功率因数差别很大。窃电者往往顾此失彼，从功率因数中暴露出了窃电的证据。

具体分析方法：首先选择跟踪期，从用户的历史同期用电量中掌握用户过去的功率因数，或者从目前与该用户生产类型和经营情况相似的厂家的功率因数，或者参考有关资料，推算出在跟踪期用户的平均功率因数；然后，根据在跟踪期抄见的有功电量和无功电量计算出用户的平均功率因数。若两个功率因数的数值相差超过 10%，则应查明是否有盗窃电能的行为。

值得注意的是，由于无功补偿装置故障会使补偿容量投入减小，使得用户从电网取用的无功电量增加，也会引起用户功率因数突然变小。所以，在检查用户功率因数异常时，一定要排除用户无功补偿装置故障的情况。

利用功率因数分析法时，以下数据有重要的参考作用：电机在满载时功率因数为 0.7～0.9，一台配变同时带多台电机时综合功率因数可估为 0.8，如农灌、水泥厂、造纸厂等，但纺织厂生产线、风机用电等的综合功率因数可估为 0.7，电焊机的自然功率因数为 0.2 左右。估算功率因数时应注意：电机空载或轻载时不能估算；电容器不解除时不能估算。

（八）营销大数据分析法

目前，我国正在建立智能化电能计量系统。智能化电能计量系统主要由智能电能表、智能变换器、高速通信网络、信息分析处理中心组成。该系统能实现对发电厂、变电站、专用/

公用变压器和低压用户等发电侧、输电侧、配电侧和售电侧的数据采集与监测；具有远程抄表、用电监测、负荷控制、预购电、线损分析、供电质量分析、用户节能评估等功能，为用户有序用电、需求侧管理、电网智能化等提供支撑。智能电能表、智能变换器等计量设备，将所采集的数字化计量信息通过高速通信网络上传到信息分析处理中心。经分析处理后的有效信息通过通信网络传送给供电单位和用电单位。根据分析处理结果，自动生成电量电费清单、故障处理指令、违约嫌疑用电单位清单以及各种统计分析报告。从数据采集到数据分析存储，再到信息反馈发布，整个过程全部实现数字化和自动化。

1. 利用电力营销管理系统

利用电力营销管理系统，主要查看电量有无突增、突减，查看用户的电量曲线、线损及线损率曲线是否异常，查看电量与用户用电容量规模是否适应，长期零度用户是否正常等。

反窃电工作属于供电企业线损管理的范畴，通过建立完善的分压、分区、分线、分台区的线损"四分"考核管理体系，及时发现电量损失的去向，目标精准地发现窃电嫌疑用户，有针对性地打击窃电，是建立反窃电长效机制的必由之路。

从时间上对线损变化情况进行纵向比对。如某条线路或某台配变的线损在某段时间突然增加或突然减少（特别在突增）时，应进一步检查有无窃电情况。

从空间上对线损差异情况进行横向比对。如某条线路或某处配变的线损与别的设备参数和运行工况类似的线路或配变对比，若线损明显偏高，这种情况下就不必进行技术线损的分析和计算，而可以查找有无窃电情况。

当然，有时线损反映不出问题，主要原因有：抄表不到位，估抄、不同步抄、节存电量等；有的用管人员与用户勾结，巧立名目将亏空电量加在其他用户头上；有时线损虽正常，但窃电却正在进行；有时通过线损反映出了问题，但查获窃电证据的时机已过。

2. 利用电能信息采集系统

利用电能信息采集系统或远程抄表系统采集的有功电能量表码、无功电能量表码、电流、电压、功率因数等数据，就能找到许多异常现象。

通过采集、分析和比较历史数据，及时发现计量是否异常，将监视的触角深入到每个用户，充当窃电检查的"千里眼"，使事后管理与事中管理相结合，突破传统防窃电方法只限于"事后发现"的限制。事中管理有利于及时发现窃电行为，并为提取窃电的现场证据提供有力的技术保障。

3. 利用负荷曲线

电力系统负荷随时间不断变化，具有随机性，其变化情况用负荷曲线来表示。电力负荷曲线的横坐标表示时间，纵坐标表示负荷的绝对值，曲线所包含的面积代表一段时间内用户的用电量。

根据负荷曲线可以了解用户的用电情况。对于用户的正常生产月份，负荷曲线的走向应基本一致，如若在某段时间出现差异，则可初步判断用户用电异常，这对于电力系统用电检查提供了有力依据。特别是对于用电负荷违背实际变化规律，较上月或前几月某段时间（可具体选择对比时段）运行负荷大幅度减少的，应列为重点监控对象。

同时根据负荷曲线的基本情况可以预测用户的用电量，对于加强需求侧管理、调整用电负荷、提高设备利用率、削峰填谷、合理用电、减少电费支出、降低用电成本都有着现实意义。

【例 11 - 9】 图 11 - 10 为管理系统上显示的某塑料公司电力用户（高供低计）的负荷曲线。试分析该负荷曲线，并说明其中的电能计量异常情况。

解 根据现场情况可知，该图的情形大约连续出现两个月的时间，显示计量回路只有 v 相电流，而 u、w 相失流。

通过现场进一步检查发现，u、w 相电流互感器 S1、S2 端子人为造成开路。

负荷曲线发生异常的时间，可以作为追补电量的依据。

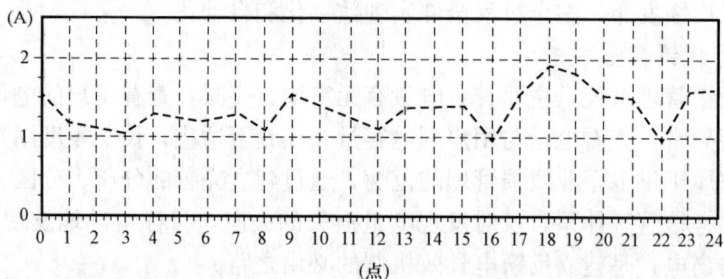

图 11 - 10 某塑料公司的负荷曲线（图中曲线为 V 相负荷）

（九）专用仪器检查法

与普通仪表相比，侦察窃电的专用仪器更加方便、快捷，特别对于技术型窃电，该仪器查获窃电具有明显的优势。它们除了具有电流表、电压表、相位表、标准电能表的所有检测功能外，还有扩展功能，目的是更加直观、方便、快速地查出窃电行为。这类仪器可用于检测分析降压法、减流法、移相法和扩差法窃电，同时对无表法窃电的部分手法也可以检测出来。实际操作时不必改变计量回路接线而直接进行在线实负荷测试，在屏幕上可直观显示各电压、电流、功率和相位差以及相量图、功率因数等，配合钳形电流互感器还可测量低压电流互感器变比，通过误差测试还可现场检验电能表，甚至可计算出差错电量。两种专用用电检测仪的外观，如图 11 - 11 所示。

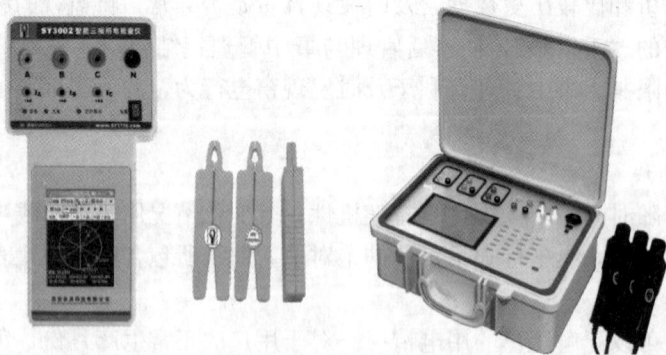

图 11 - 11 两种用电检测仪外观

这类专用仪器主要有用电检查仪和计量装置综合测试仪两种类型。目前市场上的主流产品在现场查处错误接线、误差测试和反窃电过程中均起到了很大作用。但是，这些产品的价格较高，接线复杂，操作过程烦琐；功能多样但不能凸显主要功能。关键是它们在智能化功能方面均有待提高。例如，对于一些电压故障，它们就不能做出正确的判断，甚至会造成误判断。另外，它们还要求负荷性质稳定，且功率因数高于 0.5，否则会导致结论的不确定。

　　计量装置综合测试仪可以在不打开计量箱柜、不与高压线路直接接触、不停电、实负荷、无须手算的情况下，既能测量整个计量装置的综合误差和电能表本身的误差，又能方便快速地判断错误接线的类型，同时还具备很多其他功能。

【小提示】　在测量电流互感的变比时应在接线判定无误的情况下进行，否则容易造成误判断。

　　【例 11 - 10】　有人兜售一种所谓的节电器，宣称这种节电器能窃电。我们发现很多所谓的节电器其实就是一种电容器，它能窃电吗？

　　解　为了提高分析问题的能力，下面分成两种情况分析。

　　（1）在电力用户的负荷电阻 R 两端并联一个电容 C 时，表计功率 $P_2 = UI_2\cos\varphi_2 = P_R$，而接电容器前表计功率 $P_1 = P_R$，其中 P_R 是在电阻电器上消耗的功率。因此 $P_2 = P_R$，所以用户无法窃电，电能表不会少计。其相量图如图 11 - 12 所示。

【问题思考】　用户此时能正常用电吗？

　　（2）在电力用户的负荷电阻 R 上串联一个电容 C 时，表计功率 $P_2 = UI_2\cos\varphi_2 = U_{R2}I_2$，而 $I_2 = \dfrac{U}{\sqrt{R^2 + X_C^2}}$ 和 $U_{R2} = I_2R$ 均分别比 I_1 和 U_{R1} 小。接电容器前，表计功率 $P_1 = U_{R1}I_1$。因此 $P_2 < P_1$，所以电能表脉冲频率变慢。其相量图如图 11 - 13 所示。

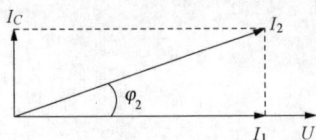

图 11 - 12　负荷电阻 R 两端并联一个　　　图 11 - 13　负荷电阻 R 两端串联一个
　　　　　　电容 C 时的相量图　　　　　　　　　　　　　电容 C 时的相量图

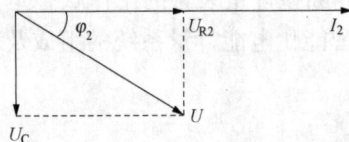

【问题思考】　此时用户能窃电吗？用户能正常用电吗？

练习与思考题

1. 电能表现场检验时，一般应满足哪些条件？
2. 电能表现场检验时的注意事项有哪些？
3. 简述电能表现场检验的主要步骤。
4. 如果电能表现场检验仪出现检验误差不正常，可能有哪些方面的原因？
5. 电能表有哪些缺陷可以判定为外观不合格？
6. 在现场检验时，不合理计量方式有哪些？
7. 简述电流互感器基本误差测试操作步骤。
8. 电磁式互感器的现场检验周期是多长？

9. 简述标准电压互感器的主要技术要求。

10. 简述电磁式电压互感器基本误差测试操作步骤。

11. 电压互感器现场检验时的注意事项有哪些?

12. 简述电压互感器的二次压降现场测试操作步骤。

13. 简述电流互感器二次回路阻抗的现场检测方法及步骤。

14. 简述窃电的五种手段。

15. 如何利用计量误差测算法进行窃电检查?

16. 如何对照实际容量核算电量?

17. 如何估算用户的用电量?

18. 如何利用钳形电流表对低压用户进行窃电检查?

19. 如何利用单耗分析法进行窃电检查?

20. 说明功率因数分析法在窃电检查中的作用。

21. 某用户 TV 为 10/0.1kV，TA 为 200/5A，脉冲常数为 2000imp/kWh，现场实测电压为 10kV，电流为 170A，$\cos\varphi$ 为 0.9，1.0 级电子式电能表在以上负荷时测得发光二极管闪动 50 次的时间为 120s，计算并判断该表计量是否正常?

22. 某 10kV 高供高计用户，其电子式三相三线电能表等级为 1.0，脉冲常数为 2500imp/kWh，计量装置配置的互感器变比为 200/5A、10 kV/100V，现场指示仪表数据为：电压 10kV，电流 170A，功率因数 0.9。在负荷长时间稳定运行时，电能表脉冲闪 5 次用时 20s，试判断该计量装置的工作状态是否正常。

23. 说明智能化电能计量系统的组成及功能。

第十二章 电力负荷的计算

第一节 负荷计算的基本知识

一、电力负荷计算的意义

一个用电单位的实际电力负荷并不是一个恒定值，而是随时间而变化的可变值。因为用电设备并不是同时运行，即使刚好同时运行也不都达到额定值；而且，各用电设备的工作制、功率因数也很可能不一样。因此，一个用电单位的总电力负荷实际上是一个"可变负荷"。

1. 最小负荷、最大负荷与长时负荷

对一个用电单位来说，在某一时间周期（如一个月）中，处于最小值时的总负荷称为最小负荷 P_{min}，处于最大值时的总负荷称为最大负荷 P_{max}。当总负荷在某一数值及其附近保持最长时间（一般至少 30min），则此时的总负荷称为长时负荷 P_{rep}，即俗称的经常性负荷或代表性负荷。

某电力用户的总有功负荷曲线，如图 12-1 所示。

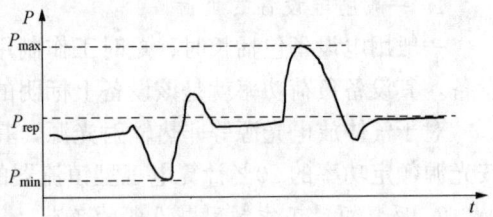

2. 计算负荷

为了合理地选择计量设备、测量仪表、变压器等电气设备的容量，规范地选择用电设备、开关设备的规格型号，正确地选择导线、电缆的截面，科学地进行电源的布点，确定最佳供电方案

图 12-1 某电力用户的总有功负荷曲线图

或计量方案，都必须首先确定总负荷的大小。

若总负荷确定得过大，将造成投资和有色金属及其他材料的浪费，导致电气设备利用率降低；而总负荷确定得过小，又将使电气设备和导线电缆在运行中发生过热而引起绝缘过早老化，增加电能损耗，降低使用寿命甚至烧毁，影响供电系统的安全可靠运行。因此，总负荷的确定是一项重要基础工作，电力工程设计、用电侧管理、供电方式优化都要从调查和确定总的电力负荷开始，这个总负荷的大小就称为"计算负荷"。用电单位到供电部门申报的用电负荷其实应该是计算负荷。

3. 负荷调查

为了确定总负荷的大小，必须进行负荷调查。电力负荷调查的具体内容有：用电负荷或用电回路的种类和数量；各类用电负荷的使用时间和分布情况；各用电回路的负荷大小；各类用电负荷对电源容量和电压质量的要求及对电网的影响；电力负荷发展趋势以及对供电可靠性的要求。

电力负荷功率包括各种电气设备的用电负荷功率、供电线路的损失功率和变压器的损耗功率。

二、用电设备负荷的确定

用电设备按其工作制分为以下三类：

第一类为长时工作制用电设备：是指用电时间较长或连续工作的用电设备，如各种泵机、通风机、压缩机、输送机、电阻炉、电解设备和一些电气照明装置等。

第二类为短时工作制用电设备：是指工作时间短而停用时间长的用电设备，如金属切削机床的驱动电动机、水闸电动机等。

第三类为反复短时工作制用电设备：是指时而工作、时而停用，如此反复运行的用电设备，如吊车用电动机、电焊用变压器等。

对于第三类反复短时工作制用电设备，为表示其反复短时的特点，通常用暂载率即负荷持续率来描述。负荷持续率，是用电设备在一个周期内持续有效的工作时间所占的比例，即

$$\varepsilon = \frac{\text{有效工作时间}}{\text{计算周期}} = \frac{T_w}{T_w + T_p} \qquad (12 - 1)$$

式中　ε——暂载率；

　　T_w——每个周期内的有效工作时间；

　　T_p——每个周期内的停用时间。

用电设备的负荷功率一般是指用电设备的有功功率或视在功率。

对于不相同工作制的用电设备，其负荷功率不能直接相加，必须换算到统一规定的工作制下才能相加，即按同一周期内的相同发热条件换算后再进行相加。

1. 一般用电设备的负荷

一般用电设备包括长时、短时工作制用电设备，包括一般电动机、一些照明装置和电热设备，其设备负荷功率就是该设备上标明的额定功率。

对于气体放电光源等非热辐射光源，其设备负荷功率要考虑其镇流器的功率损耗，一般按光源额定功率的 20% 计算电工型镇流器的功率。

2. 反复短时工作制用电设备的负荷

反复短时工作制用电设备包括反复短时工作制电动机和电焊机两种。吊车用电动机的标准暂载率分为 15%、25%、40%、60% 四种；电焊设备的标准暂载率分为 20%、40%、50%、100% 四种。在确定这类设备的负荷时，首先要根据热效应相同原则进行换算。

（1）反复短时工作制电动机负荷的确定。反复短时工作制电动机负荷是指暂载率 ε 为 25% 时的额定负荷，如货梯、卷扬机、起重机等设备。

如果铭牌暂载率 ε_N 不是 25%，那么应按下式进行换算，使其变为 25% 时的额定负荷，称为换算额定负荷。

$$P_{CN} = \sqrt{\frac{\varepsilon_N}{25\%}} P_N = 2\sqrt{\varepsilon_N} P_N \qquad (12 - 2)$$

式中　ε_N——电动机的铭牌暂载率；

　　P_N——电动机的铭牌额定功率；

　　P_{CN}——电动机换算为暂载率为 25% 时的额定功率。

【例 12 - 1】　有一台 10t 桥式吊车，其额定有功功率为 40kW（铭牌暂载率是 40%），试求该设备的换算额定有功功率。

解　换算额定有功功率为

$$P_{CN} = \sqrt{\frac{\varepsilon_N}{25\%}} P_N = 2\sqrt{\varepsilon_N} P_N = 2\sqrt{0.4} \times 40 = 50(\text{kW})$$

故该设备的换算额定有功功率为 50kW。

【例 12 - 2】　有一电动机铭牌暂载率为 40%，额定有功功率为 10kW，试换算至暂载率为 25% 时的换算额定有功功率。

解　换算额定有功功率为

$$P_{CN} = \sqrt{\frac{\varepsilon_N}{25\%}} P_N = 2\sqrt{\varepsilon_N} P_N = 2 \times \sqrt{40\%} \times 10 = 12.6(kW)$$

故该设备的换算额定有功功率为 12.6kW。

(2) 反复短时工作制电焊设备负荷的确定。反复短时工作制电焊设备负荷（包括电焊机和电焊变压器）是指暂载率 ε 为 100% 时的额定负荷。

如果铭牌暂载率 ε_N 不是 100%，那么应按下式进行换算，使其变为 100% 时的额定负荷，称为换算额定负荷 P_{CN} 或者 S_{CN}。

$$S_{CN} = \sqrt{\frac{\varepsilon_N}{100\%}} S_N = \sqrt{\varepsilon_N} S_N \tag{12 - 3}$$

或者

$$P_{CN} = \sqrt{\frac{\varepsilon_N}{100\%}} S_N \cos\varphi_N = \sqrt{\varepsilon_N} S_N \cos\varphi_N \tag{12 - 4}$$

式中　ε_N——电焊机的铭牌暂载率；

$\quad\quad S_N$——电焊机的铭牌额定负荷（其对应的功率因数为 $\cos\varphi_N$）；

S_{CN}，P_{CN}——电焊机换算为暂载率为 100% 时的额定负荷。

【例 12 - 3】　有一台电焊机，其铭牌额定视在功率是 22kVA，额定功率因数为 0.5（ε_N＝60%），其设备换算额定有功功率为多少？

解　换算额定有功功率

$$P_{CN} = \sqrt{\frac{\varepsilon_N}{100\%}} S_N \cos\varphi_N = \sqrt{\varepsilon_N} S_N \cos\varphi_N = \sqrt{60\%} \times 22 \times 0.5 = 8.52(kW)$$

故该设备的换算额定有功功率为 8.52kW。

3. 单相用电设备的三相分布负荷

单相用电设备接于线电压时，每相承担的负荷可按下式换算成相负荷。

$$U \text{ 相}: P_{CU} = P_{UV} K_{(UV)U} + P_{WU} K_{(WU)U} \tag{12 - 5}$$

$$V \text{ 相}: P_{CV} = P_{UV} K_{(UV)V} + P_{VW} K_{(VW)V} \tag{12 - 6}$$

$$W \text{ 相}: P_{CW} = P_{WU} K_{(WU)W} + P_{VW} K_{(VW)W} \tag{12 - 7}$$

式中　　　　　　　　　P_{CU}，P_{CV}，P_{CW}——换算成 U、V、W 相的有功功率；

$\quad\quad\quad\quad\quad\quad\quad\quad P_{UV}$，$P_{VW}$，$P_{WU}$——接在 UV、VW、WU 线电压的有功功率；

$K_{(UV)U}$，$K_{(UV)V}$，$K_{(VW)V}$，$K_{(VW)W}$，$K_{(WU)W}$，$K_{(WU)U}$——接于 UV、VW、WU 间线电压的功率换算成相负荷的换算系数，换算系数与功率因数有关，可查有关表格。

【例 12 - 4】　接于线电压的单相设备的有功功率为 P_{UV}＝30kW，$\cos\varphi$＝0.5；P_{VW}＝40kW，$\cos\varphi$＝1.0；P_{WU}＝50kW，$\cos\varphi$＝0.7。求各相的换算有功功率分别为多大？

解　查有关表格可知相关系数的取值。故各相的换算有功功率分别为

$$P_{CU} = 30 \times 1 + 50 \times 0.2 = 40 (\text{kW})$$

$$P_{CV} = 30 \times 0 + 40 \times 0.5 = 20 (\text{kW})$$

$$P_{CW} = 50 \times 0.8 + 40 \times 0.5 = 60 (\text{kW})$$

小 技 巧　　**三相计算负荷的简单算法**

可以用最大线负荷的计算负荷的 $\sqrt{3}$ 倍作为等效三相计算负荷去计算负荷电流，以满足安全运行的要求。

4. 照明装置的负荷

(1) 白炽灯、卤钨灯等用电装置的负荷功率等于灯泡的额定功率。

(2) 荧光灯考虑电工型镇流器的功率损失时，其用电装置的负荷功率为灯管额定功率的 1.2 倍。

(3) 高压汞灯考虑镇流器的功率损失时，其用电装置的负荷功率为灯泡额定功率的 1.1 倍；自镇式高压汞灯装置的负荷功率等于灯泡的额定功率。

(4) 高压钠灯考虑镇流器的功率损失时，其用电装置的负荷功率为灯泡额定功率的 1.1~1.2 倍。

(5) 金属卤化物灯考虑镇流器的功率损失时，其用电装置的负荷功率为灯泡额定功率的 1.1 倍。

(6) 照明负荷插座的负荷功率每个按 30W 计算，住宅插座的负荷功率每个按 60W 计算，其他插座每个可按 120W 计算。

三、配网损失功率的计算

1. 配电线路功率损失

线路中有功功率损失 ΔP 和无功功率损失 ΔQ 分别按下列公式计算

(1) 对于三相线路

$$\Delta P = 3I^2R \times 10^{-3}, \Delta Q = 3I^2X \times 10^{-3} \tag{12-8}$$

$$\Delta P = 3I^2R \times 10^{-3} = \frac{S^2}{1000U_n^2}R = \frac{P^2 + Q^2}{1000U_n^2}R \tag{12-9}$$

(2) 对于单相线路

$$\Delta P = 2I^2R \times 10^{-3}, \Delta Q = 2I^2X \times 10^{-3} \tag{12-10}$$

式中　I——线路中的线电流，A；

R——线路中每相导线的电阻，Ω；

X——线路中每相导线的电抗，Ω；

ΔP——线路中的有功功率损失，kW；

ΔQ——线路中的无功功率损失，kvar。

S——线路传输的视在功率，kVA；

U_n——线路的额定线电压，kV；

P——线路传输的有功功率，kW；

Q——线路传输的无功功率，kvar。

2. 电缆线路功率损失

电缆线路的功率损失除了芯线的电阻发热损耗外，在绝缘层中还有介质损失（空载损失），在护套、铠甲及加强层中还有护套损失和铠装损失。

3. 配电变压器功率损失

配电变压器的有功损失分为铁损（空载损失）和铜损（负荷损失）两部分。铁损对某一型号变压器是固定的，与所加电压有关，与负荷电流无关；铜损与变压器的负荷电流平方或变压器负荷率的平方成正比。

🔆 小 提 示　变压器功率损失的估算

有功功率损失（kW）为变压器视在计算负荷（kVA）的 0.015 倍；无功功率损失（kvar）为变压器视在计算负荷（kVA）的 0.06 倍。

【例 12-5】　某三相 10kV 线路的导线总电阻为 1.2Ω，传输的视在功率为 200kVA，求该线路的有功功率损耗。

解　有功功率损耗为

$$\Delta P = 3I^2R \times 10^{-3} = \frac{S^2}{1000U_n^2}R = \frac{200^2}{1000 \times 10^2} \times 1.2 = 0.48(\text{kW})$$

故该线路的有功功率损耗为 0.48kW。

第二节　计算负荷的确定方法

计算负荷，是为了保证电气设备及其连接线路的安全经济运行而根据满足电气元件的发热条件计算出来的等效负荷功率或等效负荷电流，即，在相同条件下，以"计算负荷"连续运行时，在相等时间内电气元件的发热温升等于"实际可变负荷"的发热温升。因此，计算负荷是实际可变负荷的一种等效负荷。

计算负荷的确定方法有很多种，在实际工作中，要根据不同情况进行选用，下面介绍几种确定计算负荷的实用方法。

一、需要系数法

1. 单个用电设备的计算负荷

（1）一般用电设备的计算负荷。包括长时、短时工作制用电设备，如一般电动机、一些照明装置和电热设备。单个用电设备的额定负荷（有功功率）P_N 即为计算负荷。

$$P_C = P_N \tag{12-11}$$

式中　P_C——计算负荷，kW；

　　P_N——用电设备的额定负荷（有功功率），kW。

（2）反复短时工作制用电设备的计算负荷。包括反复短时工作制电动机和电焊设备两种。对于单台反复短时工作制的用电设备，其换算额定负荷 S_{CN}、P_{CN} 即为计算负荷。

$$P_C = P_{CN} \tag{12-12}$$

式中　P_C——计算负荷（有功功率），kW；

　　P_{CN}——用电设备换算额定负荷（有功功率），kW。

（3）求单台电动机或少数几台电动机的计算负荷时，要考虑电动机的机械效率 η。

$$P_C = P_i = \frac{P_O}{\eta} \tag{12-13}$$

式中　P_C——计算负荷（有功功率），kW；

P_i——电动机的输入有功功率，即电源的有功功率，kW；

P_O——电动机的输出有功功率，kW。

2. 同组用电设备的计算负荷

工作性质相同或相似的同一组用电设备有很多台，其中有的设备满载运行，有的设备轻载或空载运行，还有的设备处于备用或检修状态。将所有影响计算负荷的诸多因素归并为一个系数，这个系数称之为需要系数 K_{DF}。需要系数一般根据有关设计手册及设计标准中的需要系数表获得，也可以参考经验资料取得，再利用以下公式即可求出计算负荷，这种确定计算负荷的方法称为需要系数法。需要系数法主要用于确定整个用电单位或一定规模用电单位变、配电站的计算负荷；对于用电负荷比较均匀的终端用电单位也常用需要系数法。

$$P_C = K_{DF} \sum P_N \tag{12-14}$$

式中　P_C——该组用电设备的有功计算负荷，kW；

　　　K_{DF}——该组用电设备的需要系数；

　　　$\sum P_N$——该组用电设备的总有功负荷，kW。

需要系数的大小，不仅与用电设备的工作情况、台数、效率、负荷率和线路损耗以及功率因数等因素有关，而且与工厂的生产性质、工艺特点和劳动组织等因素有关。

对于照明支路的计算负荷，需要系数取 $K_{DF}=1.0$，即照明支路的计算负荷等于该支路照明装置的负荷。对于热水器和空调回路，需要系数取 $K_{DF}=1.0$。

对于工艺流程为流水作业的大型车间，未设插座时需要系数取 $K_{DF}=1.0$；对于普通电源插座，需要系数可取 $K_{DF}=0.2$。

表 12-1 列出了一些工厂的全厂需要系数值和功率因数值，仅供实际估算时参考。

表 12-1　　　　　　　　　　　一些工厂的全厂需要系数和功率因数参考值

工厂种类	需要系数	功率因数	工厂种类	需要系数	功率因数
汽轮机制造厂	0.38	0.88	量具刀具制造厂	0.26	
锅炉制造厂	0.27	0.73	电机制造厂	0.38	
柴油机制造厂	0.32	0.74	石油机械制造厂	0.45	0.78
重型机械制造厂	0.35	0.79	电线电缆制造厂	0.35	0.73
重型机床制造厂	0.32	0.79	电器开关制造厂	0.35	0.75
工具制造厂	0.34		阀门制造厂	0.38	
仪器仪表制造厂	0.37	0.81	铸管厂	0.5	0.78
滚珠轴承制造厂	0.28		橡胶厂	0.5	0.72

【例 12-6】　已知小批量生产的冷加工机床组，拥有额定线电压为 380V 的三相交流电动机，其功率及台数如下：功率 7kW 的有 3 台、功率 4.5kW 的有 8 台、功率 2.8kW 的有 17 台、功率 1.7kW 的有 10 台。试用需要系数法求该机床组的计算负荷。

解　由于该类负荷的需要系数 $K_{DF}=0.14\sim0.16$，如果取 $K_{DF}=0.15$，综合功率因数 $\cos\varphi=0.5$，$\tan\varphi=1.73$，那么

$$\sum P_N = 7\times3 + 4.5\times8 + 2.8\times17 + 1.7\times10 = 121.6(kW)$$

$$P_C = K_{DF} \sum P_N = 0.15 \times 121.6 = 18.24 (\text{kW})$$

$$Q_C = P_{CN} \tan\varphi = 18.24 \times 1.73 = 31.56 (\text{kvar})$$

$$S_C = P_{CN}/\cos\varphi = 18.24/0.5 = 36.5 (\text{kVA})$$

问题思考 以上的 $\cos\varphi$ 是电动机的额定功率因数吗?

【例 12 - 7】 一居民楼, 共有 60 家住户, 每家平均有功负荷为 13kW, 试求其总有功计算负荷。

解 $\sum P_N = 60 \times 13 = 780$ (kW)

由 $P_C = K_{DF} \sum P_N$ 知:

(1) 如果 K_{DF} 取 0.85, 那么 $P_C = 0.85 \times 780 = 663$ (kW);

(2) 如果 K_{DF} 取 1.0, 那么 $P_C = 1.0 \times 780 = 780$ (kW)。

3. 多组用电设备的计算负荷

对于包含多条支线或多组用电设备的某条干线, 由于各条支线或各组需要系数不尽相同, 各条支线或各组最大负荷出现的时间也不相同, 因此在确定某条干线的计算负荷时, 除了将各组计算负荷累加之外, 还必须乘以一个同时系数 K_{CF}。一般来说, 支路数或组数越多, 各最大负荷越不易重合于同一时刻, 同时系数 K_{CF} 越小。

因此, 计算某条干线的用电负荷时, 应先将设备按支路、工作性质或需要系数划分为若干组, 分组计算, 然后再将若干组计算负荷之和乘以同时系数 K_{CF} 即得该条干线的计算负荷。

$$P_C = K_{CF} \sum (K_{DF} P_N) \tag{12 - 15}$$

一般情况下, 对于车间干线, 同时系数可取 0.9; 对于企业总变配电所母线, 同时系数可取 0.95。

【例 12 - 8】 某厂的一条干线可分为金工车间支线、铸铁车间支线、空压机站支线、锻压车间支线共四条支线, 其计算负荷分别为 50、100、50、100kW, 配电线路的线损为 6kW。若同时系数取 0.5, 则该干线的有功计算负荷为多少?

解 该条干线的有功计算负荷为

$$P_C = K_{CF} \sum (K_{DF} P_N) + \Delta P$$
$$= 0.5 \times (50 + 100 + 50 + 100) + 6 = 156 (\text{kW})$$

故该条干线的有功计算负荷为 156kW。

二、权重系数法

1. 同组用电设备的计算负荷

如果同一组用电设备中有少数几台 (如 n 台) 用电设备的变化对全组用电负荷的影响很大; 或者在同一个用电单位中, 有少数部门用电负荷的变化对整个单位用电负荷的影响很大, 显然, 利用需要系数法确定计算负荷不再合理。为反映这种变化量和影响力, 可采用表示负荷权重的两个系数, 再利用以下公式求得计算负荷的方法称为权重系数法, 又称为二项系数法。

$$P_C = b \sum P_N + c \sum P_{nm} \tag{12 - 16}$$

式中 b、c——表示负荷权重的两个系数;

$\sum P_N$——该组所有用电设备的总额定有功负荷，kW；

$b\sum P_N$——该组用电设备的平均有功负荷，kW；

$\sum P_{nm}$——该组中 n 台功率最大的用电设备的总额定有功负荷，kW；

$c\sum P_{nm}$——n 台功率最大的用电设备运行时的附加有功负荷，kW。

权重系数法适用于设备容量差别较大、需要考虑大容量设备影响的情况，如机械加工车间、热处理车间、有空调设备的办公楼中等。其中的两个权重系数可以通过查表得到，或通过经验资料取得。

值得注意的是，对于确定单台或少数几台容量差别不大设备的计算负荷时，一般取 $b=1$，$c=0$，则 $P_C=b\sum P_N+c\sum P_{nm}=\sum P_N$。

【例 12 - 9】　矿井所用通风机一般为额定电压为 380V 的电动机驱动。在某一矿井中，功率 20kW 的通风机有 3 台、功率 25kW 的通风机有 2 台、功率 5kW 的通风机有 10 台。试用权重系数法确定该通风机组的计算负荷。

解　如果权重系数取值为：$b=0.65$、$c=0.25$，那么

$$\sum P_{nm} = 20 \times 3 + 25 \times 2 = 110(\text{kW})$$

$$\sum P_N = 20 \times 3 + 25 \times 2 + 5 \times 10 = 160(\text{kW})$$

$$P_N = b\sum P_N + c\sum P_{nm} = 0.65 \times 160 + 0.25 \times 110 = 131.5(\text{kW})$$

故根据权重系数法求得的有功计算负荷为 131.5kW。

2. 多组用电设备的计算负荷

对于确定多组用电设备的计算负荷时，同样应考虑各组用电设备的最大负荷不同时出现的因素。因此，在确定总计算负荷时，只能在各组用电设备中选取其中附加负荷值最大的一组附加负荷值，再加上所有各组设备的平均负荷值之和。即

$$P_C = \sum(b\sum P_N) + (c\sum P_{nm})_{max} \tag{12 - 17}$$

三、单耗总量法

单耗总量法是以单位功率消耗量乘以总量来计算电力负荷的方法。其表达式为

$$P_C = pS \tag{12 - 18}$$

式中　p——单位功率消耗量，简称单耗；

S——总量。

其中，单耗可以根据调查统计得到，也可以通过查找有关的资料得到，或通过测算得出。

利用单耗总量法确定计算负荷通常有三种方法：①用单位产品的功耗乘以总产量，适用于有固定产品的工厂；②用单位产值的功耗乘以总产值，适用于无固定产品的工厂（如修理厂等）；③用单位面积的功耗（负荷密度）乘以总面积。

单耗总量法，适用于负荷密度较为均匀、负荷变化不大的用电场合。

【例 12 - 10】　某商场的建筑面积共计 2000m²，求其照明负荷。（单耗按 $p=60\text{W/m}^2$ 计算）

解　　　　　　　　　　$P_C = pS = 60 \times 2000 = 120$　(kW)

故该商场照明装置的计算负荷是120kW。

四、最大需量法

最大需量是电力用户在一个电费结算周期（如一个月）中，指定时间间隔（一般为15min）内平均功率的最大值。

一般来说，电气元件在通电半小时后的发热温升达到最大值，因此计算负荷可以这样描述：某供电线路，在一段时期内半小时平均负荷的最大值，用P_{30}表示。

最大需量法，就是将最大需量表或具有最大需量功能的表计上反映的在一段时间内的半小时平均负荷的最大值P_{30}作为计算负荷的方法。

$$P_C = P_{30} \qquad\qquad (12 - 19)$$

最大需量法，适用于正在运行线路电力负荷的确定，也可以作为相似线路电力负荷计算的参考。

五、最大负荷法

在电力规划设计中经常用到一个假想时间，即年最大负荷小时数T_{max}。

一个全年实际消耗电能量W_y的用电单位，其年最大有功负荷即全年中半小时平均功率的最大值是P_{max}。假设该用电单位按年最大负荷功率P_{max}持续运行，经过T_{max}时间所消耗的电能量，恰好等于全年实际消耗的电能量W_y，那么T_{max}就是年最大负荷小时数。

年最大负荷小时数T_{max}的大小，大致反映了该用电单位的用电负荷在一年内变化的程度。如果负荷随时间的变化不大，则T_{max}值较大；如果负荷随时间的变化剧烈，则T_{max}值较小。年最大负荷小时数的值可查有关手册或根据经验值来确定。如果知道年最大负荷小时数，那么也可以根据以下公式确定计算负荷：

$$P_C = \frac{W_y}{T_{max}} \qquad\qquad (12 - 20)$$

式中　W_y——年总耗电量，kWh；

　　T_{max}——年最大负荷小时数，h。

六、不同方法的选用

在进行配电设计计算时，在不同的阶段和对不同的电气设备应采用不同的计算方法。

（1）在方案设计阶段，可采用单耗法；在初步设计及施工图设计阶段，宜采用需要系数法；在试运行阶段或下一阶段运行前，可采用最大需量法。

（2）用电设备台数较多、各台设备容量相差不悬殊时，或长期平稳运行的用电设备，宜采用需要系数法，一般用于配电干线、配变电站的终端负荷计算；大容量用电设备台数较少、各台设备容量相差悬殊时，宜采用权重系数法，一般用于支干线和配电屏（箱）的负荷计算。

（3）对于末级负荷或终端负荷的计算，一般采用需要系数法。

（4）对于照明装置的用电负荷，常采用需要系数法。

（5）如果获得年最大负荷小时数的最新资料，可利用最大负荷法确定计算负荷。

第三节　整个用电单位的总计算负荷

一、用电单位的用电特点

下面对主要用电行业单位的用电特点进行简单介绍。

1. 冶金单位

对于电弧炉炼钢业,在熔化期常造成短路,致使电流波动很大。

用电特点:电压波动,产生谐波和负序分量,单耗大,功率因数低。

2. 纺织单位

在棉纱和棉布的生产用电中,约有 80% 的电量消耗在机械摩擦上;空调和机修等辅助生产用电占很大比重。

用电特点:用电负荷比较均衡,日负荷率较高,总容量相当大,电能利用率低。

3. 水泥生产单位

因为球磨机启动时要克服它本身与研磨体的惯性力,所以应使电动机有一定的备用容量,其备用容量大约等于其计算值的 10%~20%。

用电特点:大型用电设备较多,水泥的单耗随生产工艺的不同而不同,三班连续作业,留有备用容量。

4. 造纸单位

造纸厂中各类泵机较多,至少在 100kW。

用电特点:三班制连续生产,负荷较大,负荷稳定,对供电可靠性有一定要求。

二、用电单位的总计算负荷的确定方法

整个用电单位的总计算负荷的确定方法常用逐级溯源法。逐级溯源法,是指从用电负荷侧开始,逐级向电源侧计算的方法。以 10kV 变压器供电为例,其步骤如下:

(1) 首先确定各用电设备和设备组的计算负荷。

(2) 然后计算配电支线和配电干线的计算负荷。

(3) 再求出配电变压器低压侧的计算负荷。

变压器低压侧的计算负荷,加上变压器的功率损耗,就得到了配电变压器高压侧的计算负荷。

如此逐级向上追溯相加,就可得到上级变压器低压侧和高压侧的计算负荷以及整个用电单位的电力负荷。

常见工厂供电示意图,如图 12 - 2 所示。

总降压变电站的计算负荷,为各变电站有功、无功计算负荷之和再乘以同时系数。35kV 总降压变电站低压母线的计算负荷为各配变电站计算负荷加上线路的功率损耗后再乘以同时系数。35kV 总降压变电站低压母线计算负荷加上主变压器的功率损耗作为 35kV 总降压变电站高压母线的计算负荷。

值得注意的是:

(1) 当供电系统中某个环节装设包括无功功率补偿设备(如补偿电容器)时,应在确定此装设地点的计算负荷前,将无功补偿功率考虑在内。

(2) 配电线路的线路功率损耗应包括在计算负荷内。

(3) 无功计算负荷和视在计算负荷。其表达式为

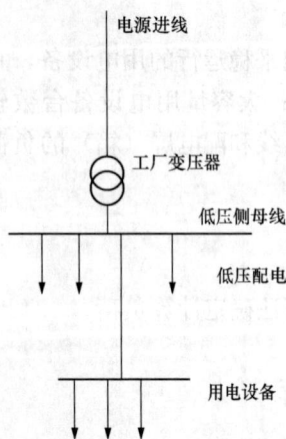

图 12 - 2　常见工厂供电示意图

$$Q_C = P_C \tan\varphi, \quad S_C = \frac{P_C}{\cos\varphi} = \sqrt{P_C^2 + Q_C^2} \quad (12 - 21)$$

式中 cosφ——用电设备组的综合功率因数；

φ——对应的功率因数角。

（4）如果考虑到今后需增加负荷的因素，那么一般应留有 20% 左右的负荷裕度。

第四节 计算负荷电流

一、照明、电热负荷的电流计算方法

1. 对于单相负荷

$$I_C = \frac{P_C}{U_\varphi \cos\varphi} \tag{12-22}$$

2. 对于均布的两相负荷

$$I_C = \frac{P_C}{2U_\varphi \cos\varphi} \tag{12-23}$$

3. 对于均布的三相负荷

$$I_C = \frac{P_C}{3U_\varphi \cos\varphi} \tag{12-24}$$

4. 对于不均布的三相负荷

对于不均布的三相负荷，则用第一个公式计算，此时 P_C 应该取最大一相的计算负荷值；

5. 对于电能表

对于直接接入式电能表电流容量，可按经核准的用户报装负荷计算。

功率因数参考值：白炽灯、电热器、电炊具为 1.0；金属卤化物灯、高压汞灯为 0.6；高压钠灯为 0.4；电子式镇流器为 0.93；以阻性负荷为主的电路，其功率因数可视为 1.0。

二、动力负荷的电流计算方法

1. 单台电动机

$$I_C = \frac{1000 P_N}{\sqrt{3} U \eta \cos\varphi} \tag{12-25}$$

式中 P_N——电动机的额定功率，kW；

U——电动机的额定电压，V；

η——电动机的效率，一般可按 0.85 计算（功率因数可取 0.85）。

小提示 口诀

（负荷功率的单位为 kW、电压的单位为 kV）

三相二百二电机，千瓦三点五安培；

常用三百八电机，一个千瓦两安培；

低压六百六电机，千瓦一点二安培；

高压三千伏电机，四个千瓦一安培；

高压六千伏电机，八个千瓦一安培。

2. 各种成批的动力设备

$$I_C = \frac{1000 P_C}{\sqrt{3} \times 380 \cos\varphi_\Sigma} \tag{12-26}$$

式中　P_C——计算负荷，kW；

　　$\cos\varphi_\Sigma$——综合功率因数。

3. 单相 380V 设备

$$I_C = \frac{1000\,P_N}{380\cos\varphi} \tag{12-27}$$

【例 12-11】　某一加工车间的低压计算负荷为 380kW，综合功率因数为 0.8，其三相负荷基本平衡，试求其计算负荷电流的大小。

解　　$$I_C = \frac{1000\,P_C}{\sqrt{3}\times380\cos\varphi_\Sigma} = \frac{1000\times380}{\sqrt{3}\times380\times0.8} = 721.7\ (\text{A})$$

故其计算负荷电流的大小为 721.7A。

第五节　导线截面的确定

一、电流密度

为了方便确定导线截面，常用到两种电流密度：经济电流密度和基本电流密度。

1. 经济电流密度

导线截面影响线路投资和电能损耗以及有色金属节约。为了节省投资，要求导线截面小些；为了降低电能损耗，要求导线截面大些。经济电流密度，是使输电线路导线在运行中，电能损耗、维护费用和建设投资等各方面综合起来最经济的电流密度。

表 12-2　　　　　　我国现行的经济电流密度 J_n（A/mm²）

导线材料	年最大负荷小时数 T_{max}（h）		
	3000 以下	3000～5000	5000 以上
铜裸导线和母线	3.0	2.25	1.75
铝裸导线和母线	1.65	1.15	0.9
铜芯电缆	2.5	2.25	2.0
铝芯电缆	1.92	1.73	1.54

2. 基本电流密度

在通常工作条件下，明装长时间运行的单股（塑料）绝缘铜导线按电流密度 $J_b=6\sim10$A/mm²、单股绝缘铝导线按电流密度 $J_b=4\sim6$A/mm²，这个电流密度称为基本电流密度。若按我国现行的经济电流密度规定，见表 12-2，则最多只能取基本电流密度数值的一半。基本电流密度是计算导线截面的参照标准，故也称为参照电流密度。其表达式为

$$S_b = \frac{I_C}{J_b} \tag{12-28}$$

式中　J_b——基本电流密度或参照电流密度，A/mm²；

　　I_C——计算负荷电流，A；

　　S_b——导线基本截面或估算截面积，mm²。

小提示　　　**基本电流密度的取值**

（1）10mm^2 及以下绝缘铜导线，J_b＝6A/mm^2；50mm^2 及以下绝缘铜导线，J_b＝4A/mm^2；150mm^2 及以下绝缘铜导线，J_b＝2.5A/mm^2。

（2）10mm^2 及以下绝缘铝导线，J_b＝4A/mm^2；50mm^2 及以下绝缘铜导线，J_b＝2.5A/mm^2；150mm^2 及以下绝缘铜导线，J_b＝1.5A/mm^2。

小知识　　　**我国常用导线标称截面（mm^2）**

1.0、1.5、2.5、4.0、6.0、10、16、25、35、50、70、95、120、150

二、导线的安全载流量

一般导线（绝缘层）的最高允许工作温度为 65℃，若超过这个温度时，导线的绝缘层就会加速老化，变质损坏，甚至引起火灾。导线的安全载流量就是导线的稳定温度不超过 65℃时允许连续承载的最大电流。

导线的安全载流量由导线自身条件（线芯材质、导线线径、绝缘材料）、敷设方式（如明装或暗装、线管材质、穿线根数）、敷设环境（散热条件、环境温度）等条件决定。

一般情况下，环境温度越高，安全载流量越低；穿管导线的安全载流量低于不穿管导线的；穿硬塑管导线的安全载流量低于穿铜管导线的；导线截面积越大，（单位面积）安全载流量越小；年最大负荷小时数越长，安全载流量越小。

小提示　　绝缘导线的安全载流量是在周围环境温度为＋35℃时得出的，如果环境温度每增加 5℃时，允许电流减小 10％左右。

小提示　　粗略地，穿管时截面增大 20％；温度增加 5℃时截面增大 10％；裸线明敷时截面减小 50％；铝线截面增大一个等级。

三、导线截面的确定方法

根据"导线的安全载流量大于等于线路计算负荷电流"的原则，由计算负荷电流和基本电流密度估算出导线的基本截面后，根据导线的本身条件、敷设方式和敷设环境，在满足以下规定的前提下，最终确定导线的横截面积。当然，如果是安装于重要场合，导线的截面相应要增大标称等级。

中性线、保护线截面的特殊要求如下。

1. 对于中性线 N

（1）在单相供电时，中性线与相线的截面积相同（且材质相同）。

（2）在（相线截面积超过 16mm^2 的）三相四线制线路中，中性线截面积不应小于相线截面积的 1/2，且不应小于 16mm^2，且材质相同。

（3）对于采用晶闸管调光的三相四线制，由于谐波分量较重，中性线截面积不应小于相线截面积的 2 倍。

（4）最大截面积：铝线 70mm^2，铜线 50mm^2。最小截面积：裸铜线 4mm^2，裸铝线 6mm^2，绝缘铜线 1.5mm^2，绝缘铝线 2.5mm^2。

2. 对于保护线 PE

保护线的最小截面积，见表 12 - 3。

表 12 - 3   保护线的最小截面积

装置的相线截面积 S_L（mm²）	$S_L \leqslant 16$	$16 < S_L \leqslant 35$	$S_L > 35$
相应保护线的最小截面积 S_{PE}（mm²）	$S_{PE} = S_L$	$S_{PE} = 16$	$S_{PE} = S_L / 2$

注　1. 应用本表时，若得出非标准尺寸则采用最接近标准截面的导线。

　　　2. 表中的数值只是在保护线的材质与相线相同时才有效。

安全接地线的最小截面，见表 12 - 4。

表 12 - 4   安全接地线的最小截面积 （mm²）

保护接地线和保护接零线		保护中性线		等电位连接主母线
有机械保护	无机械保护	铜芯线	铝芯线	
2.5	4.0	10	16	6

注　未注明材质的导线，其材质一律为铜。

3. 对于保护中性线（PEN）

对于保护中性线，其截面选择应同时满足保护线和中性线的截面选择要求，即按它们的最大者选取。

【小 提 示】　进户线的最小允许截面积：铜绝缘导线不应小于 2.5mm²；铝芯绝缘导线不应小于 4mm²。

【例 12 - 12】 　已知某导线的计算负荷电流为 100A，一般应选用多大截面的铝芯线比较合适？

解　根据 $S_b = \dfrac{I_C}{J_b}$

估算出的基本截面积为 $S_b = \dfrac{100}{4} = 25 \ \text{mm}^2$

故一般可应选用截面积为 25mm² 的铝芯多股导线。

分析与讨论：

(1) 如果导线采用穿硬塑管暗装的敷设方式，那么该导线的截面积至少应增大 20%，至少应为 30mm²，实际截面积确定为 35mm²。

(2) 如果该导线安装于重要场所，实际可选择截面积为 50mm² 的铝芯线。

练习与思考题

1. 电力负荷计算有何重要意义？

2. 用电设备按其工作制分可为哪三类？

3. 某电焊机的额定功率为 10kW，铭牌暂载率为 25%，其设备换算额定功率为多大？

4. 如果某 10kV 用户线路电流为 40A，线路电阻 2Ω，那么该线路的有功功率损耗为多大？

5. 一台 315kVA 的变压器，其有功功率损失大致是多少？

6. 什么是计算负荷？

7. 一量具刀具制造厂的全厂总的负荷为 20kW，试利用需要系数法计算该厂的总有功计算负荷（该厂的需要系数 $K_{DF}=0.32$）。

8. 2017 年，某一大型汽修厂的单位产值功耗是 0.066kWh/元，其年产值为 200 万元，试计算全厂该年度的用电量。

9. 试用最大需量法描述计算负荷的内涵。

10. 什么是年最大负荷？

11. 一工厂低压计算负荷为 170kW，综合功率因数为 0.83，其三相负荷基本平衡，试求出其计算负荷电流的大小。

12. 已知某导线的计算负荷电流为 100A，一般应选用多大截面的铜芯绝缘导线比较合适？如果环境温度在 70℃左右，实际截面为多大比较合适？

13. 一般情况下，绝缘铝导线的基本电流密度取值口诀为："十"下五、"百"上二、"二五""三五"四、三界，"七零""九五"两倍半，"穿管""温度"八、九折，"裸线"加一半，"铜线"升级算。试结合本章知识，理解以上口诀的实际应用。

参 考 文 献

[1] 祝小红，周敏. 电能计量 [M]. 北京：中国电力出版社，2014.

[2] 李国胜，祝红伟. 电能计量与装表接电 [M]. 北京：中国电力出版社，2013.

[3] 李国胜. 电能计量与装表接电工 [M]. 北京：中国电力出版社，2010.

[4] 李国胜. 电能计量及用电检查实用技术 [M]. 北京：中国电力出版社，2009.

[5] 王月志. 电能计量 [M]. 北京：中国电力出版社，2006.

[6] 张翠琴. 电能计量 [M]. 北京：中国电力出版社，2010.

[7] 陈向群. 计量基础知识 [M]. 北京：中国电力出版社，2010.

[8] 欧朝龙. 电能计量技术及故障处理 [M]. 北京：中国电力出版社，2015.

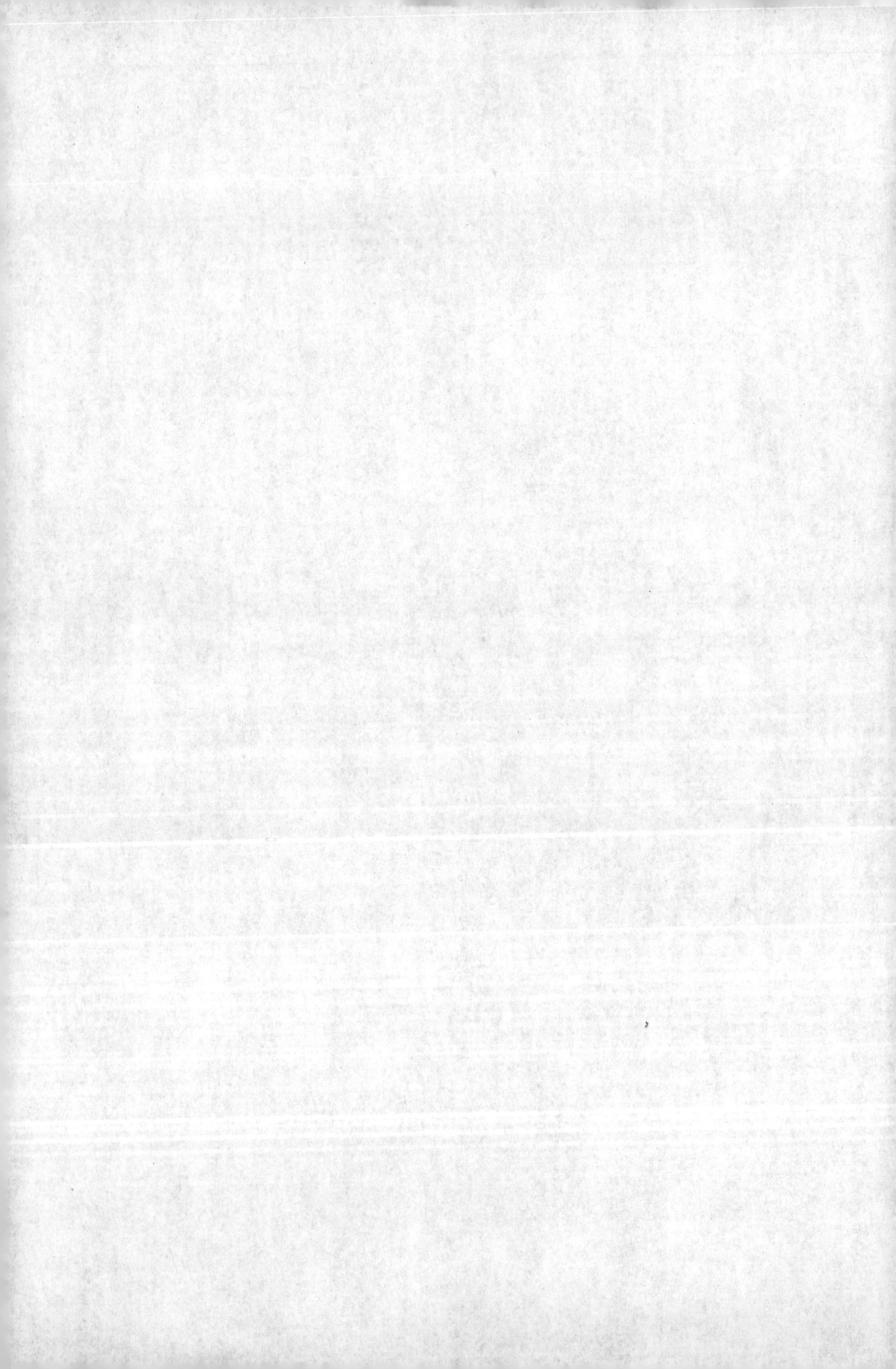